高等职业教育公共基础课创新系列教材

职业素养训练

主　　编◎	张建军	刘继斌	姚　歆	
副主编◎	张雪松	刘亚平	高秀春	
编　　委◎	刘　辉	张慧芳	张立荣	劳丽蕊
	杜　君	李建媛	闫　军	吴向东
	宋晓宁	刘　敬	张乙喆	杨东益
	马　骏	牛　杰	靳大伟	陈轶辉
	刘金红			

北京理工大学出版社
BEIJING INSTITUTE OF TECHNOLOGY PRESS

版权专有 侵权必究

图书在版编目（CIP）数据

职业素养训练/张建军，刘继斌，姚歆主编. —北京：北京理工大学出版社，2019.11（2023.7重印）

ISBN 978-7-5682-7978-9

Ⅰ. ①职… Ⅱ. ①张…②刘…③姚… Ⅲ. ①职业道德–高等职业教育–教材 Ⅳ. ①B822.9

中国版本图书馆 CIP 数据核字（2019）第 254269 号

出版发行 /	北京理工大学出版社有限责任公司
社　　址 /	北京市海淀区中关村南大街 5 号
邮　　编 /	100081
电　　话 /	（010）68914775（总编室）
	（010）82562903（教材售后服务热线）
	（010）68944723（其他图书服务热线）
网　　址 /	http：//www.bitpress.com.cn
经　　销 /	全国各地新华书店
印　　刷 /	三河市天利华印刷装订有限公司
开　　本 /	787 毫米 × 1092 毫米　1/16
印　　张 /	20.5
字　　数 /	485 千字
版　　次 /	2019 年 11 月第 1 版　2023 年 7 月第 2 次印刷
定　　价 /	58.00 元

责任编辑/朱　婧
文案编辑/时京京
责任校对/刘亚男
责任印制/施胜娟

图书出现印装质量问题，请拨打售后服务热线，本社负责调换

前 言

成功的企业必须拥有一流的员工，而一流的员工要具备优秀的职业素养。职业素养是每一个职场人士所必备的素养，对于个人职业发展和成功具有不可替代的作用。职业素养是一个人职业能力的基础，是一个人综合素养在职场中的具体表现，包括：职业形象、职业规范、职业精神、职业理想、职业意识、职业态度、职业习惯、职业准则等。跨职业的"通用职业素养"更具有普遍意义，它是劳动者在长期从事社会职业活动实践中所形成的，处理人与自然、人与社会、人与工具和人与自我关系的综合修养，包括了从业者适应生涯发展和社会发展需要应必备的跨职业可迁移的心理品格和关键能力。良好的职业素养不仅是职业发展和成功的助推剂，也是人生幸福的一剂良方。

党的二十大报告提出"提高全社会文明程度"，要求"在全社会弘扬劳动精神、奋斗精神、奉献精神、创造精神、勤俭节约精神，培育时代新风新貌。"为贯彻党的二十大精神，落实《国务院关于推行终身职业技能培训制度的意见》和中共中央办公厅国务院办公厅印发的《关于加强新时代高技能人才队伍建设的意见》《关于推动现代职业教育高质量发展的意见》的要求，根据《"十四五"就业促进规划》《"十四五"职业技能培训规划》的要求，为提职业院校学生的人文素养和职业精神，培养更多高素质技术技能人才、能工巧匠、大国工匠，我们组织有关职业教育工作者编写了《职业素养训练》这本教材。

《职业素养训练》是面向高职院校各专业学生开设的一门重要公共基础课，其主要特色如下：

一是在理念上，全面实施教学做一体化。本教材力求突破传统职业素养教材的重理论、轻技能训练的现象。每章都有大量的案例分析、活动训练、角色扮演、训练活动等，注重学以致用，理论与实际操作交替进行，理中有实，实中有理，充分调动和激发学生的学习兴趣，突出对学生职业素养的培养。

二是在内容上，精选经典案例，与时俱进，选择职场的部分新热点、焦点问题作为案例，贴近真实职场情景，引导学生积极关注和思考。

三是在结构上，采用案例引入、案例任务及活动训练等方法，将知识内容层层展开，并给学生留下思考和讨论的空间。

四是在风格上，尽可能通俗易懂，适合高职院校学生的阅读水平，便于学生自主学习和合作学习。

《职业素养训练》教材共分为 14 个模块。包括职业认知与职业素养、职业意识和职业心态、职业理想和职业精神、职业道德和诚信意识、职业形象和职业礼仪、职场适应和文化融合、职场沟通和团队合作、职业发展和自我管理、质量意识和环保理念、职场法律与劳动权益、职场调适和抗压能力、职场安全和职业健康、塑造工匠精神职场竞争和创新意识。

《职业素养训练》教材在编写过程中，参阅了大量的国内文献和有关网站，在此表示衷心感谢。由于编者水平有限，书中难免存在一些错漏之处，敬请读者批评指正。

编　者
2023 年 7 月

目 录

🌱 **模块一　职业认知和职业素养 / 1**

　　导入案例 / 1
　　学习目标 / 2
　　单元1.1　认识职业 / 2
　　单元1.2　人职匹配 / 11
　　单元1.3　认知职业素养 / 22
　　模块小结一 / 29

🌱 **模块二　职业意识和职业心态 / 31**

　　导入案例 / 31
　　学习目标 / 32
　　单元2.1　树立职业意识 / 32
　　单元2.2　端正职业心态 / 40
　　单元2.3　提升职业幸福感 / 50
　　模块小结二 / 57

🌱 **模块三　职业理想和职业精神 / 58**

　　导入案例 / 58
　　学习目标 / 59
　　单元3.1　树立职业理想 / 59
　　单元3.2　感受职业文化 / 65
　　单元3.3　培养职业精神 / 70
　　模块小结三 / 75

模块四　职业道德和诚信意识 / 76

导入案例 / 76
学习目标 / 76
单元 4.1　认知职业道德 / 77
单元 4.2　遵守劳动纪律 / 84
单元 4.3　树立诚信意识 / 89
模块小结四 / 94

模块五　职业形象和职业礼仪 / 95

导入案例 / 95
学习目标 / 96
单元 5.1　塑造职业形象 / 96
单元 5.2　关注职场礼仪 / 109
模块小结五 / 119

模块六　职场适应和文化融合 / 120

导入案例 / 120
学习目标 / 120
单元 6.1　组织结构和组织文化 / 121
单元 6.2　角色转变和岗位认知 / 135
单元 6.3　融入文化和重塑自我 / 143
模块小结六 / 149

模块七　职场沟通和团队合作 / 150

导入案例 / 150
学习目标 / 151
单元 7.1　社会交往技巧 / 151
单元 7.2　职场沟通方式 / 162
单元 7.3　团队协同创新 / 173
模块小结七 / 187

模块八　职业发展和自我管理 / 188

导入案例 / 188
学习目标 / 188

单元 8.1　终身学习／189
单元 8.2　自我管理／194
模块小结八／201

模块九　质量意识和环保理念／202

导入案例／202
学习目标／202
单元 9.1　质量意识与现场管理（7S）／203
单元 9.2　承担环保责任／211
单元 9.3　树立生态文明意识／219
模块小结九／221

模块十　职场法律和劳动权益／222

导入案例／222
学习目标／223
单元 10.1　劳动合同和劳动争议／223
单元 10.2　考勤管理／239
模块小结十／244

模块十一　职场情绪管理和情商培养／245

导入案例／245
学习目标／245
单元 11.1　职场情绪管理／246
单元 11.2　情商培养／255
模块小结十一／262

模块十二　职场安全和职业健康／263

导入案例／263
学习目标／263
单元 12.1　认知劳动禁忌／264
单元 12.2　认知职业危害／271
模块小结十二／282

模块十三　塑造工匠精神／283

导入案例／283

学习目标 / 284
单元 13.1　新时代的工匠精神 / 284
单元 13.2　工匠精神的养成途径 / 293
模块小结十三 / 304

模块十四　职场竞争和创新意识 / 305

导入案例 / 305
学习目标 / 305
单元 14.1　提高职场竞争力 / 306
单元 14.2　创新思维训练 / 311
模块小结十四 / 316

参考文献 / 317

后　　记 / 318

模块一　职业认知和职业素养

导入案例

中国机长

2019年9月30日《中国机长》在国内上映，深受国人喜爱。这部电影由2018年川航3U8633航班飞往拉萨紧急迫降的真实事件改编，讲述了机组执行航班任务时，在万米高空突遇驾驶舱挡风玻璃爆裂脱落、座舱释压的极端罕见险情并化险为夷、安全降落的故事。剧中主人公的一些日常细节和遇到危险时的沉稳不乱，显示出了过硬的职业素养。

镜头一：技术人员对飞机做完起飞前的检查后，都已经告诉机长飞机是没有问题的，机长还是下去绕飞机一周，再次确认飞机有没有什么问题。

镜头二：在申请关闭舱门后，一个空姐拿着舱门关闭的操作手册念着关舱门的标准手法和顺序，乘务长则按照操作手册的要求一步一步地去执行关闭舱门的动作。

镜头三：飞机遭遇强气流，飞机强烈地颠簸、摇晃，让人晕头转向、情绪失控。机组乘务人员没有惊慌失措，他们先让乘客戴起氧气面罩，然后安抚乘客，其中还有一位空姐抱起了在母亲怀中因惊吓过度而撕心裂肺哭泣的孩童。

启示： 不同的职业对从业者应具备的职业素养有不同的要求，良好的职业素养是事业成功的保障。要想在职场中脱颖而出，就必须在日常的学习、生活和工作中注重训练职业素养。

学习目标

1. 认知目标：理解职业内涵、职业类型、职业特点以及职业发展趋势，学会从兴趣、性格、能力以及价值观四个维度正确认识自己，了解职业素养的内涵、包含的主要内容及职业素养的主要特征，知道大学生职业素养的构成，熟悉大学生提高职业素养的途径。

2. 技能目标：能够借助信息化手段搜寻与专业相关的职业信息，明晰专业相关职业需具备的职业素养；能够运用测量工具认识自我，寻找与自己相匹配的职业。

3. 情感目标：认同职业对人生发展至关重要，职业素养关乎事业成功。

单元1.1　认 识 职 业

案例1.1

学习领域	《职业认知和职业素养》——认识职业		
案例名称	游戏人生——揭秘职业电子竞技员	学时	2课时
案例内容			

在电竞圈里，张宁被称为"冠军队长"，因为他不仅打法稳重，而且他在排兵布阵上的天赋更被誉为中国电竞之最。

2014年初，在张宁成为电子竞技员的5年之际，他以50万元转会费来到一家新成立的俱乐部，并在半年后举行的第四届国际邀请赛上率队夺冠。入行第10年，张宁正式"退役"，并成为一家战队的新任主教练。

2019年4月1日，人社部发布通知，正式确认了包含电子竞技员在内的13个新职业。电子竞技员能成为公认职业，得益于电子竞技行业的迅速发展。目前，我国正在运营的电竞战队达5 000余个，像张宁这样的电子竞技职业选手约10万人。还有大量半职业、业余电子竞技选手活跃在中小规模电子竞技赛事的赛场上。

一、职业概述

日常生活中，我们总是能听到"职业"二字，在现代人的生活中，有关职业的一系列问题都牵动着人们的神经，因为它关系着个人乃至整个家庭的幸福。职业是维持社会稳定的手段，它不仅对个人的生存和发展起着至关重要的作用，同时对整个社会的和谐发展也有重要影响。

（一）职业内涵

对于职业的科学内涵，从不同角度出发有不同的观点。

从词义学的角度看，所谓"职"，是指职位、职责、权利和义务，"业"是指行业、事业、业务。职业在《现代汉语词典》中的释义为：个人在社会中所从事的作为主要生活来源的工作。

美国社会学家舒茨认为，职业是一个人为不断取得收入而连续从事的具有市场价值的特殊活动，这种活动决定着从事它的那个人的社会地位。

日本社会学家尾高帮雄认为，职业是某种社会分工或社会角色的实现，是社会与个人或整体与个体的结合点，通过这一点的动态相关，形成了人类社会共同生活的基本结构。个体通过职业活动对社会的存在和发展做出贡献。

中国管理学家程社明认为，职业是参与社会分工，利用专门的知识和技能，为社会创造物质财富和精神财富，获取合理报酬，作为物质生活来源，并满足精神需求的工作。其主要包括四方面的含义：第一，与人类的需求和职业结构相关，强调社会分工；第二，与职业的内在属性相关，强调利用专门的知识和技能；第三，与社会伦理相关，强调创造物质财富和精神财富，获得合理报酬；第四，与个人生活相关，强调物质生活来源，并满足精神生活。目前国内普遍采用此定义。

（二）职业的特点

1. 职业的经济性

职业活动是个人获得收入的主要来源，也是个人赖以生存以及维持家庭生活的基本手段。从职业活动中获得一定的经济报酬，是人们参与职业活动的重要目的之一，也是支撑其完成其他活动的条件和基础，同时也是职业活动区别于其他活动的一个主要标志。

2. 职业的社会性

职业是个人在社会劳动体系中从事的一种活动。人们从事某种职业的过程，就是扮演某种社会角色、履行社会责任和义务、实现社会价值的过程。不同的职业承

担的社会职能不同,不同的职业社会报酬的水平不同,不同职业的社会声望水平也不同,这些都是职业的社会性的体现。

3. 职业的规范性

职业活动受一定的职业规范约束,任何职业都有其特定的职业规范。职业规范主要包括人们在从事职业活动时所必须遵守的操作规则和办事章程。无论从事何种职业活动都是有行为准则也就是职业规范可遵循的。

4. 职业的技术性

职业的技术性包括两个方面。一方面是指无论何种职业,职业本身都有技术要求;另一方面是指就职者自身必须具备一定的知识和技能。不同职业的技术含量不同,对就职者的要求也就有所差异。随着社会的不断进步和发展,越来越多的职业要求就职者具备高水平的知识和技能,技术性较低的职业正在渐渐淡出历史舞台。

5. 职业的统一性和差异性

同一类别的职业,劳动条件、工作对象、操作内容都相同或相近,这就是职业的统一性。

职业的差异性也在不断发展。古代"三百六十行"发展到今天已有上万种职业,而且随着科学技术的进步、分工的细化,职业差异还将继续扩大,这是不争的事实。

6. 职业的时代性

职业随着时代的变化而变化,在不同时代和社会发展阶段,其种类、数量、活动内容、活动方式和内部分工也不同。生产力的不断发展决定了职业的发展变化,表现为:新的职业不断产生,一些不能适应时代需求的职业逐渐消失,或被彻底改造,或因时代需要而获得新的内涵(如商品销售业已不再局限于单纯的商品销售,而是包含了信息咨询、售后服务等内容);职业的活动方式也在不断发生改变(如在商品销售业,当今出现了网络销售,形成了实体店销售和网店销售并存的格局);在不同时代,职业的内部分工也发生了巨大变化(如原来单一的建筑业分化成现在的建筑设计、建材生产、装修等职业)。此外,每个时代的热门职业也有不同,这反映了不同时代政治、经济、社会等方面的特点。

(三)职业的变迁

职业跟我们的生活密切相关,它作为一种社会现象并非一开始就有,它是人类社会生产力发展到一定阶段的产物,是随着社会分工的出现而产生的。它的产生、发展、丰富都是随着历史进程而演变的。

1. 由单一、基础型向跨专业、复合型转化

职业岗位的要求和劳动方式逐步由简单向复杂转化，职业内涵不断丰富，单一技能难以胜任工作要求，更需要跨专业和复合型人才。

2. 由封闭型向信息化、开放型转化

职业岗位工作的范围和面向的服务对象越来越广泛，人与人之间联络、沟通、信息咨询、协作大大加强。

3. 由传统工艺型向智能型转化

职业岗位科技含金量增加，技术更新速度加快，劳动组织和生产手段不断改善，工作内容不断更新。

4. 由继承型向创新创造型转化

知识经济的到来，要求社会成员不断树立创新意识，在自己的岗位上进行创造性劳动。

5. 服务型职业由普通低端向个性化、知识型转化

社会生产力的提高解放了劳动力，人们越来越多地需要社会服务行业提供个性化服务。服务业对从业人员素质的要求也在不断提高，产生了知识服务型职业。

6. 职业活动趋向绿色、可持续、低碳

当前，全球经济正在向绿色、可持续、低碳发展升级，职业活动也相应发生了变化。又如，计算机的研制和激光照排技术的开发，使得印刷业中原有的铅字铸造业和排版业消失，取而代之的是文字录入、激光照排职业的产生。

二、职业的分类

所谓职业分类，就是按照不同职业的性质和活动方式、技术要求及管理方位进行系统划分和归类，以达到劳动力素质与职业要求相适应的活动过程。职业分类有助于了解社会现有职业状况，更清晰地认识职业，为开展职业研究提供基础。职业分类不但是职业的外在特征的反映，而且是职业的内在特征的体现。

（一）按劳动者的劳动性质分类

我国第一部《中华人民共和国职业分类大典》颁布于 1999 年。由于经济社会的不断发展，我国社会职业构成发生了很大变化。为适应发展需要，2010 年年底，人

力资源和社会保障部会同国家质检总局、国家统计局牵头成立了国家职业分类大典修订工作委员会及专家委员会,启动修订工作,历时五年,七易其稿,形成了会议审议通过的新版《中华人民共和国职业分类大典》(简称《大典》)。2015年版《大典》职业分类结构为8个大类、75个中类、434个小类、1 481个职业,如表1-1所示。与1999年版相比,维持8个大类、增加9个中类和21个小类、减少547个职业。

表1-1 我国职业分类

类别号	类别名称	中类	小类	细类(职业)
第一大类	党的机关、国家机关、群众团体和社会组织、企事业单位负责人	6	15	23
第二大类	专业技术人员	11	120	451
第三大类	办事人员和有关人员	3	9	25
第四大类	社会生产服务和生活服务人员	15	93	278
第五大类	农、林、牧、渔业生产及辅助人员	6	24	52
第六大类	生产制造及有关人员	32	171	650
第七大类	军人	1	1	1
第八大类	不便分类的其他从业人员	1	1	1

(二)按所属行业分类

行业是从事相同性质的经济活动的所有单位的集合。

我国对行业的分类依据《国民经济行业分类》国家标准。《国民经济行业分类》国家标准于1984年首次发布,分别于1994年和2002年进行修订,2011年第三次修订,2017年第四次修订。该标准(GB/T4754-2017)由国家统计局起草,国家质量监督检验检疫总局、国家标准化管理委员会批准发布,并于2017年10月1日实施。本标准采用经济活动的同质性原则划分国民经济行业。即每一个行业类别按照同一种经济活动的性质划分,而不是依据编制、会计制度或部门管理等划分。

2017年版《国民经济行业分类》国家标准将行业划分为20个门类、97个大类、473个中类和1 380个小类,如表1-2所示。

表1-2 国民经济行业分类

门类	大类	中类	小类
A. 农、林、牧、渔业	5	24	72
B. 采矿业	7	19	39
C. 制造业	31	179	608
D. 电力、热力、燃气及水生产和供应业	3	9	18

续表

门类	大类	中类	小类
E. 建筑业	4	18	44
F. 批发和零售业	2	18	128
G. 交通运输、仓储和邮政业	8	27	67
H. 住宿和餐饮业	2	10	16
I. 信息传输、软件和信息技术服务业	3	17	34
J. 金融业	4	26	48
K. 房地产业	1	5	5
L. 租赁和商务服务业	2	12	58
M. 科学研究、技术服务业	3	19	48
N. 水利、环境和公共设施管理业	4	18	33
O. 居民服务、修理和其他服务业	3	16	32
P. 教育	1	6	17
Q. 卫生和社会工作	2	6	30
R. 文化、体育和娱乐业	5	27	48
S. 公共管理、社会保障和社会组织	6	16	34
T. 国际组织	1	1	1

(三)职业的发展趋势及职业发展对大学生择业的影响

随着时代的飞速发展和社会的变更,许多旧职业已经淡出我们的视野,而许多闻所未闻的"新兴职业"却仿若雨后春笋般争先涌现、闪亮登场。

1. 职业的发展趋势

当代职业的发展趋势有以下几点。

①社会分工的加速发展,使社会职业的种类大量增加,新兴行业不断涌现,新职业大量出现。

②经济飞速发展,使社会职业结构变迁的速度加快。经济领域是集中职业种类和职位数量最多的社会生活领域。经济活动对职业的变迁、发展有十分直接而又特别重要的作用。

③第三产业数量和比例进一步加大。新职业的大量出现,职业层次形成了若干"高新第三产业"职业群,如金融、商贸服务、传播、智力服务业等。而受产业结构的影响,农业与工业部门就业人数的比重在不断下降,第三产业就业人数不断增加,这是现代社会发展的大趋势。

④职业的流动性增强。随着社会职业的不断增加,可供选择的职业也不断增多,打破了职业的相对稳定性。

⑤新兴职业多以"知识型"为主。全球的就业市场已发生巨变,科学技术的飞速发展使新技术新工艺得以广泛应用,由此而产生的新的职业多以知识为基础。

2. 职业发展对大学生择业的影响

①社会职业种类的大量增加,扩大了大学毕业生择业的范围,增加了就业机会。现代职业的分化及职业种类的增多,使得大学毕业生可以不再拘泥于传统职业种类的狭小范围,从而在更广阔的就业天地里结合自己的兴趣与特长,选择更适合自己发挥才能的岗位。

②社会职业结构的变迁及职业流动性的增强要求大学毕业生转变就业观念,以发展的眼光看待问题。

③社会对"知识型"人才的大量需求,要求大学毕业生必须拓展自己的知识面,成为适应时代需求的多面性、复合型人才。

 1.1

我的家族职业树

活动目的	通过对家族职业的探索,帮助学生了解家人对他的职业期待以及他的自我期许究竟与家族职业有哪些关联。
	教师布置任务
活动训练任务描述	1. 学生熟悉相关知识。 2. 将学生每5个人分成一个小组。 3. 每位同学依据自己的实际情况完成个人工作页。 4. 组内每位同学围绕"我的家族职业对我的职业影响"分享自己的想法。 5. 每个小组选出一位代表陈述观点,其他小组可以对其进行提问,小组内其他成员也可以回答提出的问题;通过问题交流,将每一个需要研讨的问题都弄清楚。 6. 教师进行归纳分析,引导学生扎实掌握职业相关知识,提升学生工作积极性。 7. 根据各组在研讨过程中的表现,教师点评赋分。
所需材料	笔、A4纸。

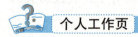 个人工作页

你知道你家族的成员都从事些什么工作吗?你对他们的工作有什么看法?让我们借由家族职业的探索,来帮助你了解家人对你的职业期待以及你的自我期许究竟与家族职业有哪些关联。

1. 我家族中最多人从事的职业是：
_____

我想要从事这种职业吗？为什么？
_____

2. 父亲如何形容他以往和目前的职业？父亲平时会提到哪些职业？他怎么说的？
_____

父亲的想法对我的影响是：
_____

3. 母亲如何形容她以往和目前的职业？母亲平时会提到哪些职业？她怎么说的？
_____

母亲的想法对我的影响是：
_____

4. 家族中还有谁对职业的想法对我影响深刻？他们怎么说？
_____

5. 家族中对彼此职业感到满意或羡慕的是什么？例如："堂哥在医院当医生，不仅收入高，社会地位又高"。
_____

家族成员彼此羡慕的职业是：
_____

对他们的想法我觉得：
_____

6. 家人对各职业的评价往往表现了他们的好恶，例如："千万不要当艺术家，可能连三餐都吃不饱""当医生好，不仅收入高，社会地位又高"等。

我的家人最常提到有关职业的事是：
_____

对我的影响是：
_____

7. 我觉得家人对我未来选择职业的影响是：
_____

8. 哪些职业是我绝不考虑的：
_____

9. 哪些职业是我曾考虑的:
_____

10. 选择职业时,我还重视哪些与家庭有关的因素:
_____

活动结论1.1

我的家族职业树

实施方式	研讨式
研讨结论	
教师评语:	

班级		第 组		组长签字	
教师签字				日期	

单元1.2 人职匹配

案例1.2

学习领域	《职业认知和职业素养》——人职匹配		
案例名称	把爱好当职业，活成梦想中的自己	学时	2课时
案例内容			

现年27岁的贵阳小伙张宇琦是一个"火车迷"。十多年来，他收藏、制作各类火车模型百余节。他的职业是动车组地勤机械师。眼下正值春运，中国铁路成都局集团有限公司贵阳车辆段贵阳北动车运用所里，各个工位上都是忙碌的身影。正站在一台可视化仪器旁认真操作的这名小伙正是张宇琦，他所在的班组负责动车车轮和空心轴探伤以及车轮镟修。他们用便携式超声波探伤仪，查找、修复肉眼看不到的潜在隐患，确保动车的绝对安全。

都说兴趣是最好的老师，多年来，通过在网上不断搜寻、获取火车的图片、知识，收藏模型，张宇琦成为资深火车迷。在职业方面，张宇琦选择了动车组技术相关专业，2014年毕业后，进入铁路系统工作。职场上，张宇琦每日与火车为伴，对待工作，他严谨细致，专注认真。

从"火车迷"到铁路技术人员，张宇琦活成了自己梦想中的样子。工作强度高、压力大，他却乐在其中。

人职匹配理论即关于人的个性特征与职业性质一致的理论，是现代人才测评的理论基础。人职匹配的基本原理是：不同个体有不同的个性特征，而每一种职业由于其工作性质、工作环境、工作条件、工作方式不同，对工作者的能力、知识、技能、性格、气质、心理素质等也有不同的要求，所以，在进行职业决策时，应选择与自己的个性特征相适应的职业。

人职匹配对身处现代社会的大学生来说具有非常重要的意义。大学生应该充分分析职业因素，结合自我认知，找到最适合自己的职业类型，尽量做到人职匹配，实现自我价值。

一、兴趣匹配

伟大的物理学家爱因斯坦说过这样一句话："兴趣是最好的老师。"它充分体现

了兴趣对工作和生活的重要性。每个人的喜好不同，就会有不同的选择。职业兴趣是一个人探究某种职业或从事某种职业活动所表现出来的特殊个性倾向，它使个人对某种职业给予优先的注意，并具有向往的情感。由于兴趣爱好不同，人的职业兴趣也有很大的差异。

1959年，美国著名的职业指导专家霍兰德提出了具有广泛社会影响的职业兴趣理论。他界定了六种人格类型：现实型、研究型、艺术型、社会型、管理型和常规型。每一种类型都有相应的特质，每个人都是这6种类型的综合，如表1-3所示。

表1-3 霍兰德职业类型

职业兴趣类型	职业兴趣特点	适合职业类型
现实型 R	意愿使用工具从事操作性工作；动手能力强，做事手脚灵活，动作协调；不善言辞，不善交际	主要是指各类工程技术工作、农业工作。通常需要一定体力，需要运用工具或操作机器 主要职业有：工程师、技术员、机械操作、维修安装工人、矿工、木工、电工、鞋匠等；司机、测绘员、描图员；农民、牧民、渔民等
研究型 I	抽象思维能力强，求知欲强，肯动脑，善思考，不愿动手；喜欢独立的和富有创造性的工作；知识渊博，有学识才能，不善于领导他人	主要是指科学研究和科学实验室工作 主要职业：自然科学和社会科学方面的研究人员、专家，化学、冶金、电子、无线电、电视、飞机等方面的工程师、技术人员，飞机驾驶员、计算机操作员等
艺术型 A	喜欢以各种艺术形式的创造来表现自己的才能，实现自身的价值；具有特殊艺术才能和个性；乐于创造新颖的、与众不同的艺术成果，渴望表现自己的个性	主要是指各类艺术创造工作 主要职业：音乐、舞蹈、戏剧等方面的演员、编导、教师，文学、艺术方面的评论员，广播节目主持人、编辑、作者；绘画、书法、摄影家，艺术、家具、珠宝、房屋装饰等行业的设计师等
社会型 S	喜欢从事为他人服务和教育他人的工作；喜欢参与解决人们共同关心的社会问题，可望发挥自己的社会作用；比较看重社会义务和社会道德	主要是指各种直接为他人服务的工作，如医疗服务、教育服务、生活服务等 主要职业：教师、保育员、行政人员；医护人员；衣食住行服务行业的经理、管理人员和服务人员，福利人员等
管理型 E	精力充沛、自信、善交际，具有领导才能；喜欢竞争，敢冒风险；喜爱权利、地位和物质财富	主要是指那些组织与影响他人共同完成组织目标的工作 主要职业：企业家、政府官员、商人、行业部门和单位的领导者、管理者等
常规型 C	喜欢按计划办事，习惯接受他人指挥和领导，自己不谋求领导职务；不喜欢冒险和竞争；工作踏实，忠诚可靠，遵守纪律	主要是指各类与文件档案、图书资料、统计报表相关的各类科室工作 主要职业：会计、出纳、统计人员，打字员、办公室人员，秘书和文书，图书管理员，旅游外贸职员，保管员、邮递员、审计人员、人事职员等

·12·

然而，大多数人并非只有一种人格类型。霍兰德认为，这些类型越相似，相关性越强，则一个人在选择职业时所面临的内在冲突就会越少。为了描述这种状况，霍兰德将这6种类型分别放在一个正六边形的每一个角上，如图1-1所示。

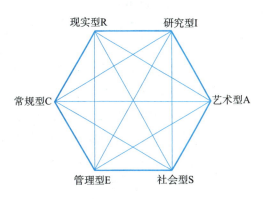

图1-1　霍兰德的六角形模型

六种人格类型之间具有一定的内在联系，它们按照彼此间的相似程度排列，相邻两个角度中的人格类型在各种特征上最为相近，相关程度最高。角度间的连线距离越远，两种人格类型之间的差异就越大，相关程度就越低。根据霍兰德的研究，如果一个人的性向在图中处于相邻位置，那么他将会很容易选定一种职业。如果此人的性向是相互对立的，那么他在进行职业选择时将会面临较多的犹豫不决的情况。人总是寻找适合个人人格类型的环境，锻炼相应的技巧与能力，从而表现出各自的态度及价值观，面对相似的问题，扮演相应的角色。例如，一个SAE型的人在社会型、艺术型、管理型占主导地位的职业环境中工作会感到舒适自主，但如果让他在一个现实性、常规型占主导的环境中工作，他可能就会感到格格不入。

人们通常倾向选择与自我兴趣类型匹配的职业环境，如具有现实型兴趣的人希望在现实型的职业环境中工作，可以最好地发挥个人的潜能。但职业选择中，个体并非一定要选择与自己兴趣完全对应的职业环境。

一则因为个体本身常是多种兴趣类型的综合体，单一类型显著突出的情况不多，因此评价个体的兴趣类型时也时常以其在六大类型中得分居前三位的类型组合而成，组合时根据分数的高低依次排列字母，构成其兴趣组型，如RCA、AIS等。

二则因为影响职业选择的因素是多方面的，不完全依据兴趣类型，还要参照社会的职业需求及获得职业的现实可能性。

因此，职业选择时会不断妥协，寻求相邻职业环境甚至相对职业环境，在这种环境中，个体需要逐渐适应工作环境。但如果个体寻找的是相对的职业环境，意味着所进入的是与自我兴趣完全不同的职业环境，则我们工作起来可能难以适应，或者难以做到工作时觉得很快乐，相反，甚至可能会每天工作得很痛苦。

二、性格匹配

性格是一个人在对现实的稳定态度和习惯化了的行为方式中所表现出来的个性心理特征。人的性格特点主要表现在态度、意志、情绪、理智四个方面。

态度主要是指处理各种社会关系方面的性格特征，如善于交际或行为孤僻、正

直或虚伪、细致或粗心。

意志主要是指人在对自己行为的自觉调节方面的性格特征,如主动或被动、勇敢或怯懦。

情绪主要是指人产生情绪活动时在强度、稳定性、持续性和主导心境等方面表现出来的性格特征,如情绪起伏波动的大或小。人的基本情绪有愉快、惊奇、悲伤、厌恶、愤怒、恐惧、轻蔑、羞愧等。愉快是正面的,惊奇是中性的,悲伤、厌恶、愤怒、恐惧、轻蔑、羞愧都是负面的。

理智主要是指人在认知过程中的性格特征,如幻想型和现实型。

性格的特征并不是孤立的,而是互相联系的,在个体身上结合为一体,形成一个人不同于他人的"标签"。

每一种职业都对性格特征有特定的要求,如驾驶员要具备注意力稳定、动作敏捷的职业性格特征;护士要求具备耐心细致、热情待人的职业性格特征。大学生了解自己的性格特征,有利于今后的职业发展。

MBTI 是当今世界上应用最为广泛的性格测试工具。MBTI(Myers – Briggs Type Indicator)理论来源于瑞士心理学家荣格(Carl G. Jung)有关知觉、判断和人格态度的观点,是布莱格斯(Katherine C. Briggs)和女儿迈尔斯(Isabel Briggs – Myers)在荣格性格理论的基础上,增加了"行动方式"维度,构建了人格理论的四维八极模型,编制《迈尔斯 – 布莱格斯类型指标》(MBTI)进而研究发展成为的一种性格测评工具。

MBTI 人格理论中的人格共有四个维度,每个维度有两个方向,共计八个方面。

①能量倾向(E – I 维度,如表 1 – 4 所示):你更喜欢将自己的注意力集中于何处?你从何处获得活力?

表 1 – 4 E – I 维度

外倾 Extroversion(E)	内倾 Introversion(I)
注意力和能量主要指向外部的人和事,从与人交往和行动中得到活力	注意力和能量集中于自己的内心世界,从对思想、回忆和情感的反思中得到活力
关注外部环境	关注自己的内心世界
喜欢用谈话的方式进行沟通	更愿意用书面的方式沟通
通过谈话形成自己的意见	通过思考形成自己的意见
用实际操作或讨论的方式能学得最好	用思考、在头脑中"练习"的方式能学得最好
兴趣广泛	兴趣专注
好与人交往,善于表达	安静而显得内向
先行动,后思考	先思考,后行动
在工作和人际关系中都很积极主动	当情境或事件对他们具有重要意义时会采取行动

②接收信息（S-N维度，如表1-5所示）：你如何获取信息？

表1-5　S-N维度

感觉 Sensing（S）	直觉 Intuition（N）
用自己的五官来获取信息。喜欢收集实实在在的、确实已出现的信息。对于周围所发生的事件观察入微，特别关注现实	通过想象、无意识等超越感觉的方式来获取信息。喜欢看整个事件的全貌，关注事实之间的关联。想要抓住事件的模式，特别善于看到新的可能性
着眼于当前的实际情况	着眼于未来的可能
现实、具体	富于想象力和创造性
关注真实的、实际存在的事物	关注数据所代表的模式和意义
观察敏锐，并能记住细节	当细节与某一模式相关时才能够记得
经过仔细周详的推理一步步得出结论	靠直觉很快得出结论
通过实际运用来理解抽象的思维和理论 相信自己的经验	希望在应用理论之前先能对之进行澄清 相信自己的灵感

③处理信息（T-F维度，如表1-6所示）：你是如何做决定的？

表1-6　T-F维度

思考 Thinking（T）	情感 Feeling（F）
通过分析某一行动或逻辑的后果来做出决定。会将自己从情境中分离出来，对事件的正反两方面进行客观的分析。从分析和确认事件中的错误并解决问题中获得活力。目标是能找到一个能应用于所有相似情境的标准或原则	喜欢考虑对自己或他人来说什么是重要的。会在头脑中将自己放在情境所牵涉的所有人的位置上并试图理解别人的感受，然后在此基础上根据自己的价值判断做出决定。从对他人表示赞赏和支持中获得活力。目标是创造和谐的氛围，把每一个人都当作一个独特的个体来对待
喜欢分析的	善于体贴他人、感同身受
运用因果推理	受个人价值观的引导
以逻辑的方式解决问题	衡量决定对他人产生的后果和影响
寻求一个合乎真理的客观标准	寻求和谐的气氛和积极的人际交往
爱讲理	富有同情心
可能显得不近人情	可能会显得心肠太软
公平意味着每个人都能得到平等的待遇	公平意味着每个人都被作为独特的个体来对待

④行动方式（J-P维度，如表1-7所示）：你如何与外部打交道？

表 1-7　J-P 维度

判断 Judging（J）	知觉 Perceiving（P）
喜欢将事情管理得井井有条，过一种有计划的、井然有序的生活。喜欢做出决定，完成后继续下面的工作。生活通常会比较有规划、有秩序，喜欢把事情敲定下来。照计划和日程安排办事对他们来说很重要。从完成任务中获得能量	喜欢以一种灵活、自发的方式生活，更愿意去体验和理解生活而不是去控制它。详细的计划或最后的决定会让他们感到被束缚。愿意对新的信息和选择保持开放，直到最后一分钟。足智多谋，善于调节自己适应当前场合的需要，并从中获得能量
有计划的	自发的
喜欢组织管理自己的生活	灵活
有系统、有计划	随意
按部就班	开放
喜欢制订短期和长期计划	适应，改变方向
喜欢把事情落实敲定	不喜欢把事情敲定下来，以留有改变的可能性
力图避免最后一分钟才做决定或完成任务的压力	最后一分钟的压力会使他们感到活力充沛

通过对照四个维度的描述，你或许已经能识别出自己在每个维度上的偏好，取每个维度上偏好类型的代表字母，即可以由四个字母构成你的性格类型，如 ISFJ，即内倾感觉情感判断型；ENFP，即外倾直觉情感知觉型。四个维度、八个端点可组合成如表 1-8 所示的 16 种性格类型，你必然属于其中的一种。

表 1-8　16 种性格类型

ISTJ 检查者型	ISFJ 保护者型	INFJ 劝告者型	INFP 化解者型
ESTJ 监督者型	ESFJ 供应者型	ENFJ 教导者型	ENFP 奋斗者型
ISTP 手工艺者型	ISFP 创作者型	INTJ 策划者型	INTP 建筑师型
ESTP 创业者型	ESFP 表演者型	ENTJ 陆军元帅型	ENTP 发明家型

性格类型没有对错，而在工作或人际关系上，也没有更好或更坏的组合。每一种性格类型和每一个人都有独特的优点。哪一种性格类型最符合你，是由你自己来做最后判断的。你的性格分析结果是根据你回答问题的选择来建议你最可能属于哪一种性格类型的，但是只有你自己才知道你真正的性格类型。

一个人最好从事与自己性格相符的职业，但人的个性并不能决定他的社会价值与成就水平。在求职择业过程中，并非人人都能如愿以偿，还有许多人在自己不喜欢的职业领域中平凡地工作。我们应该辩证地看待职业选择中的"个性"作用。当发现自己的个性与职业的匹配度不高时，是否一定要通过职业转换来使自己获得事业上的成功呢？根据木桶原理，一个木桶中水面的高低取决于木桶壁上最短的木板。所以，每一个个体的短处也会限制他的发展。但我们可以扬长补短可以努力弥补自身不足，提高性格修养，更加适应职位。例如，对于在工作中开朗热情、乐于助人、喜欢出风头，但做事虎头蛇尾、缺乏恒心和毅力的工作人员，就应该注意锻炼自己的韧性和持久性；又如，一个办事利索、思维敏捷，但性情急躁的人员，就必须注意修炼耐心细致、稳重沉静的性格；再如，有的人做事周密、认真、严谨，追求完美，但优柔寡断、犹豫不决，就必须培养当机立断、干练果敢、"今日事今日毕"的性格。

三、能力匹配

（一）能力的含义

能力是指一个人顺利完成某种活动所具备的技能，包括完成活动的具体方式及完成活动所需的心理特征。它直接影响活动效率，能力对人的一生的职业道路的选择、事业的成败具有重要的作用。

能力匹配反映的是职业工作对职业人员的知识和能力要求。同一岗位上不同员工的差别，主要是体现在能力的差别上。

（二）能力的分类

1. 能力倾向/天赋

每个人都有上天赋予我们的特殊才能，但有可能因未被开发而荒废（潜能）。根据加德纳多元智能理论，人类至少有8种不同的智能，言语—语言智能、音乐—节奏智能、逻辑—数理智能、视觉—空间智能、身体—动觉智能、自知—自省智能、交往—交流智能、自然观察智能。

2. 技能

经过学习和练习而培养形成的能力。例如：阅读能力、人际交往能力、沟通能力等。

辛迪·梵和理查德·鲍尔斯将技能分为三种类型：专业知识技能、自我管理技能和可迁移技能（通用技能）。

专业知识技能是通过教育或者培训才能获得的特别的知识或能力。专业知识技能并非只能通过正式专业教育才能获得。它的获取途径包括学校课程、课外培训、辅导班、资格认证考试、专业会议、讲座或研讨会、自学、爱好、娱乐休闲、社会实践、社团活动，上岗培训等。

自我管理技能经常被看作个性"品质"，而不是技能。被用来描述或说明人具有的某些特征。通常以形容词和副词的形式出现，如认真的、冷静的、有创造力的、细心的、宽容的、顽强的、协作的、主动的……

自我管理技能的获得途径：榜样的力量，认同与练习；观念的多元化；自我认知的提高；意志力的培养；丰富的精神生活；业余爱好，娱乐休闲，社团活动，家庭职责等。

可迁移技能就是你所能做的事，也被称为通用技能，通常用行为动词来表达。可以从生活中的方方面面，特别是工作之外得到发展，却可以迁移应用于不同的工作之中；是个人最能持续运用和最能够依靠的技能；是用人单位最看重的部分。

四、能力与职业的关系

（一）职业能力是职业胜任的必要条件

不同的职业对能力有不同的要求，每个人都有自己的优势和劣势。如有的人擅长形象思维，有的人擅长逻辑思维，还有的人擅长具体行动思维。如果根据思维能力类型来选择职业，形象思维的人比较适合从事文学艺术方面的工作，逻辑思维的人比较适合从事哲学、数学等理论性强的工作，具体行动思维的人比较适合从事机械修理方面的工作。如果不考虑能力类型，而让其从事职业与能力不匹配的工作，效果就不会好。

（二）职业能力是职业选择的重要因素

有不少人往往将兴趣误认为是能力，这一点一定要搞清楚，否则，你将进入误区，事业难以成功。所以，要想获得事业成功，还要注意发现你的能力，并将你的能力与职业相匹配。

社会上任何一种职业对工作者的能力都有一定的要求。如对会计、出纳、统计等职业，工作者必须有较强的计算能力；对于工程、建筑及服装设计等职业的工作者要具备空间判断能力；对于飞行员、外科医生、运动员、舞蹈演员等职业的工作者则要具备眼与手的协调能力。在选择职业时，不能好高骛远或单从兴趣爱好出发，要实事求是地检测一下自己的学识水平和职业能力，这样才能找到有"用武之地"的合适工作。

（三）职业实践是职业能力提升的前提

职业能力是人的发展和创造的基础。职业实践能促进职业能力的提高，个体职业能力只有在实际工作中才能得到不断提高和强化。个体职业能力越强，各种能力越是综合发展，就越能促进人在职业活动中的创造和发展，越能给个人带来职业成就感。

五、价值观匹配

价值观是我们在生活和工作中,所看重的原则、标准和品质。价值观指向我们内心最重要的东西,它是我们强大的内在驱动力,是引导行为的方向,是自我激励的机制。职业价值观,是指无论你从事什么工作,都会努力在工作中追求的东西。从另一个角度来讲,职业价值观就是你最期待从工作中获得的东西。

(一) 职业价值观的特性

职业价值观是因人而异的。由于每个人的先天条件和后天经历不同,其职业价值观的形成也会受到不同的影响,因此,每个人都有自己的价值观和价值观体系。在同样的客观条件下,具有不同价值观和价值观体系的人,其动机模式不同,产生的行为也不同。

职业价值观是相对稳定的。价值观是人们思想认识的深层基础,它形成了人们的世界观和人生观。它是随着人们认知能力的发展,在环境、教育的影响下,逐步培养而成的。人的价值观一旦形成,便会相对稳定。但当自身状况和外界环境发生较大变化时,职业价值观也会随之而变。

职业价值观是具有阶段性的。根据马斯洛的需求层次理论,当人低层次的需求得到满足以后,就会产生更高层次的需求。从职业人生来看,大多数人的职业价值观是具有阶段性的,特别是随着某一阶段的自身需求满足后,新的职业价值观也就会随之产生并确定下来。

职业价值观不是唯一的。人的职业价值观不是唯一的,择业时会有几个动机支配他的选择,人们常常为选择感到痛苦时,就是因为个人的职业价值观不唯一,而在某一职业中又难以得到全部满足,从而患得患失。

(二) 职业价值观的分类

根据不同的划分标准,人们对职业价值观的种类划分也不同。舒伯于1970年提出的工作价值观测量量表(WVI)得到了较为广泛的应用。他将职业价值观分为3个维度、共计15种最为普遍的职业价值观,它们代表着不同群体在工作中所重视和追求的15个方面,如表1-9所示。

表 1-9 舒伯职业价值观

维度	职业价值观
内在价值观	利他主义、多样变化、独立自主、美的追求、成就满足、创造发明、智力激发
外在价值观	同事关系、上下级关系、管理权力、工作环境
外在报酬	经济报酬、生活方式、安全稳定、名誉地位

（三）价值观的澄清

个人由于所处的生涯发展阶段、社会环境的不同，他的需求会发生改变，从而可能导致价值观的变化。当今多元社会中，多种价值观的冲击也会导致原有价值观体系的混乱乃至改变。很少有工作能够完全满足一个人所有的重要价值观，生活中亦是如此。因此，我们总是要不断地做出妥协和放弃，它们是不可避免的，也是必要的。我们需要对自己的价值观进行澄清和排序，才能知道如何取舍。认真考量自己的价值观，对大学生做好职业生涯规划具有十分重要的意义。

表 1-10　价值观澄清阶段及步骤

价值形成的阶段	步骤	可提问的问题
选择（Choosing）	1. 自由地选择 2. 从不同的情境中选择 3. 深思熟虑后选择	a. 你考虑过任何一个选择吗？ b. 你想可能的结果是如何？ c. 你自己愿意去做吗？
珍视（Prizing）	4. 重视与珍惜自己的选择 5. 公开表达自己的选择	d. 你觉得这么做是对的吗？ e. 你愿意向谁讲呢？
行动（Acting）	6. 根据自己的选择，采取行动 7. 重复行动	f. 到目前为止做得怎样？ g. 你下一步要怎么办呢？

案例讨论 1.2

把爱好当职业，活成梦想中的自己

	教师布置任务
案例讨论 任务描述	1. 学生熟悉相关知识。 2. 教师抽取相关案例问题组织学生进行研讨。 3. 将学生每 5 个人分成一个小组。小组选取自己所在小组参加研讨的问题（避免小组间重复），通过内部讨论形成小组观点。 4. 每个小组选出一位代表陈述本组观点，其他小组可以对其进行提问，小组内其他成员也可以回答提出的问题；通过问题交流，将每一个需要研讨的问题都弄清楚。形成以下表格的书面内容。 5. 教师进行归纳分析，引导学生扎实掌握人职匹配理论，提升学生工作积极性。 6. 根据各组在研讨过程中的表现，教师点评赋分。
案例问题	1. 张宇琦的职业幸福感来自何处？ 2. 开朗活泼的小王最终没有放弃枯燥乏味的会计工作说明了什么？ 3. 从渔夫和商人的故事中你有什么启发？

案例结论 1.2

把爱好当职业，活成梦想中的自己

实施方式	研讨式		
研讨结论			
教师评语：			
班级		第 组		组长签字	
教师签字				日期	

单元1.3 认知职业素养

案例1.3

学习领域	《职业认知和职业素养》——职业素养的内涵和意义		
案例名称	"最美司机"唐军	学时	2课时
案例内容			

　　2018年8月13日13时58分,湘西永顺县公安局交警大队接到报警称,就在三分钟前,永顺县石堤镇省道上,一辆旅游大巴与一辆大货车相撞,现场有人受伤。接警后,二中队民警彭秀辉一边联系当地120,一边带队赶赴现场。

　　民警赶到现场后,立即在道路两侧设置警示标志,并疏导交通。此时,两车司机都被困车内,货车司机在民警的帮助下慢慢从车内爬出,随后被送往医院抢救,而旅游大巴司机唐军则完全被卡在变形的驾驶室内无法动弹。医护人员在对唐军进行输液救治过程中,听到意识已经不太清醒的唐军却一直重复叮嘱着一句话"快帮我拉手刹,我车上有游客!",现场死里逃生的导游和37名乘客都感动得纷纷落泪。在生命最后一刻,把自己能做的全做到。

　　事发几秒,他把自己作为司机能做到的事全部尽力做到,最后一件来不及完成的事,他也在第一时间托付他人完成。医护人员赶来救助时,唐军说的第一句话就是"快帮我拉手刹,我车上有游客!"。唐军换得了车上其余38人的生命安全,自己的生命却定格在了49岁。

　　近年来,大学毕业生的就业已经成为严峻的社会问题。一方面,大学毕业生就业压力日益增大,他们苦于找寻不到中意的落脚点;另一方面,很多企业等用人单位却频繁流连于各类招聘市场,苦于找不到中意的所需人才。因此,高校教育应该把培养大学生的职业素养作为其重要目标之一。

一、职业素养的内涵

(一)职业素养的界定

有关职业素养的界定,学术界有比较一致的研究成果。一般认为,职业素养是人类在社会活动中需要遵守的行为规范，是职业内在的要求，是一个人在职业过程中表现出来的综合品质。可见，职业素养是人们在长期的职业活动中表现出来的比较稳定的、长期的道德、观念、行为、能力的总和。它体现了一个社会人在职场中成功的素养及智慧。

（二）职业素养包含的主要内容

职业素养是人的综合素养的主体和核心，概括地说职业素养包括职业道德、职业技能、职业行为和职业意识四个方面。

1. 职业道德

人们在进行职业活动的过程中，一切符合职业要求的心理意识、行为准则和行为规范的总和称为职业道德。它是一种内在的、非强制性的约束机制，是用来调整职业个人、职业主体和社会成员之间关系的行为准则和行为规范。其基本特征是：职业性、实践性、继承性、多样性。

2. 职业技能

职业技能是做好一个职业应该具备的专业知识和能力，是就业所需的技术和能力。俗话说"三百六十行，行行出状元"，没有过硬的专业知识，没有精湛的职业技能，就无法把一件事情做好，就更不可能成为行业中的"状元"了。各个职业有各职业的知识、技能，每个行业还有每个行业知识、技能。总之，学习提升职业技能是为了让我们把事情做得更好。

3. 职业行为

职业行为是人们对职业劳动的认识、评价、情感和态度等心理过程的行为反映，是职业目的达成的基础。从形成意义上说，它是由人与职业环境、职业要求的相互关系决定的。包括职业创新行为、职业竞争行为、职业协作行为和职业奉献行为等。

4. 职业意识

职业意识是人们对职业劳动的认识、评价、情感和态度等心理成分的综合反映，是支配和调控全部职业行为和职业活动的调节器，它包括诚信意识、顾客意识、团队意识、自律意识、创新意识、竞争意识和奉献意识等。职业意识既有以约定俗成、师承父传方式体现的，也有用法律法规、规章制度、企业条文来体现的。职业意识有社会共性的，也有行业或企业特有的。它是每一个人在职业活动中最基本的自我约束。

（三）职业素养的特征

1. 职业性与稳定性

不同的职业，职业素养要求是不同的。对建筑工人的素养要求，不同于对护士的素养要求；对商业服务人员的素养要求，不同于对教师的素养要求。

一个人的职业素养是在长期执业过程中日积月累形成的。它一旦形成，便产生相对的稳定性。比如，一位教师，经过三年五载的教学生涯，就逐渐形成了怎样备课、怎样讲课、怎样热爱自己的学生、怎样为人师表等一系列教师职业素养，于是，便保持相对的稳定性。当然，随着他继续学习、工作，再加上环境的影响，这种素养还可继续提高。

2. 内在性与整体性

从业人员在长期的职业活动中，经过自己学习、认识和亲身体验，认识到怎样做是对的、怎样做是不对的。这样，有意识地内化、积淀和升华的这一心理品质，就是职业素养的内在性。

从业人员职业素养的好坏是和他整体的素养有关的。我们说某某同志职业素养好，不仅指他的思想政治素养、职业道德素养，而且还包括他的科学文化素养、专业技能素养，甚至还包括身体、心理素养。一个从业人员，虽然思想道德素养好，但科学文化素养、专业技能素养差，就不能说这个人整体素养好；反之亦然，一个从业人员科学文化素养、专业技能素养都不错，但思想道德素养比较差，我们也不能说这个人整体素养好。所以，职业素养一个很重要的特点就是整体性。

3. 发展性

一个人的素养是通过教育、自身社会实践和社会影响逐步形成的，它具有相对性和稳定性。但是，随着社会发展对人们不断提出新的要求，人们为了更好地适应、满足社会发展的需要，总是不断地提高自己的素养，所以，素养具有发展性。

二、大学生职业素养的构成

美国著名心理学家麦克利兰于1973年提出了一个著名的模型，即"冰山模型"。"冰山模型"理论认为，个体的素质就像水中漂浮的一座冰山，它将人员个体素质的不同表现划分为表面的"冰山以上部分"和深藏的"冰山以下部分"。

大学生的职业素养也可以看成是一座冰山。冰山浮在水面以上的只有1/8，它代表大学生的形象、资质、知识、职业行为和职业技能等方面，是人们看得见的、显性的职业素养，这些可以通过各种学历证书、职业证书来证明或者通过专业考试来验证。而冰山隐藏在水面以下的部分占整体的 7/8，它代表大学生的职业意识、职业道德、职业作风和职业态度等方面，是人们看不见的、隐性的职业素养。显性职业素养和隐性职业素养共同构成了所应具备的全部职业素养。

（一）职业道德与职业形象

职业道德是职业人在一定的社会职业活动中遵循的、具有自身职业特征的道德准则和规范，并在个人从业的思想和行为中表现出来的比较稳定的特征和倾向。职业道德的基本要求是爱岗敬业、诚实守信、办事公道、服务群众、奉献社会；职业道德的基本素养有遵纪守法、严谨自律、诚实厚道、勤业精业、团结协作、任劳任怨、开拓创新。职业道德的养成，唯有在职业道德的训练和实践中才能得以实现。所以同学们应积极参加社会实践，到实践中去领悟、体会和感受职业道德，养成良好的职业道德习惯。

职业形象泛指职业人外在、内在的综合表现和反映。外在的职业形象指职业人的相貌、穿着、打扮、谈吐等他人能够看到、听到的东西；内在的职业形象指职业人所表现出来的学识、风度、气质、魅力等他人看不到，却能通过活动感受到的东西。职业形象与个人的职业发展紧密相连，在人的求职、社交活动中起关键作用，良好的职业形象对职业成功具有比较重要的意义。

（二）职业态度与职业技能

职业态度是个人对职业生涯的设想及其有关问题的基本看法。它包括职业生涯设计、对正在从业或即将从业的职业的看法等。对于大学生而言，学校给予的知识和技能是有限的，而以知识经济为特征的当代社会对学生综合素质的要求却是无限的。以有限的知识、能力满足无限的社会要求，可能的契机和途径是对学生职业态度养成的最好教育，好高骛远是行不通的。

职业技能是人们运用理论知识和实践经验完成具体工作任务的活动方式。大学生掌握职业技能，不仅需要老师传授知识，更主要的是需要通过一定的实践操作和训练，掌握一定的职业技能，这是走向职场的基本条件。

（三）表达沟通与团队合作

表达沟通能力就是通过听、说、读、写等思维载体，利用演讲、会见、对话、讨论、信件等方式将个人的思想、观点、意见或建议用语言或文字准确、恰当地表达出来，促使对方接受自己的能力。表达能力包括语言表达能力和文字表达能力，这是大学生必须具备的基本能力。能够用准确、流畅的语言讲述事实、表达观点；能够撰写计划、总结、调查报告、公函等文书，这是用人单位对大学生表达能力的基本要求。

团队合作能力是一种为达到既定目标，在团队中所显现出来的自愿合作和共同努力的能力；是个人在工作中与同事和谐共事的能力；是在实际工作中充分理解团队目标、组织结构、个人职责，并在此基础上与他人相互协调配合、互相帮助的能力。它包括个人善于与团队其他人沟通协调，能扮演适当角色，勇于承担责任，乐于助人，保持团队的融洽等内容。

（四）人际交往与解决问题

人际交往是指人们为了相互传递信息、交换意见、表达情感和需要等目的，运用语言、行为等方式而进行的人际联系和人际接触的过程，即通常所说的人际关系。人际交往能力指的是向他人传递思想感情与信息的能力。对于正在学习、成长中的大学生来说，良好的人际交往能力不仅是大学生活的需要，更是将来适应社会的需要。对于一个组织来说，良好的人际交往能力有助于营造良好的组织氛围，而良好的组织氛围可以促进组织成员之间的沟通与交流，可以促进组织内部与组织外部成员之间的人际交往，扩大组织与社会的联系面，掌握更多的社会资源，进而有助于组织目标的顺利实现。因此，在其他条件相同的情况下，用人单位往往更愿意接收和使用人际交往能力强的人。

解决问题就是通过发现问题→对问题进行分析→制订方案→确定方案→实施方案→效果评价这一流程，最后实现既定工作目标。

（五）学习和创新与组织管理

学习能力是人们在学习、工作及日常生活中必须具备的能力之一。现代社会对人的学习能力的要求越来越高，应届大学毕业生基本上都要经过系统培训才能具备直接进行业务操作的能力。因此，是否具备良好的学习能力和强烈的求知欲望是用人单位十分重视的，往往也是应聘时用人单位要重点考察的内容之一。

创新能力是人们革旧布新、创造新事物的能力，包括发现问题、分析问题和解决问题以及在解决问题过程中进一步发现新问题，从而不断推动事物发展变化的能力。创新能力最基本的构成要素是创新激情、创新思维和科技素质。创新激情决定着创新的产生，创新思维决定着创新的成果和水平，科技素质则是创新的基础。

组织管理是指成功地运用管理者的知识和能力影响机构的活动，达到最佳的工作目标。组织管理能力是一种对人心的把握与引导能力，组织管理能力强的人往往在工作上有主动性，对他人有影响力，有发展潜力，有培养价值。

三、大学生提高职业素养的途径

作为职业素养培养主体的大学生,在大学期间应该加强自我修养。首先,要培养职业意识;其次,配合学校的培养任务,完成知识、技能等显性职业素养的培养;再次,有意识地培养职业道德、职业态度、职业作风等方面的隐形素养。

(一)培养职业意识

培养职业意识就是要对自己的未来有规划。因此,大学期间,每个大学生应明确:我是一个什么样的人?我将来想做什么?我能做什么?环境能支持我做什么?着重解决这些问题,就要认识自己的个性特征,包括自己的气质、性格和能力,以及自己的个性倾向(包括兴趣、动机、需要、价值观等)。据此来确定自己的个性是否与理想的职业相符,对自己的优势和不足有一个比较客观的认识,结合环境如市场需要、社会资源等确定自己的发展方向和行业选择范围,明确职业发展目标。

在大学教育中,实践教学是学生了解职业、了解自己与职业的适合度的最直接、最有效的途径。同学们可通过暑期社会实践、校内实训实习活动,在职业环境中,了解自己的职业前景、体会自己是否适合这一职业以及本职业的日常行为规范和职业技能要求,增强对职业的认同与热爱,完善自我,挖掘潜能,通过实训体验,自行调整,形成正确的职业意识。

(二)加强知识学习与技能培养

职业行为和职业技能等显性职业素养比较容易通过教育和培训获得。学校的教学及各专业的培养方案是针对社会需要和专业需要所制定的。旨在使学生获得系统化的基础知识及专业知识,加强学生对专业的认知和知识的运用,并使学生获得学习能力、培养学习习惯。因此,大学生应该积极配合学校的培养计划,认真完成学习任务,尽可能利用学校的教育资源,包括教师、图书馆等获得知识和技能,作为将来职业需要的储备。

职业技能是人们掌握和运用专门技术的能力,也是职业人奉献社会、服务群众的生存之本。大学生已具备较强的学习能力,学习阶段是同学们一生中增长技能、积蓄能量的重要时期。大学生必须获得专业知识,考取各类证书;必须拥有人际交往能力、竞争能力、合作能力。大学生必须放弃被动的学习方式,主动采用自主性、研究性、创造性学习方法;课堂上认真接受教师讲授的各类知识,全面掌握专业理论知识和各种社会技能;在模拟的职业环境中获得与现实的实际操作相同的体验,逐步掌握职业岗位必需的基本技能,培养分析问题、解决问题的能力。

(三) 在课堂学习及社会实践活动中培养职业道德

道德教育是人生的第一道防线，无任何强制性，靠自我管理、自我约束。大学生在学习活动中必须把良好道德品质的养成放在首位，形成"说老实话、办老实事、做老实人"的好习惯，自觉遵守道德法则。

纪律教育是人生的第二道防线，具有一定的强制性。党纪、政纪、校规、家规都是用来规范人们行为的。大学生要在自我管理、自我教育中自觉遵守学生守则，遵守校规校纪，做遵纪守法的进步青年。

法治教育是人生的最后一道防线，具有强制性。在学习中知法、懂法、守法、不违法，同时通过社会实践活动自觉培养爱岗敬业、奉献社会、服务群众等良好职业道德。

(四) 在社团活动中培养团队协作精神

强化团队精神，把团队精神作为学生品德素质培养的重要目标。

内化团队精神，精心组织以增强团队精神为目标的各种集体活动。在各类活动中，自我组织、分工合作、共同协调，在活动中尽情体验、感受竞争与合作的关系、个人与集体的关系。

案例讨论 1.3

中国机长、"最美司机"唐军

教师布置任务	
案例讨论任务描述	1. 学生熟悉相关知识。 2. 教师抽取相关案例问题组织学生进行研讨。 3. 将学生每5个人分成一个小组。小组选取自己所在小组参加研讨的问题（避免小组间重复），通过内部讨论形成小组观点。 4. 每个小组选出一位代表陈述本组观点，其他小组可以对其进行提问，小组内其他成员也可以回答提出的问题；通过问题交流，将每一个需要研讨的问题都弄清楚。形成以下表格的书面内容。 5. 教师进行归纳分析，引导学生扎实掌握职业素养相关知识，提升学生工作积极性。 6. 根据各组在研讨过程中的表现，教师点评赋分。
案例问题	1. 总结《中国机长》中机长与空中乘务人员体现出的职业素养。 2. 从"最美司机"唐军的身上我们能学到什么？

 **案例结论 1.3**

中国机长、"最美司机"唐军

实施方式	研讨式		
研讨结论			
教师评语：			
班级		第　组		组长签字	
教师签字				日期	

 模块小结一

　　在就业形势日益严峻的今天，越来越多的人关注职业，有关职业的一系列问题都牵动着人们的神经。职业关系着个人的幸福、家庭的和谐、社会的稳定。通过对职业的内涵、职业的特点、职业的类型及职业的发展趋势的学习，有助于同学们立足现在，着眼于未来，提前认识职业社会，顺利实现由一名校园人到职场

人的角色转变。

人职匹配理论是关于人的个性特征与职业性质一致的理论，是现代人才测评的理论基础。职业由于其工作性质、工作环境、工作条件、工作方式不同，对工作者的能力、知识、技能、性格、气质、心理素质等也有不同的要求，所以，在进行职业决策前我们需要充分了解自己，即我喜欢干什么（兴趣）、我适合干什么（性格）、我能干什么（能力）及我看重什么（价值观）。我们应选择与自己的个性特征相适应的职业。人职匹配对身处现代社会的大学生来说具有非常重要的意义。大学生应该充分分析职业因素，结合自我认知，找到最适合自己的职业类型，尽量做到人职匹配，实现自我价值。

职业素养是人类在社会活动中需要遵守的行为规范，是职业内在的要求，是一个人在职业过程中表现出的综合品质。它体现了一个社会人在职场中成功的素养及智慧。作为大学生，在学习期间应自觉加强自我修养，培养职业意识，加强知识学习和技能培养，养成良好职业道德，培养良好沟通能力、团队合作能力。

模块二　职业意识和职业心态

导入案例

刘传健：完成"史诗级"备降的英雄机长

1991年，19岁的刘传健光荣入伍，成为一名驰骋蓝天的空军飞行员。2006年，他从空军第二飞行学院退役，加入四川航空股份有限公司。

2018年5月14日6时26分，刘传健驾驶3U8633航班从重庆江北机场起飞，6时42分进入成都区域，飞行高度为9 800米。在9 800米的高空，飞机挡风玻璃突然爆裂脱落，在瞬间失压、驾驶舱温度只有零下40摄氏度的生死关头，退役军人、机长刘传健沉着果断处置险情，靠毅力掌握操纵杆，最终成功备降，确保了机上128名机组人员和乘客的生命安全。

2018年5月，这一被称为"民航史奇迹"的川航备降事件引发全球关注。机长刘传健也因在事故处置中的出色表现，被授予"中国民航英雄机长"称号，机组全体成员被授予"中国民航英雄机组"称号。

2018年11月10日，中共中央宣传部、退役军人事务部在北京向全社会公开发布2018年"最美退役军人"先进事迹，刘传健等20位优秀退役军人代表被颁发"最美退役军人"证书。6天后，刘传健带领四川航空"中国民航英雄机组"重返蓝天。

启示：英雄机长的成功，不是运气，也不是偶然。不管是当飞行员、飞行教员，还是作为机长，刘传健都具备崇高的职业意识，千锤百炼，全身心投入工作。正是靠扎实的专业理论，精湛的专业技能，严谨、坚守、执着的职业精神和临危不惧、沉着冷静的战斗精神，才能创造奇迹，挽救上百个家庭的平安、幸福。他强烈的责任意识，敬业、奉献的职业操守，刻苦训练、精益求精的工匠精神，团结协作的工作作风值得我们学习。

学习目标

1. 认知目标：了解职业意识、职业心态、职业幸福感、职业倦怠症的相关理论知识；掌握职业意识、职业心态、职业幸福感的概念、内容和提升途径；理解良好的职业意识和正确职业心态的重要作用；主动发现、解决职业倦怠症，重视、积极追求职业幸福感。

2. 技能目标：能够描述、分析职业意识、职业心态的内涵；能够结合自己的学习、生活、实习工作等现状，自觉树立良好的职业意识，培养正确的职业心态，提升职业幸福感。

3. 情感目标：认同职业意识、职业心态和职业幸福感的相关理论及培养的方法和途径。

单元 2.1　树立职业意识

案例 2.1

学习领域	《职业意识和职业心态》——树立职业意识		
案例名称	适合做什么工作？	学时	2 课时
案例内容			

　　小张 2019 年从一所高职院校毕业，找到了一份商场销售员的工作。刚开始上班的时候，商场舒适整洁的环境、公司同事的友好相处，使小张感到每天的工作都很舒心。可是，时间长了，小张就感到销售员站立工作很累，尤其是接待难缠的客户、业绩难以提升，都使她感到工作辛苦。于是，工作两个月后，她辞去了这份工作。后来，经朋友介绍，小张又找到了一份公司文员的工作，朝九晚五的上班节奏、相对自由宽松的工作方式使她感到比第一份工作好多了，打算长久做下去。但是，3 个月后，小张因对文案写作很不擅长、工作任务琐碎，常常因为没有处理好工作影响到了公司整体的工作进度。同事的不满、领导的指责，使她对自己逐渐失去了信心，无奈只好辞职。接着，小张又通过中介到一家企业的车间做流水线上的工作，又觉得如此简单、重复的工作没有挑战性。现在的小张，虽然已经工作半年，但是对自己的职业生涯一直难以建立自信。经常在想：自己到底适合做什么工作呀？

一、职业意识概述

面对日益激烈的市场竞争,作为职业素养的核心部分,职业意识是影响个体职业生涯发展的重要因素。高职教育以促进就业为导向,直接面向市场的用人需求培养人才。因此,职业院校学生在日常的学习生活中,要自觉深化对职业意识的理解和认同,循序渐进地提升个人的职业意识,为将来的成功就业奠定坚实的基础。

(一)职业意识的定义

职业意识是人们对职业劳动的认识、评价、情感和态度等心理成分的综合反映。职业意识由就业意识和择业意识构成,体现在个人的择业定位以及在职业活动中的情感、态度、意志和品质等方面,是支配和调控全部职业行为和职业活动的调节器。

(二)职业意识的重要性

职业意识有社会共性的,也有行业或企业相通的。职业意识的形成不是突然的,而是经历了一个由幻想到现实、由模糊到清晰、由摇摆到稳定、由远至近的产生和发展过程。职业意识既影响个人的就业和择业方向,又影响整个社会的就业状况。

职业意识对职业认知和职业活动具有导向和支配的作用。对于正处于高职阶段的学生来讲,对即将从事的职业的认识、看法,不仅会影响到个人的择业定位,而且对以后的职业生涯也会产生很大的影响。如果从业人员具备了良好的职业意识,就能够充分发挥自身的创造性,全身心投入工作;反之,如果缺少相应的职业意识,仅仅是完成个人分内的工作任务,则会表现出不思进取、得过且过、拈轻怕重等负面的工作状态。

二、职业意识的内容

职业意识包含责任意识、敬业意识、奉献意识、团队意识、规则意识、竞争意识、效率意识、创新意识等方面。

(一)责任意识

责任意识是一种自觉意识,表现得平常而又朴素。所谓的责任意识,就是清楚明了地知道什么是责任,并自觉、认真地履行社会职责,把责任转化到行动中去的心理特征。责任意识强,再大的困难也可以克服;责任意识差,很小的问题也可能

酿成大祸。有责任意识的人，受人尊敬，招人喜爱，让人放心。

责任是使命的召唤，是能力的体现，是制度的执行。只有能够承担责任、善于承担责任、勇于承担责任的人才是可以信赖的人。责任是决定一个人成功的重要因素。

(二) 敬业意识

敬业，自古以来就是中华民族的传统美德。宋代理学家朱熹曰："敬业者，专心致志，以事其业也。"敬业就是要用一种恭敬严肃的态度对待自己的工作，认真履行岗位职责，兢兢业业、一丝不苟地对待工作。敬业意识作为最基本的职业道德规范，是对人们工作态度的一种普遍要求。具备敬业意识就意味着人们能够对自己所从事的职业具有敬重的情感，并对事业专心致志，恪尽职守。要做到敬业，首先要热爱自己的工作岗位，热爱本职工作，即爱岗。而爱岗能使人产生强大而持久的工作动力，积极主动地投入工作，从而做到敬业。因此，爱岗是敬业的基础，敬业是爱岗的延伸。

(三) 奉献意识

奉献，就是"恭敬的交付，呈献"。奉献意识是一种对自己事业不求回报的爱和全身心的付出。对个人而言，就是要把本职工作当成一项事业来热爱和完成，从点点滴滴中寻找乐趣，全心全意完成工作。奉献精神是社会责任感的集中表现。

(四) 团队意识

团队意识是指整体配合意识，包括团队的目标、团队的角色、团队的关系、团队的运作过程四个方面。团队意识是一种主动的意识，将自己融入整个团体，对问题进行思考，想团队之所需，从而最大程度地发挥自己的作用，促进团队的发展。团队意识是大局意识、协作精神和服务精神的集中体现，核心是协同合作，强调团队合力，注重整体优势，远离个人英雄主义；反映的是个体利益和整体利益的统一，并进而保证组织的高效率运转。

(五) 规则意识

规则意识，是指发自内心的、以规则为自己行动准绳的意识。比如说遵守校规、遵守法律、遵守社会公德、遵守游戏规则的意识。拿排队做个比方：排队的次序是法治，每个人都可以排队是民主，那么每个人都愿意排队就是规则意识。没有这个意识，民主和法治都是空的。这个最基本的意识和人性与良心、道德与信仰有关。

规则意识是现代社会每个公民都必备的一种意识。规则意识有三个层次，它首先是指关于规则的知识。比如说，不偷不盗、爱国守法、敬业奉献、爱护环境、遵守学校纪律，等等。但仅有规则意识是不够的，更重要的是要有遵守规则的愿望和习惯，这是规则意识的第二个层次。谁都知道偷车是违反社会秩序的行为，但是，为什么偷车事件还会屡屡发生呢？这是因为有人并没有一个遵守规则的良好习惯。因此，重要的不是知道规则，而是愿意和习惯于遵守规则。规则意识的最后一个层次是遵守规则成为人的内在需要。在这种境界中，遵循规则已成为人的第二天性，外在规则成为人的内在素质。从规范向素质的转变，对于个人来说，规则不再仅仅是一种外在强制，从而在某种意义上使人获得了真正的自由。按孔子的话来说，这就是"从心所欲不逾矩"。

（六）竞争意识

竞争意识意识是以个人或团体力量力求压倒或胜过对方的一种心理状态。它能使人精神振奋、努力进取，促进事业的发展；它是现代社会中个人、团体乃至国家发展过程中不可缺少的心态。有竞争的社会，才会有活力，世界才会发展得更快；有竞争意识的人，才会奋发图强，实现自己的理想。在有竞争的群体里，会出更多的成绩，有更高的水平。竞争是不甘平庸，追求卓越；竞争，使个人完善，使群体上进，使社会发展。

（七）效率意识

效率就是在单位时间内完成任务量的多少，也指最有效地使用社会资源以满足人类的愿望和需要。任何人、任何组织都有改善效率的潜力。

效率是效益的基础。企业的生存法宝之一是效益，也是企业的核心竞争力。提高企业的经营效率就是从根本上提高企业的利益，而企业的管理部门也把员工的工作效率作为员工考核的重要指标。提高效率有三方面。一是讲实效，不浪费时间，积极地做事；不断改进工作方法，从节约时间上达到提高工作效率的目的。二是在规范的制度化下干正确的事情。企业有健全的管理规章制度，员工在工作中就有章可循，这样可避免员工自由散漫的工作态度，从而提高工作效率。三是对其工作的熟悉程度。员工只有不断培养自身素质，加强能力的锻炼、技巧的学习，努力提高业务操作水平，才会达到事半功倍的效果。

（八）创新意识

创新意识是指人们根据社会和个体生活发展的需要，引起创造前所未有的事物或观念的动机，并在创造活动中表现出的意向、愿望和设想。它是人类意识活动中的一种积极的、富有成果性的表现形式，是人们进行创造活动的出发点和内在动力，是创造性思维和创造力的前提。

三、提升职业意识的基本要求

提升职业意识具体要从树立职业理想、强化职业责任、遵守职业纪律、提高职业技能、提升职业道德五个方面做起。

（一）树立职业理想

俄国作家托尔斯泰曾说过："理想是指路明灯，没有理想就没有坚定的方向，就没有生活。"职业理想是人们的职业发展目标和方向。职业理想贯穿于职业活动实践的始终，它决定着从业者的基本劳动态度。社会主义职业道德所提倡的职业理想以为人民服务为核心、以集体主义为原则，且热爱本职工作，兢兢业业干好本职工作。树立正确的职业理想，不仅有助于正确地选择职业，明确职业发展方向，而且有助于学生在学习阶段充分调动自身的积极性和主动性，最大限度地施展自身的才华，实现未来的职业生涯目标。同学们在树立职业理想时，要把个人志向、国家利益和社会需要有机结合起来。

（二）强化职业责任

职业责任是指人们在一定职业活动中所承担的特定的职责，它包括人们应该做的工作和应该承担的义务。每一个从业人员，在本职工作岗位上都应该明确和认定自己的职业责任。与本科生相比，职业院校学生近年来的就业率保持较高的水平，关键因素就在于具备了实践操作能力强、上岗适应周期短的优势。对此，同学们更应该充分发挥自身的潜力，增强职业责任的意识和能力，使毕业就能上岗的优势充分体现出来。

（三）遵守职业纪律

自觉遵守职业纪律是履行岗位职责的前提条件。"没有规矩不成方圆"，如果人们对职业纪律置之不理，就会出现有令不行、有章不循的现象，必然导致工作出现无序和混乱。因此，在工作中只有人人自觉遵守工作的规章制度，照章办事，才能使各项工作井然有序，从而提高工作效率。

（四）提高职业技能

职业技能，指学生将来就业所需的技术和能力。职业技能不仅能在人们确立职业态度、明确职业理想的过程中起到积极作用，而且也是从业者职业理想付诸实现的重要保障。学生是否具备良好的职业技能是能否顺利就业的前提。如今，高职院校普遍实行"双证制"，即"学历证书+职业资格证书"双证，其目的就是引导高职学生在获取专科学历证书的同时，也能够获得相关职业资格认证，使双证并重互通。学生在校学习期间，不仅掌握了一定的专业理论知识和技能，而且能够达到某种岗位工种的技能要求，毕业就可以直接上岗，为尽快适应工作环境奠定了基础，提高了竞争力。

（五）提升职业道德

职业道德，就是同人们的职业活动紧密联系的符合职业特点所要求的道德准则、道德情操与道德品质的总和，它既是对本职人员在职业活动中行为的要求，同时又是职业对社会所负的道德责任与义务。它是职业品德、职业纪律、专业胜任能力及职业责任等的总称。

四、提升职业意识的具体途径和方法

（一）在日常生活中培养

"千里之行，始于足下。"大学生要在日常生活中养成良好的职业意识，"勿以恶小而为之，勿以善小而不为。"首先，要提高自我约束的能力。要想养成良好的职业意识，必须从自我约束做起，认真对待自身的言行举止，在日常工作、生活、学习中都严格要求自己，持之以恒。其次，要从身边小事做起。"水滴石穿""不积小流，无以成江河"讲的都是这个道理。大学生要从自己身边的日常小事做起，严格自律，以积极的态度对待、处理身边的日常小事。

（二）在专业学习中培养

大学生要在专业学习和实习中增强职业意识，遵守职业规范，这是未来干好工作、实现人生价值的重要前提。对学习和工作都要深入钻研、精益求精。不仅要努力完成自己分内的学习、工作任务，还要充分发挥主观能动性，积极主动地拓宽自己的知识领域，深入钻研相关学科的知识技术，争取更好的学习成绩和工作效果。在顶岗实习、生产性实训等环节，做到按时出勤、谦虚好学，主动向工人师傅请教，向劳动模范、先进人物学习，刻苦钻研，培养过硬的专业技能，提高自己的职业素养。

（三）在社会实践中培养

社会是培养学生的最好舞台，也是检验知识的最好、最终的场所，因此社会实践，也就是实习阶段对大学生是十分重要的。此时，大学生虽然脱离了学校在社会上进行相关的实习，但却能得到实习老师的指导，因此实习是学生从校园向社会转化的关键阶段。每个学生都应珍惜并好好利用这短短一年的实习期，把在校园里学到的专业知识真正运用到工作实践中去。除了完成实习工作，还要积极参与社会实

践,深入了解社会,适应社会,为今后进一步开展工作打下坚实的基础。

(四) 在自我修养中培养

"修"是指陶冶、锻炼、学习和提高,"养"是指培育、滋养和熏陶。提高自我修养首先应注重体验生活,经常进行"内省"。首先,要严于解剖自己,善于认识自己,勇于正视自己的缺点,敢于自我批评、自我检讨。其次,要有决心改进自己的缺点,扬长避短,在实践中不断完善自己的职业道德品质。最后,要学习榜样,努力做到"慎独";见贤思齐,榜样的力量是无穷的。新时期各行各业涌现出了无数的职业道德先进人物,我们要积极向先进人物学习,激励和鞭策自己,自觉做到"慎独",加强道德修养,提高职业意识。

适合做什么工作?

	教师布置任务
案例讨论 任务描述	1. 学生熟悉相关知识。 2. 教师抽取相关案例问题组织学生进行研讨。 3. 将学生每5个人分成一个小组。小组选取自己所在小组参加研讨的问题(避免小组间重复),通过内部讨论形成小组观点。 4. 每个小组选出一位代表陈述本组观点,其他小组可以对其进行提问,小组内其他成员也可以回答提出的问题;通过问题交流,将每一个需要研讨的问题都弄清楚。形成以下表格的书面内容。 5. 教师进行归纳分析,引导学生扎实掌握职业意识的相关知识,引导学生养成良好的职业意识,提高职业素养。 6. 根据各组在研讨过程中的表现,教师点评赋分。
案例问题	1. 小张已经跨出校门,她的职场困惑是什么? 2. 是什么原因导致小张频繁跳槽? 3. 谈谈如何才能帮助小张摆脱职场困境?
案例分析	小张之所以难以适应职场生活,频繁跳槽,却没有找到适合自己的工作,原因可以从这几个方面来看。第一,小张对自己的职业定位不明确。她对自己的职业兴趣、适合做什么工作没有准确的定位。第二,小张没有树立敬业、奉献、团队、竞争等良好的职业意识,缺少责任感,不能全身心投入工作。第三,她缺少干一行爱一行、爱一行钻一行的职业精神,不注重提升职业技能和自我修养,有不思进取、拈轻怕重等负面的工作状态,从而导致她不能体会到工作带给自己的愉悦和满足感。

 案例结论 2.1

适合做什么工作？

实施方式	研讨式	
研讨结论		
教师评语：		
班级	第　组	组长签字
教师签字		日期

单元 2.2 　端正职业心态

学习领域	《职业意识和职业心态》——端正职业心态		
案例名称	大专生战胜本科生	学时	2 课时
案例内容			

　　2004 年 7 月，重庆理念科技有限公司招聘了 21 名大学生。让人始料未及的是，在随后不到 4 个月的时间里，该公司陆续开除了其中的 20 名本科生，仅仅留下了 1 名大专生。

　　第一批被公司除名的是两名来自某重点大学的计算机专业高才生。他们在第一次与客户谈完生意后，将价值 3 万多元的设备遗忘在出租车上。面对经理的批评，两人却振振有词："对不起，我们是刚毕业的学生。学生犯错是常事，你就多包涵吧。"两人终因认识不到自己的失误、态度不端正而被开除。

　　第三个被公司"扫地出门"的是一名本科毕业的女学生。这名女学生喜欢睡懒觉，上班经常迟到，还在工作时间上网聊天，被多次警告却仍置若罔闻，最终被公司"开回家"。另有 3 名大学生因"张狂"而被"卷了铺盖"。他们在与客户吃工作餐时，大声喧闹，滔滔不绝，弄得客户和公司领导连交谈的时机都没有。席间，更有一名男生张嘴吐痰，一口痰刚好落在了客户的脚边，惊得客户一下子从凳子上跳了起来。该男生却像什么事都没有发生一样继续吃饭。结果可想而知。

　　最让人难以接受的是，有一次，公司老总带领公司员工到外地搞促销，在海边租了一套别墅，有 20 多间客房，但员工有 100 多人，很多老员工甚至老总都只能睡在过道上。而有些新来的大学生却迅速给自己选好房间，然后锁上房门独自看电视。这些学生好几次走出房门看见长辈睡在地上，竟视而不见，不吭一声。此事又让几名大学生丢了饭碗。

　　最后被开除的是一名男生，他没与对方谈妥业务就飞到南京，让公司白白花了几千元的飞机票钱。当领导问及此事时，他却不依不饶："我没错，是他们变卦，你是领导我也不怕！"

　　而唯一没有被"炒掉"的"幸运儿"是一位大专生。在她看来，作为公司的一员，应该懂得自己的言行必须符合公司的正当利益。"我只是比别人更清楚，自己比别人少了什么东西。我虽然没有很高的文凭，但是我觉得'细微之处见匠心'。尤其是在和客户面对面接触的时候，可能会因为你的一个眼神，或者是你的微笑不到位，就让人觉得心里不舒服。这种不舒服如果转变成一种对立的话，势必影响到工作，对公司的业务发展也可能有很大的负面影响。"她的工作记录本封面上写着两个字：用心。因为刚接触工作，她认为很多东西都需要学习，自己就借公司其他员工的资料看，经常看到深夜。"而且我特别喜欢问，几乎公司上上下下的同事都被我问遍了，大家都笑话我是'十万个为什么'。"

模块二

职业意识和职业心态

英国著名的文豪狄更斯曾经说过:"一个健全的心态比一百种智慧都更有力量。"这句不朽名言告诉我们一个真理:有什么样的心态,就会有什么样的人生。有人能发挥潜能、能成功,是因为他能始终保持积极的心态。从根本上决定我们生命质量的不是金钱,不是权力,甚至不是知识和能力,而是心态!积极的心态是比黄金还要珍贵、还要稀缺的资源,良好的态度是个人和企业竞争制胜的最核心、最根本的竞争力。

一、职业心态概述

(一)职业心态的定义

心态一般指心理态度或心理状态。职业心态即职业人士应具备的心态,又称"职业心理成熟度",它是职业素质的重要体现。

(二)职业心态的重要性

根据马斯洛在《优心态管理》中的著名论断,职业心态对员工的职业化程度即职业技能、职业道德、工作形象和工作态度有重大影响。日常工作中如何正确对待上级、同事、下属、客户和合作伙伴,如何对待工作安排或调整,对待批评和荣誉的态度等都是职业心理成熟与否的表现。

由于职业心态决定了员工的工作态度,心态不够成熟或不够健康的员工很难有良好的工作状态。尽快实现从校园到职场的心态职业化调整也是在校大学生必须面对的重要问题。"思想决定行为",当初足球界的名教练米卢,对"国脚"们强调最多的就是态度问题。作为职业球员,如果连最基本的对待工作的态度都不具备,何谈爱国报国。职业人也一样,必须重视职业心态的自我培养。

二、对大学生职业心态的要求

(一)以正确心态对待工作

工作在不同人的心中定位不一样,理想与工作高度和谐的人视之为事业,始于所学以致用的视之为职业,也有多数人将工作视为谋生的基本手段。定位不同,对待工作的态度大有差异。但是,任何组织都有责任引导和启发员工树立最基本的心态——敬业。敬业不是组织的"要求",确切地说应该是组织的一种"期望"。而对于员工而言,在从事某项工作时,他生命中的一段时光便在完成这些任务过程中流逝。人最基本的是要"对自己负责"。认识和省悟对自己负责的心态,是能够自我管理的第一步。如果员工个人在心理上并未将做某项工作"当回事儿",尽管也可能在

工作中表现出敬业和责任心来，但那一定不长久，也不是一种真正意义上的职业化。

（二）以正确心态对待同事

传统文化强调人应该具备"美德"，并以"君子"作为榜样。在企业中，常常将人性道德修养作为衡量一个人职业操守的标准。因而，社会人的道德观也用来调停工作中人与人（企业人）之间的关系。我们每个人都生活在一种交错的人际环境中，在这个社会环境中，能量守恒定律依然适用。凡由自己向组织中的任何一个人发出的任何一种作用力，都会最终传递回来，作用于本人。比如，自己提交的某项成果，或在某个环节上对他人提供的某个配合，或对组织中的某些事、某些人发表自己的评价，这些都可视为一种"作用力"。发出积极的、健康的力量，将最终有益于自己。这种"达己"又"达人"的省悟行为，应是对待同事有效的职业化行为。

（三）以正确心态看待个人发展

现代组织中的人相比以往更为重视个人的发展，与这个目标背道而驰的是个人非职业化心态——片面、割裂地追求个人的发展。片面的结果，导致不少人心理失衡、怀才不遇、恃才放旷、郁郁寡欢、孤芳自赏、牢骚满腹……更有甚者与所服务的组织反目成仇。人不能脱离于自然孤立存在，员工也不可脱离于组织独立发展。将自己置于组织之中，由组织的目标反观个人的目标如何顺应和设定；由组织的发展反观个人的机会如何寻找和获取；由组织所能提供的现实条件反观个人做出何种积极的反应。"组织化生存"的概念，如同信息时代的"数字化生存"一样，是每个人重新理解个人发展的起点。职业心态，是取得工作成就的基础，也是获得个人发展的起点。

三、大学生应具备的职业心态

职业心态由一般性职业心态和专业性职业心态组成。一般性职业心态是共性的，是所有职业都需要的。它包含的内容很丰富：归零的心态、积极的心态、当自己是老板的心态、阳光的心态、团队的心态、双赢的心态、包容的心态、奉献的心态、竞争的心态、专注的心态、感恩的心态等。专业性职业心态更多的是在工作过程中历练而成的，如销售员的坚持不懈、财务员的认真严谨等。

（一）归零的心态

归零心态也可称作空杯心态，它是一种谦虚的态度，就是一切从头再来。

如果想获得更多的知识技能，想提升职业能力，想获得更大的成就，就必须定期地把自己的内心清零，把自己想象成"一只空着的杯子"，而不是骄傲自满，固步自封。世界著名的管理大师松下幸之助有一次遇到困难时，找到高僧求助。高僧一直给他倒水，水满了流到桌上还在倒，他领悟到：装满水的杯子就像自满人的心，当心里装满了名利、欲望、掌声、成就时，就无法在事业中成长。当你要准备迎接新的挑战时，必须放下所有的得失，用谦逊的心，让自己归零。

归零心态就是一种挑战自我的不满足，随时清空自己的旧知识，给自己充实新知识，不断学习，与时俱进。在攀登者的心中，最有魅力的永远是下一座山峰，因为攀登的过程才是最让人享受的，这个过程充满了新奇和挑战。

（二）积极的心态

积极心态是指鞭策自己、战胜自己的心理素质。

俗话说不是没有阳光，是因为你总低着头；不是没有绿洲，是因为你的心中总是一片沙漠。积极的心态看到的是事物好的一面，而消极的心态则反之。要成功首先要有积极的习惯，如积极的思维、积极的微笑、积极的手势、积极的语言，当然还有积极的行动。积极的心态能把坏的事情变好，消极的心态却把好的事情变坏。消极的东西像水果上腐烂的部位，当有一处腐烂，它会迅速将好的水果感染坏，想要阻止继续消极，就必须将已经坏掉的部分清除。

以积极的心态面对生活，生活的信心和勇气就会助我们走向成功；以消极的心态面对生活，抱怨叹息将把你推向失败的境地。一些心理学家在研究中发现，乐观积极的心态有以下作用：有助于创新思维，有助于吸引财富，有助于建立自信心，有助于将压力变为动力。"不为失败找理由，只为成功找方法"，成功是运用积极心态的结果。

如何看待人生，由我们自己决定。纳粹德国某集中营的一位幸存者维克托·弗兰克尔说过："在任何特定的环境中，人们还有一种最后的自由，就是选择自己的态度。"

（三）当自己是老板的心态

所谓当自己是老板的心态指的是一种使命感、责任心、事业心，是一种从大处着眼、小处着手的工作精神；是对效率、效果、质量、成本、品牌等方面持续的关注与尽心尽力的工作态度。作为员工，如果能站在老板的角度考虑问题，那么很多事情也就迎刃而解了。作为员工，保有一份老板的心态，处处把自己的利益和企业的利益结合起来，处处为公司考虑，才能成为老板眼中"最职业、最专业的员工"；才能拥有积极的工作态度，为自己的职业生涯加重筹码；才能赢得老板的赏识，逐步实现职业理想。

很多时候，我们总是把老板的钱和老板的事当成别人的钱和别人的事来对待，最终结果是：老板把我们当成了外人。像老板那样执着，像老板那样奉献，尽管现

在你不是老板，但你要争取具备老板的素质和能力。只要你想，总有一天你会成为名副其实、成功的老板。

（四）阳光的心态

阳光心态是积极、知足、感恩、达观的一种心智模式。

心理学家研究发现，在我们的烦恼中有40%属于杞人忧天，那些事根本就不会发生；30%是怎么烦恼也没有用的既定事实；另外12%是事实上并不存在的幻想；还有10%是日常生活微不足道的小事。也就是说，我们的脑袋中有92%的烦恼是自寻的，只有8%的烦恼才有正面意义。亚里士多德说，生命的本质在于追求快乐，使得生命快乐的途径有两条：一是发现使你快乐的时光，增加它；二是发现使你不快乐的时光，减少它。拥有阳光心态的人不是没有黑暗和悲伤的时候，只是他们追寻阳光的心灵不会被黑暗和悲伤遮盖罢了。

现在一些人有这样的困惑：自己的财富在增加，但是满意度在下降；拥有的越来越多，但是快乐越来越少；沟通的工具越来越多，但是深入的交流越来越少；认识的人越来越多，但是真诚的朋友越来越少。哪里出了问题？是心态出了问题。好心情才能欣赏好风光，塑造知足、感恩、达观的阳光心态，就是要让同学们建立积极的价值观，获得健康的人生，释放强劲的影响力。你内心如果是一团火，就能释放出光和热；你内心如果是一块冰，就是融化了也还是冰冷的。要想温暖别人，你内心要有热；要想照亮别人，请先照亮自己；要想照亮自己，首先要照亮自己的内心。怎样照亮内心？点亮一盏心灯，塑造阳光心态。良好的心态能够很好地影响个人、家庭、团队、组织，最后影响社会。

四、塑造良好的职业心态

（一）改变态度

改变不了事情，就改变对事情的态度。一个人因为发生的事情所受到的伤害，不如他对事情的看法更严重。事情本身不重要，重要的是人对事情的看法。

塞翁失马，焉知非福

有一个智者，他的一匹马丢了，邻居说："你真倒霉。"智者回答："是好是坏还不知道呢。"不久，丢失的马带着一匹野马回来了。邻居说："你太幸运了，多了一匹马。"智者回答："是好是坏还不知道呢。"不久，智者的儿子骑野马，从马上摔下来，腿摔断了。邻居说："你真倒霉，就这么一个儿子，腿还断了。"智者回答："是好是坏还不知道呢。"过了一段时间，皇帝征兵，许多年轻人都在战场上被打死了，智者的儿子由于腿断了不能打仗，未被征兵而侥幸存活。

所以从长时间来看，任何事情是好是坏都不知道。事情就像枚硬币，有时可能是正面，过两天就可能是反面，再过段时间还可能翻过来。任何事情要一分为二地看待，人就会变得理智、洒脱一些。

改变了态度往往就能产生激情，有了激情就有了奋发向上的斗志，结果往往就会变化。有一个经典案例是这样的：古时候有甲、乙两个秀才去赶考，路上看到了一口棺材。甲说："真倒霉，碰上了棺材，这次考试死定了。"乙说："棺材，升官发财，看来我的运气来了，这次一定能考上。"当他们答题的时候，两人的努力程度就不一样了，结果乙考上了。回家以后他们都跟自己的夫人说："那口棺材可真灵啊。"这个案例说明，心态可以影响人的能力，能力可以改变人的命运。保证当下心情好是保证一天心情好的基础。如果你能保证每天心情好，你就会获得很好的生命质量，体验别人体验不到的精彩生活。

（二）享受过程

享受过程，精彩每一天。生命是一个过程，不是一个结果。如果你不会享受过程，结果是什么大家都知道。生命是一个括号，左边括号是出生，右边括号是死亡，我们要做的事情就是填括号，要争取用精彩的生活、良好的心情把括号填满。

一语点醒梦中人

有一个年轻人看破红尘了，每天什么都不干，懒洋洋地坐在树底下晒太阳。有一个智者问他："年轻人，这么大好的时光，你怎么不去赚钱？"年轻人说："没意思，赚了钱还得花。"智者又问："你怎么不结婚？"年轻人说："没意思，弄不好还得离婚。"智者说："你怎么不交朋友？"年轻人说："没意思，交了朋友弄不好会反目成仇。"智者给年轻人一根绳子说："干脆你上吊吧，反正也得死，还不如现在死了算了。"年轻人说："我不想死。"智者于是说："生命是一个过程，不是一个结果。"年轻人幡然醒悟，这就叫"一句话点醒梦中人"。

怎么享受生命这个过程呢？把注意力放在积极的事情上。如甲、乙两个人看风景，开始的时候你看我也看，两人都很开心。后来甲耍了一个小聪明，走得快一点，比乙早看一眼风景。乙一看，怎么能让你比我早看一眼，就走得更快一点超过甲。于是两人越走越快，最后跑起来了。原来是来看风景的，现在变成赛跑了，后面一段路程的沿途风景两人一眼也没看到，到了终点两人都很后悔。这就是不会享受生命的过程。

（三）活在当下

活在当下的真正含义来自禅学。有人问一位禅师，什么是活在当下？禅师回答，吃饭就是吃饭，睡觉就是睡觉，这就叫活在当下。现在什么事情是最重要的？什么

人是最重要的？什么时间是最重要的？有人可能会说，最重要的事情是升官、发财、买房、购车，最重要的人是父母、爱人、孩子，最重要的时间是高考、毕业答辩、婚礼。其实这些都不是，最重要的事情就是现在你做的事情，最重要的人就是现在和你在一起的人，最重要的时间就是现在，这种观点就叫活在当下。

吃草莓的心态

一个人被老虎追赶，他拼命地跑，一不小心掉下悬崖，他眼疾手快，抓住了一根藤条，身体悬挂在半空中。他抬头向上看，老虎在上边盯着他；他低头往下看，万丈深渊在等着他；他往中间看，突然发现藤条旁有一颗熟透了的草莓。现在这个人有上去、下去、悬挂在空中吃草莓三种选择，他怎么选择？他选择了吃草莓。

这是一个禅学故事，吃草莓这种心态就是活在当下。你现在能把握的只有那颗草莓，就要把它吃了。现在连接着过去和未来，如果你不重视现在，就会失去未来，还连接不上过去，你能够把握的只有现在。如果一味地为过去的事情后悔，你就会消沉；如果一味地为未来的事情担心，你就会焦躁不安。因此，你应该把握现在，认真做好现在的事，不要让过去的不愉快和将来的忧虑像强盗一样抢走你现在的愉快。

活在当下，就要学会发现每一件发生在你身上的好事情，要相信自己的生命正以最好的方式展开。如果你不会活在当下，就会失去当下。

(四) 情感独立

情感独立，就是不要把自己幸福的来源建立在别人的行为上面，能把握自己幸福的人的只有自己。

还念观音

一次，苏东坡和禅师佛印逛庙，发现庙里的观音菩萨手里也拿着念珠。苏东坡问："人持念珠念观音，观音持念珠念谁？"佛印回答："还念观音。"苏东坡又问："为什么观音还念观音，念自己呢？"佛印的回答是："求人不如求己。"因此，要想让自己内心状态良好，就要学会情感独立。

(五) 学会感恩

滴水之恩，涌泉相报。受了别人的恩惠，得到别人的帮助，懂得感恩回馈的人，一定会看到这个世界的美好。学会感恩，才会让自己变得温暖，有人情味；学会感恩，你才不会去斤斤计较生活中的蝇头小利。感恩父母的付出，他们为你背负了所有生活的苦难，你才有舒服惬意的生活；感恩老师的教育，我们的每一次进步，每一次跨越，都有老师的汗水和功劳；感恩朋友的同行和帮助，人生的路上有一个知心的朋友，是一件幸运的事；感恩别人的微笑，让你看到生活温暖的色彩；感恩陌生人的无私帮助，让你发现生活中的付出不求回报；感恩别人一句体贴的话，让你的心变得柔软；感恩别人的一个眼神，让你感受到鼓舞和力量。

感恩能够使人获得好心情，人际关系就会变得更加和谐。西方有一条格言是："怀着爱心吃菜，比怀着恨意吃牛肉要香。"

（六）善待他人

一个人幸福不幸福，在本质上与财富、地位、权力没关系。幸福由思想、心态决定。

心可以造"天堂"，也可以造"地狱"

一个武士问老禅师："师父，请问什么是'天堂'？什么是'地狱'？"老禅师轻蔑地看了他一眼，说："你这种人根本不配和我谈'天堂'。"武士被激怒了，"嗖"地拔出刀，把刀架在老禅师的脖子上，说："糟老头，我要杀了你！"老禅师平静地说："这就是'地狱'。"武士明白了，愤怒的情绪，伤害他人，就是"地狱"。于是把刀收了回去。老禅师又平静地说："这就是'天堂'。"武士明白了，心情好，善待他人，就是"天堂"。

这就说明要学会善待身边的人。有人把办公室的同事当成对手，他们都错了，关键时刻能及时给予你帮助的，还是你的同事或身边的人。如果你把别人看成是魔鬼，你就生活在"地狱"里；如果你把别人看成是天使，你就生活在"天堂"里。如果你能把别人变成魔鬼，你就在制造"地狱"；如果你能把别人变成天使，你就在制造"天堂"。怎么才能把别人变成天使呢？要学会感恩、欣赏、给予、宽容，要善待他人。

（七）压力太大的时候学会弯一弯

人生在世，对于外界的压力，要尽可能地去承受，在承受不住的时候，不妨弯曲一下，就像雪松那样暂时让一步，这样就不会被压垮；就像小草那样，灵活地拐个弯，这样就不会被扼杀。学会弯曲不是妥协，而是战胜困难的一种理智的忍让。学会弯曲不是倒下，而是为了更好、更坚定地站立！

有这样一个案例：加拿大有一对夫妻总吵架，处在离婚的边缘。于是，他们决定出去旅游，试图挽救两人的婚姻。两人来到魁北克省一条南北向的山谷，他们惊奇地发现山谷的东坡长满了各种树，西坡却只有雪松，为什么东、西坡差别这么大呢？为什么西坡上只有雪松能生存呢？后来两人发现西坡雪大，东坡雪小，雪松枝条柔软，积雪多了，枝条会被压弯，雪掉下去后，枝条就又复原了。而别的树硬挺，最后树枝会被雪压断，树也就死了。两人明白了，人在压力大的时候，也要学会弯一弯。丈夫赶快向妻子检讨:"都是我不好,我做得不对。"妻子一听丈夫检讨了马上说:"我做得也不够。"于是,两人和好如初。

案例讨论 2.2

大专生战胜本科生

	教师布置任务
案例讨论 任务描述	1. 学生熟悉相关知识。 2. 教师抽取相关案例问题组织学生进行研讨。 3. 将学生每 5 个人分成一个小组。小组选取自己所在小组参加研讨的问题(避免小组间重复),通过内部讨论形成小组观点。 4. 每个小组选出一位代表陈述本组观点,其他小组可以对其进行提问,小组内其他成员也可以回答提出的问题;通过问题交流,将每一个需要研讨的问题都弄清楚。形成以下表格的书面内容。 5. 教师进行归纳分析,引导学生扎实掌握职业心态的相关知识,引导学生端正职业心态,提高职业素养。 6. 根据各组在研讨过程中的表现,教师点评赋分。
案例问题	1. 20 名本科生被开除的原因是什么? 2. 这名大专生成功就业的原因是什么?她的哪些职业态度、职业精神值得我们学习? 3. 谈谈你在大学时期打算如何提升自己的职业心态?
案例分析	这些大学本科生被开除的主要原因是他们缺乏正确的职业心态他们的自身素质和道德修养不能胜任公司的人才需求。而这位大专生对工作、对同事、对个人发展都有正确的职业态度,她把自己的言行与公司的利益紧密结合,把自己的发展置于组织的发展之中。正是凭着这份敬业、负责、勤奋和谦逊的职业态度,笑到了最后。积极的职业心态成就、创造了她的职业人生。有专业人士指出,大学生在求职时,要得到用人单位的认可,心态、修养和学识缺一不可。做任何事情的前提都应该是学会做人。大学生不仅要重视专业知识和技能的学习,也应该注重自己道德修养的提高,学会为人处世,端正职业心态,提高自己的综合素养。

案例结论 2.2

大专生战胜本科生

实施方式	研讨式
研讨结论	

续表

教师评语：

班级		第 组		组长签字	
教师签字				日期	

单元 2.3　提升职业幸福感

案例 2.3

学习领域	《职业意识和职业心态》——提升职业幸福感		
案例名称	从前台保安到腾讯 IT 工程师的华丽逆袭	学时	2 课时
案例内容			

  他原本只是一名前台保安，因表现突出，通过考核，他被从前台保安调到了公司研究院，从而华丽转身成了一名 IT 工程师，主要负责数据整理和运营。他就是段小磊。

  2011 年，段小磊毕业于洛阳师范学院，拥有计算机和工商管理的双学位。他带着 IT 职业经理人的梦想来到北京，却屡次碰壁，几经周折，他应聘成为腾讯北京分公司的一名保安，负责第 20 层的日常工作。段小磊在心底暗暗发誓，只要能够顺利应聘进腾讯公司做保安，那么将来有一天，我一定会让腾讯因为拥有我而感到骄傲！

  2011 年 12 月 6 日，段小磊入职的第三天，他做出了一件让所有人意想不到的事情，那就是自己掏腰包买了两个大记事本，然后挂在腾讯北京分公司 20 层的前台。当时很多人都感觉意外，不知道段小磊这样做的目的是什么，段小磊也不说，只是默默地做着自己的本职工作。有一天，一位员工迟到了，按照公司规定，员工迟到了必须在前台保安处登记签字，然后才可入内，这时段小磊翻开其中一本记事本，说："兄弟，如果没有记错，这是你本月第三次迟到吧？"当时这位员工一愣，正要开口说什么，段小磊道出了原因，"看到了没？你的迟到都在我这本本上记着呢，下次要注意了哦……"直到这时，这位员工才知道原来段小磊当初购买记事本就是记录员工迟到，以便起到提醒的作用。于是一传十，十传百，段小磊成为 20 层的"名人"。大家发现这个特别的保安不仅熟悉该楼层所有人的名字，每天早上还会告诉你是第几个到的，有时甚至还会给你一些善意的生活提醒，比如"明天会变天，注意加衣服""今天加班这么晚，回去好好休息"等。功夫不负有心人，他的真诚打动了他人，腾讯员工渐渐将段小磊当成了朋友。

  段小磊在认真工作的同时，也没有忘记自己当初闯荡北京的梦想，那就是一定要成为一名职业 IT 工程师。于是为了这个梦想，段小磊一边工作，一边不忘学习计算机有关的知识。有一次为了弄清一个问题，段小磊还去拜访腾讯北京分公司一位工程师，并得到及时解答，这让段小磊开心不已。

  就这样经过三个多月的努力学习和工作，2012 年 3 月，腾讯北京分公司要招聘一批外包工程师，这时有人推荐段小磊。在朋友的帮助下，段小磊尝试着报了名。结果出乎意料，在报名的 300 多人中，通过考核、最后唯一被录用的就是段小磊！

  近年来，关于"你幸福吗"之类的话题引起了社会广泛的关注。有人说："人类的一切努力的目的在于获得幸福。"也就是说幸福是每个人都追求的目标，是整个人类追求的终极目标。而职业幸福感，是每一个企业人都想要的，因为职工拥有了幸福感，其工作积极性和创造性就能更好地发挥，一定程度上企业也能得到很好的发展，更加的进步。

一、职业幸福感的定义

职业幸福感，是指主体在从事某一职业时基于需要得到满足、潜能得到发挥、力量得以增长所获得的持续快乐体验。

通俗地说，职业幸福感是指人们的一种感知，在工作活动中体验到的满足感，而这种满足感主要包括个人自我价值的实现、个人优势的发挥、从工作中获得成就以及物质方面的报酬。同时，它主要受到个人（工作目标、个人需要、个人期望）、组织（工作特性、工作中人际关系、工作中个人的发展及自我价值的实现、工作体验、工资和福利）、家庭（成员关系、家庭压力、家庭支持）这些因素的影响。

二、提升职业幸福感的途径

人们普遍认为只有成功才会快乐，但是当代心理学和神经科学的最新研究表明："事实正好相反，我们更快乐、更积极时，我们会变得成功。"美国哈弗学者肖恩通过十几年的研究数据发现，幸福感可作为"快乐竞争力"给组织和个人带来变革，能使"组织的生产率平均提高31%，销售人员的销售额平均提高37%，医生的正确诊疗率平均提高19%，CEO的效率平均提高15%，企业的客户满意度平均提高12%，最积极的保险业务员和最消极的同行之间业绩相差88%"。

由此可见，员工的职业幸福感是企业前进中不可忽视的一个部分，现在越来越多的企业意识到职业幸福感的重要性，很多企业都打出创建幸福企业的口号，将职业幸福感纳入企业文化的一部分，甚至将职业幸福感作为考评的一个指标。那么作为员工该如何提升个人的职业幸福感呢？

（一）成功完成角色转换

个人在社会生活中的位置是随着社会环境和职业岗位的变动而变化的。大学毕业生即将走出象牙塔，走向工作岗位，要实现由一名学生到一名职业人的转变。角色发生了变化，就必须按照社会与工作岗位对角色的要求塑造自己。

1. 全面客观地评价自己

大学毕业生走出校门之前几乎都有"海阔凭鱼跃，天高任鸟飞"的理想，有要创造一番业绩的宏伟抱负，但他们对社会生活的估计往往过于简单片面，规划的理想目标没有建立在客观条件之上。一旦遇到挫折会容易产生不安或不满情绪，失去

竞争的勇气。其实，社会是一个万花筒，作为毕业生只有正视自己，接纳现实，恰当地评价自己，将主观愿望与客观性结合起来，才能站稳脚跟，真正找到创造业绩的切入点。

2. 安心本职工作

安心本职工作是角色转换的基础。刚走向工作岗位的大学生应尽快从学生的状态中调整过来，全身心地投入新的工作中。工作是一个安全的基地，只有在工作中人才会有归属感和安全感。把第一份工作作为了解社会的一个窗口，利用第一份工作来重新认识自己、适应社会，完成从学生到职业人的转变。许多毕业生在工作后几个月还静不下心来，人在曹营心在汉，这山看着那山高，三心二意，不安心本职工作，这对角色转换的实现是十分不利的。

3. 调整生活节奏

结束了学校生活，来到了一个生活节奏全然不同的新环境，大学毕业生只有主动调整自己的生活节奏，才能尽快适应新环境。首先，作息时间变化要适应；其次，由于南北的生活习性、饮食结构、风土人情等差别，还要学会调整原来的生活习惯，培养新的生活习惯，顺利度过异地生活关；再次，还要学会安排自己的业余生活，因为不善于安排和支配业余时间的学习和文化生活，同样也很难适应新的环境。

4. 完善知识结构

任何一个大学毕业生都不可能在学校就能学到工作岗位所需要的全部知识，因为学校围绕着专业培养的是专业人才，而实际工作中碰到的问题往往是综合性的，涉及跨学科、多领域的知识。社会需要的是"复合型人才""通才"，不善于终身学习的人，肯定跟不上时代的变化，要胜任工作、适应新环境，必须不断根据工作需要学习新知识，完善知识结构。

（二）不断完善自己，提升自我修养

1. 树立良好的第一印象

印象是一个人的某些特征在周围人的头脑中留下的"迹象"，而第一印象是在与人初次接触时给对方留下的形象特征。

要树立良好的第一印象，首要做到：第一，形象仪表与工作环境协调；第二，言谈举止有礼有节；第三，遵纪守法，拥有团队意识；第四，工作紧张有序，有条有理。良好的第一印象，有助于初到工作单位的毕业生站稳脚跟，与单位同事融为一体，轻松度过试用期，为以后的进步和发展打下良好的基础。但是第一印象是在获得不完全信息的基础上形成的，对人的评价不具有全面性，比较片面。因此，毕业生不能片面追求给他人留下好印象，应当努力工作，做人做事脚踏实地，不断反省自己，总结经验，塑造良好形象，实事求是地展示自己的才华。

2. 注重个人的精神需求

不局限于物质需求，追求精神幸福。工作中不要将幸福感仅仅寄托在客观的经济收入上，比物质更重要的是快乐、成长、被需求、被尊重、不断战胜自己所获得的成就感和满足感以及个人价值的实现。

3. 保持乐观积极的心态

更能看到事物矛盾双方最有利的一面，善于发现工作生活中的阳光面，将心理能量聚焦在快乐的感受中，此时，幸福感也会跟着提升。

4. 认同企业文化，认可并热爱自己的工作

如果一个员工不喜欢自己的工作，不管他有多大的能力都不会在工作中获得快乐。

5. 接受工作中的新任务

在挑战中成长，实现自我价值。接受来自工作中的不同挑战，能够激发自己的潜力，提高工作热情，从而提升职场的满足感。

（三）建立和谐的人际关系

社会生活中每一个人都不可避免地要与他人交往，从而形成纷繁复杂的人际关系。无论是在社会生活中，还是在职业活动中，每个人都会遇到各种各样的人际关系难题，由于人际关系在社会文明与进步中显得越来越重要，所以也越来越受到人们的重视。有资料表明：一个事业成功的人大约只有15%源于专业技术，另外的85%要依靠和谐的人际关系、处世技巧。特别是对于刚进入职场的大学毕业生，没有良好的人际关系，不仅满足不了交友和情感交流的需要，而且也得不到领导、同事的理解和支持，在工作中就难以适应职业环境，当然也就发挥不出自己的职业能力，更谈不上实现自己的职业理想。亲密而稳定的人际关系，是快乐的重要因素。努力地去营造积极、愉悦、温馨、无敌视、无成见的工作氛围，能让你的工作更加轻松、快乐。

人际关系和谐的主要表现是：乐于与人交往，在心理上能够接纳大多数人，积极主动地广交朋友；在与人交往中能够保持独立而完整的人格，不依赖别人，也不

驾驭别人，不卑不亢，言谈举止与自己所扮演的社会角色相符；严于律己，宽以待人，正直诚实，乐于助人，与人相处和谐愉快，使人有安全感。

（四）平衡好家庭和工作的关系

尽量减少家庭因素对工作的影响。家庭对个体幸福感的影响时间最长而且是持续的。员工应该获取家庭成员对其工作的理解和支持，以及保证良好的家庭关系，以使其能够在工作中拥有比较好的工作状态，进而提升工作幸福感。

三、克服职业倦怠症

（一）职业倦怠症的定义

职业倦怠症又称职业枯竭症，它是一种由工作引发的心理枯竭现象，是上班族在工作的重压之下所体验到的身心俱疲、能量被耗尽的感觉，这和肉体的疲倦劳累是不一样的，而是心理的疲乏。

（二）职业倦怠的特征

一个人长期从事某种职业，在日复一日重复机械的作业中，渐渐会产生一种疲惫、困乏，甚至厌倦的心理，在工作中难以提起兴致，打不起精神，只是依仗着一种惯性来工作。因此，加拿大著名心理大师克丽丝汀·马斯勒将职业倦怠症患者称为"企业睡人"。据调查，人们产生职业倦怠的时间越来越短，有的人甚至工作半年到八个月就开始厌倦工作。职业倦怠最常表现出来的症状有以下三种。

①对工作丧失热情，情绪烦躁、易怒，对前途感到无望，对周围的人、事物漠不关心。

②工作态度消极，对服务或接触的对象越发没耐心、不柔和，如教师厌倦教书、无故体罚学生，或医护人员对工作厌倦而对病人态度恶劣，等等。

③对自己工作的意义和价值评价下降，常常迟到早退，甚至开始打算跳槽或转行。

很多职场工作者对于职业倦怠症往往视而不见，以为像感冒一样能不药而愈。事实上，不找出真正原因，往往会让自己愈来愈不快乐，严重的话也许会陷入难以自拔的忧郁症中。

（三）克服职业倦怠症的方法

①换个角度，多元思考。学会欣赏自己，善待自己。遇挫折时，要善于多元思考，"塞翁失马，焉知非福"，适时自我安慰，千万不要过度否定自己。

②休个假，喘口气。如果是因为工作太久缺少休息，就赶快休个假，只要能暂时放空自己，都可以为接下来的战役充电、补元气。

③适时进修，加强实力。职业倦怠很多情况下是一种"能力恐慌"，这就必须不断地为自己充电加油，以适应社会环境的压力。

④适时运动。这是绝佳减压方法。运动能让体内血清素增加，不仅助眠，也易引发好心情，运动有"333"原则，就是1周3天，每天30分钟，心跳达130下，例如快走、游泳都是好运动。

⑤寻找人际网络。除了同事，人要有其他可谈心的人际网络，否则容易持续陷入同样思维模式，一旦有压力反而很难纾解。

⑥说出困难。工作、生活、感情碰到困难要说出来，倾听者不一定能帮你解决，但这是抒发情绪最有效的方法。很多忧郁症患者因碰到困难不肯跟旁人说，自己闷闷不乐、默默地做事，最后闷出忧郁症。

⑦正面思考。把工作难关当作挑战，不要轻视自己，要多自我鼓励。不懂就问人，或寻求外援，唯有实际解决困难，才不会累积压力。"加油，我一定办得到"跟"唉，我只要不被老板骂就好"这两种心情下做出的工作绩效应有很大不同。正面思考并非天生本能，可经过后天练习养成。

⑧幽默感。别把老板、主管、同事开的玩笑想得太严肃，和谐职场很需要幽默感。

案例讨论 2.3

从前台保安到腾讯 IT 工程师的华丽逆袭

	教师布置任务
案例讨论 任务描述	1. 学生熟悉相关知识。 2. 教师抽取相关案例问题组织学生进行研讨。 3. 将学生每5个人分成一个小组。小组选取自己所在小组参加研讨的问题（避免小组间重复），通过内部讨论形成小组观点。 4. 每个小组选出一位代表陈述本组观点，其他小组可以对其进行提问，小组内其他成员也可以回答提出的问题；通过问题交流，将每一个需要研讨的问题都弄清楚。形成以下表格的书面内容。 5. 教师进行归纳分析，引导学生扎实掌握职业幸福感的相关知识，帮助学生掌握提高职业幸福感的途径和方法，克服职业倦怠感。 6. 根据各组在研讨过程中的表现，教师点评赋分。
案例问题	1. 段小磊成功的因素有哪些？ 2. 段小磊的职业幸福感表现在哪些地方？ 3. 通过段小磊成功的事例，谈谈你们有哪些收获和启发？

续表

案例分析	段小磊能从腾讯北京分公司前台保安的岗位，直接调到研究院，实现了做一名IT工程师的梦想。首先因为他有自己的职业理想和职业规划，能够正确认知自己，勤奋好学，执着追求，有良好的人际关系，有很多"贵人"相助。而他成功逆袭的根源则是，在做保安的工作中，他表现得非常优秀。他把在很多人眼里卑微、并没有多少技术含量的保安工作，做得那样认真、负责，甚至做到了极致。这早已引起公司领导的重视，所以才有了这次意外"提拔"。 通过段小磊成功的故事，我们可以得到一些启发，那就是不管经历多大的磨难和挫折，都要经得起"敲打"；不管做什么工作，都要认真负责，把其做到极致。只有如此，我们获取成功的机会才会更大！

从前台保安到腾讯IT工程师的华丽逆袭

实施方式	研讨式
研讨结论	

教师评语：

班级		第　　组		组长签字	
教师签字				日期	

模块小结二

　　职业素养是职业道德、职业技能、职业行为等职业要素的总和。职业意识对职业认知和职业活动具有导向和支配作用。同学们可在暑期社会实践、校内实训实习活动等职业活动中，了解自己的职业兴趣、职业前景、职业的日常行为规范和职业技能要求，增强对职业的认同与热爱，树立良好的职业意识，为将来成功进入职场奠定坚实的基础。

　　职业竞争表面上看是知识、能力、职位、权力、业绩、关系的竞争，实质上却是职业心态和人生态度的竞争。良好的职业心态是工作中必不可少的，积极的职业心态滋养、创造你的职业人生；消极的职业心态消耗、阻碍你的职业人生。同学们要努力养成主动、包容、自信、竞争、感恩、奉献、服务等积极、正确的心态，创造幸福的职业人生。

　　要想获得职业的幸福感，一要树立明确的职业目标，正确、客观地认知自己，了解职业环境，找到和自己的性格、兴趣相匹配的工作；二是对工作全力以赴，有良好的职业意识和正确的职业心态，不断增强自己的综合竞争力。当你感到在工作中如鱼得水的时候，就是职业幸福感来临的时候！

模块三　职业理想和职业精神

导入案例

阿诺德·施瓦辛格的经历

四十多年前,一个十多岁的穷小子,身体非常瘦弱,却在日记里立志长大后做美国总统。如何能实现这样宏伟的抱负呢?经过思索,他拟定了一系列目标。

做美国总统首先要做美国州长——要竞选州长必须得到雄厚的财力后盾的支持——要获得财团的支持就一定得融入财团——要融入财团最好娶一位豪门千金——要娶一位豪门千金必须成为名人——成为名人的快速方法就是做电影明星——做电影明星前得练好身体,练出阳刚之气。

22岁时,他踏入了美国好莱坞。在好莱坞,他花费了十年时间,利用自身优势,刻意打造坚强不屈、百折不挠的硬汉形象。终于,他在演艺界声名鹊起。当他的电影事业如日中天时,女友的家庭在他们相恋九年后,也终于接纳了这位"黑脸庄稼人"。他的女友就是赫赫有名的肯尼迪总统的侄女。2003年,年逾五十七岁的他,告老退出影坛,转而从政,成功竞选为美国加州州长。他的下一个目标就是美国总统。

他就是阿诺德·施瓦辛格。他的经历告诉我们:科学规划,行动有力,就能成功。

启示:职业理想树立地越早、步骤越详细,越能早日实现自己的理想。不管这个目标多么艰难、现实和理想之间相差多远,只要自己有恒心,有切实可行、细致的计划,并一步一个脚印、踏踏实实地去完成,就一定能实现自己的远大理想!

模块 三

职业理想和职业精神

学习目标

1. 认知目标：熟悉职业理想的内涵、特点及其重要意义，了解职业文化的概念；理解并掌握职业文化包含的内容、特征和功能。了解职业精神的内涵和基本特征，能说出职业精神的基本要素，明确职业精神对于当代大学生的重要意义。

2. 技能目标：树立正确的职业理想，制订自己的职业生涯规划，了解不同职业的文化内涵，理解并掌握培养大学生职业精神的策略。

3. 情感目标：树立远大的职业愿景和勤奋的职业态度，提升职业荣誉感。

单元 3.1　树立职业理想

案例 3.1

学习领域	《职业理想和职业精神》——树立职业理想		
案例名称	年轻警察成为英雄反而选择自杀	学时	2 课时
案例内容			

在一次追捕行动中，有一位年轻的警察被歹徒用冲锋枪射中左眼和右腿膝盖。3 个月后，当他从医院里出来时，完全变了样：一个曾经高大魁梧、双目炯炯有神的英俊小伙子，成为一个残疾人。

鉴于他的功绩，市政府和其他一些社会组织授予他许多勋章和锦旗。一位记者采访他，问道："你以后将如何面对所遭受到的厄运呢？"这位警察说："我只知道歹徒现在还没有被抓获，我要亲手抓住他！"从那以后，他不顾别人的劝阻，参与了抓捕那个歹徒的行动。他几乎跑遍了整个中国。

许多年后，那个歹徒终于被抓获了，那个年轻的警察在抓捕中起了非常关键的作用。在庆功会上，他再次成为英雄，许多媒体报道了他的事迹，称赞他是最勇敢、最坚强的人。

一、职业理想的含义及特点

（一）理想和职业理想的含义

理想是人们在社会实践中形成的、有实现可能性的、对未来社会和自身发展的向往与追求，是人们世界观、人生观和价值观在奋斗目标上的集中体现。

职业理想是个人对未来职业的向往和追求。既包括对将来所从事的职业种类和职业方向的追求，也包括事业成就的追求。青年时期是人生观、世界观和价值观的形成时期，也是我们的职业理想孕育的关键时期。职业理想作为理想的重要组成部分，它体现了人们的职业价值观，直接指导着人们的择业行为。

（二）职业理想的特点

职业是个人与社会建立联系的一种手段，职业理想是连接个人理想和社会理想的桥梁。职业理想具有如下特点。

1. 社会性

一方面，职业理想是与一定生产方式相适应的职业地位和声望在人脑中的反映。人们总是通过职业活动履行对社会应尽的义务，因此，每种职业都有其特定的社会责任。另一方面，随着社会的发展变化，人们的职业理想也会发生变化。

2. 时代性

随着社会经济越来越发达，生产方式越来越先进，社会分工越来越精细，职业与行业的种类也越来越多。同时，由于科学技术越来越进步，职业演化越来越迅速，人们选择职业的机会也越来越多。个人的职业理想既要符合职业演变、岗位晋升的内在规律，又要符合时代进步的客观要求，适应从事职业所在行业的发展趋势。

3. 发展性

一方面，随着人们年龄的增长、社会阅历的丰富，个人的职业理想也会发生变化。职业理想的形成并不是一蹴而就的，它总要经历一个由朦胧变为现实、由感性变得理性、由波动趋于稳定的渐进过程。另一方面，职业理想是随着社会的进步、经济的发展而不断发展的。因此，大学生要善于结合社会和个人的实际情况审时度势地及时调整职业理想。

4. 个体差异性

每个人由于自身条件和所处环境的差异，其职业理想也各不相同。通常情况下，一个人的知识结构和技能水平会影响职业理想层次；一个人的人生观、价值观及思想政治觉悟、道德修养水准会影响职业理想方向；一个人的性格、意志等心理特征及身体状况等生理特质会影响职业理想的具体定位。因此，从自身实际情况出发确立的职业理想，才是最科学的职业理想。

二、大学生职业理想的现状

（一）功利性

我国现阶段利益主体和道德观念的多元化，在不同程度上影响着大学生的思想道德，导致大学生的职业理想特别是职业价值观发生了巨大变化。功利性的职业理想在大学校园蔓延滋长，直接影响大学生职业理想的方向。这表现在他们在求职过程中，把就业的地点、年薪和个人发展空间作为择业的重要因素，而不考虑国家的真正需要，只关心个人需求的满足。这对大学生自身的成长十分不利，对社会的发展进步也会产生不良的影响。

（二）务实性

更多的大学生职业理想中考虑的是行业的性质、经济收益是否丰厚、就业地点是否在大城市、专业是否对口、就业能力和面临的困难等问题，而对是否符合自己的兴趣爱好、价值实现等问题关注得很少。

（三）盲目性

部分大学生树立的职业理想与专业不吻合，他们对自己所学的专业了解不深，也不喜欢，认为进入高职院校是高考失利导致的无奈选择，并不是出于自己的兴趣。这就导致这些学生在校期间没有目标，专业学习没有兴趣，更没有进行科学的职业生涯规划，对社会职业现状和就业选择缺乏科学的认识和准备。

三、职业理想对当代大学生的重要意义

（一）职业理想指明大学生就业成才的方向

理想指引人生方向，信念决定事业成败。职业理想好比是一盏指路明灯，指引着人生道路的方向。青年大学生的职业理想一定程度上体现着他们的职业价值取向，甚至对整个社会未来的职业发展方向具有决定性的意义。因此，大学生树立科学的职业理想，不仅能助力中国梦的实现，更是走好人生道路的第一步。

(二)职业理想提供大学生拼搏奋斗的动力

职业理想作为大学生人生理想的重要内容之一,关乎人生目标的实现,蕴含着强烈的意志力量,势必会为他们努力拼搏奋斗提供强大的精神动力。一般来说,在一个人力所能及的范围内,他追求的目标越高远,目标所带来的动力就越充足、越持久。职业理想源于现实又高于现实,比现实更美好、更具有吸引力,能够在为人们指明前进方向的同时激发个人的坚定意志,激励人们去自觉地、持久地追求既定的目标。大学生有了职业理想提供动力,才会更加珍惜在校的学习机会;才会表现出主动获得科学知识、提升职业技能的强烈愿望;才会在面对困难和挫折的时候不气馁;才会在追求目标的道路上奋力拼搏。

(三)职业理想激励大学生人生价值的实现

人生价值是指一个人的活动对自己和社会所具有的作用和意义,换言之,一个人的人生价值包括自我价值和社会价值两个方面。

在现实生活中,大学生即将面临的就是就业,他们要想取得事业上的成功,实现个人抱负,报效社会,从而实现人生价值,往往是需要通过职业活动来实现。他们从事职业活动,在创造物质财富和精神财富的同时,也在追求自我完善,实现人生价值。那么,在此过程中职业理想就起着至关重要的作用,它指导着人们的职业活动,进而激励他们实现的人生价值。因此,大学生要实现自己的人生价值,首先需要树立科学合理的职业理想。在职业理想的激励和指导下,大学生既能在顺境中积极进取,又能在逆境中奋发向前,不断激发自己的潜能,努力实现人生价值,使自己成为一个对社会有用的人。

(四)职业理想推动大学生成为担当民族复兴大任的时代新人

职业理想是社会理想的基础,因为人们总是通过具体的职业理想的确立和职业活动来达到改造社会、造福人类、实现社会理想的目的。按照价值大小划分,职业理想分为崇高的职业理想和一般的职业理想。青年大学生树立崇高的职业理想,就会自觉地把个人的职业理想建立在社会理想的基础之上,不仅考虑个人的成功,还会把国家的需要、社会的利益和个人的进步有机结合起来。

四、树立正确的职业理想的有效途径

(一)深化个人自我认知和职业认知

首先,要充分认识自我。树立科学的职业理想和实现职业理想的前提条件是要全面深入地了解自己,包括自己的性格、爱好和特长。只有深入地认识自我,才能知道自己喜欢做什么，适合做什么，从而找到一条正确的职业道路。大学生可以通过两个途径全面、客观地认识自我。第一，自省。古人云："吾日三省吾身。"自我反省既能够帮助自己认识到自身的缺点和优点，从而扬长避短，又能帮助自己发掘自身的闪光点和强项。第二，他人评价。自省是个体从自我评价角度的自觉行为，难免会带有一定程度的主观色彩。为了使自我认识更加客观，大学生还可以通过听取家人、朋友、老师对自身的评价来认识自我。其次，积极主动探求职业。一方面，对职业的认知不要通过盲目地听从他人对职业的看法或者跟随社会的热门职业。可以通过向专业人士咨询相关职业知识，全面掌握职业信息的途径来深化职业认知；另一方面，在强化职业认知的基础上，还要结合个人兴趣和自身条件对所想从事的职业进行比对，看是否适合作为自己的职业理想，尽量达到人职匹配的效果。

（二）要做好职业规划和职业准备

完备的职业规划和职业准备是职业理想能够得以实现的关键所在。职业规划主要包括设定发展目标、明确职业方向、树立科学的职业理想、分阶段的职业生涯评估与反馈等步骤。职业准备既包括职业知识的积累也包括职业技能的习得。职业规划和职业准备应该贯穿于大学阶段的全过程。

1. 制订学习目标和职业计划

大学阶段是需要大学生主动学习的阶段，而目标和计划是自主学习的向导和动力。既要制订详细的短期学习目标，例如什么时间拿到英语四六级、全国计算机二级等未来从事职业需要的资格证书；又譬如根据个人的兴趣爱好辅修完成其他专业为以后从业增添一块"敲门砖"，等等；又要明确自己未来的职业方向，制订清晰的职业规划。以"我喜欢做什么""我适合做什么""我要做什么"为准则来确定自己毕业后要进入什么行业，从事什么样的工作，经过怎样的努力取得什么样的成就。

2. 提升工作技能，做足职业准备

大学阶段主要的学习任务还是理论知识的学习，但未来走上工作岗位需要从业者具备各方面的工作能力。技术岗需要从业者拥有专业的技能，非技术岗则需要从业者具备沟通协调能力、组织能力、社交能力、抗压能力等综合能力。因此，无论是什么专业的大学生，都应该把握住实践学习的机会。比如在日常的课余时间，可以多参加一些校内校外的实践活动，在活动中锻炼提升自身的综合素质和能力；又例如可以通过网络资源自主学习各种Office办公软件，为今后走上工作岗位打下扎实的基础。

年轻警察成为英雄

	教师布置任务
案例讨论 任务描述	1. 学生熟悉相关知识。 2. 教师抽取相关案例问题组织学生进行研讨。 3. 将学生每5个人分成一个小组。小组选取自己所在小组参加研讨的问题（避免小组间重复），通过内部讨论形成小组观点。 4. 每个小组选出一位代表陈述本组观点，其他小组可以对其进行提问，小组内其他成员也可以回答提出的问题；通过问题交流，将每一个需要研讨的问题都弄清楚。形成以下表格的书面内容。 5. 教师进行归纳分析，引导学生树立远大的职业理想。 6. 根据各组在研讨过程中的表现，教师点评赋分。
案例问题	1. 年轻的警察为什么会成为英雄？ 2. 你未来的职业理想是什么？你准备为职业理想的实现做些什么？

年轻警察成为英雄反而选择自杀

实施方式	研讨式
研讨结论	
教师评语：	

班级		第　　组		组长签字	
教师签字				日期	

模块三 职业理想和职业精神

单元 3.2 感受职业文化

案例 3.2

学习领域	《职业理想与职业精神》——感受职业文化		
案例名称	乘客的贴心人——李素丽	学时	2 课时
案例内容			

  李素丽是北京总公司公汽一公司第一营运分公司 21 路公共汽车售票员。她在平凡的岗位上,把"全心全意为人民服务"作为自己的座右铭,真诚为乘客服务。1996 年被评为全国"三八"红旗手。
  在李素丽的车上设有方便袋。遇到堵车,她就拿出报纸、杂志,让乘客看会,缓解焦急;看到有人晕车想呕吐,她就急忙拿出塑料袋;遇到乘客碰伤,她的小药箱里有创可贴;她的售票台的抽屉里,放着一个小小的棉垫,这是让小孩垫在售票台上坐的。
  北京的外宾多,她就自学外语;车上常有聋哑人,她就学好常用哑语;为更好地为外地乘客服务,她又学了一些方言。她对老弱病残极其耐心,对孩子极其关心,对所有人极其诚心。她就是这样,想尽一切办法把真诚的笑脸、热情的话语、周到的服务、细致的关怀带给乘客,被人们誉为"乘客的贴心人"。她说:"我为我的职业、我的岗位自豪,是它给了我每天都能向他人奉献真情的机会,让我每天都感到充实。"

一、职业文化的概念

  职业文化的概念有广义与狭义之分。狭义的概念经常被用于某一具体职业,如教师、医务人员的职业文化等。广义的职业文化是人们在长期职业活动中逐步形成的价值观念、思维方式、行为规范以及相应的习惯、气质、礼仪与风气。它的核心内容是对职业使命、职业荣誉感、职业心理、职业规范以及职业礼仪的自觉体认和自愿遵从。

二、职业文化的内容

  职业文化是丰富多彩的,但具有普适意义的职业文化最基本的内容应是职业社

会与职业单位的制度、习俗与道德，具体包括职业道德、职业精神、职业纪律和职业礼仪等。

（一）职业道德

职业道德，是社会上占主导地位的道德在职业生活中的具体体现，是人们在履行本职工作中所遵循的行为准则和规范的总和，是用于调整人们在职业中、人与人之间以及个人和社会之间关系的规范。职业道德是职业文化的核心内容，是从事某个职业的要求，也是为人处世的基本原则，是个体人格的体现。

（二）职业精神

职业精神是与人们的职业活动紧密联系的、具有自身职业特征的精神。职业精神是职业文化的重要组成部分，其实践内涵体现在敬业、勤业、精业、创业、立业等五个方面，无论从事何种职业，都要弘扬职业精神，尽职尽责，贡献自己的才智。马克思·韦伯说："一个人对天职负有责任——乃是资产阶级文化的社会伦理中最具有代表性的东西，而且从某种意义上说，它是资产阶级文化的根本基础。它是一种对职业活动内容的义务，每个人都应感到而且也确实感到了这种义务。"他认为职业是上帝的旨意，是天职，就应该尽责。

（三）职业纪律

职业纪律是从业者在利益、信念、目标基本一致的基础上所形成的高度自觉的新型纪律。毛泽东同志曾经说过："军队向前进，生产长一寸，加强纪律性，革命无不胜。"这就说明了纪律的重要。没有规矩，不成方圆；没有纪律，一事无成。从业者理解了这个道理，就能够把职业纪律由外在的强制力转化为内在的约束力。从根本上说，职业纪律可以保障从业者的自由和人权，保障从业者发挥主动性和创造性。因此，职业纪律虽然有强制性的一面，但更有为从业者的内心信念所支持、自觉遵守的一面，而且是主要的一面，从而具有丰富的精神内涵、自觉的意志表示和服从职业的要求，这两种因素的统一构成了职业纪律的基础。

（四）职业礼仪

职业礼仪是在人际交往中，以一定的、约定俗成的程序、方式来表现的律己、敬人的过程。"人无礼则不立，事无礼则不成"是礼仪在现实生活中重要性的写照。礼仪涉及穿着、交往、沟通、情商等内容。从个人修养的角度来看，礼仪可以说是一个人内在修养和素质的外在表现；从交际的角度来看，礼仪可以说是人际交往中适用的一种艺术、一种交际方式或交际方法，是人际交往中约定俗成的示人以尊重、友好的习惯做法；从传播的角度来看，礼仪可以说是在人际交往中进行相互沟通的技巧。古语"腹有诗书气自华"说明，职业礼仪的培养应该是内外兼修的，并且内在修养的提炼是提高职业礼仪的最根本的源泉。工作时注意自己的仪态，不仅是自我尊重和尊重他人的表现，也能反映出员工的工作态度和精神风貌。

三、职业文化的特征

（一）稳定性和动态性的统一

职业文化的形成是一个长期的过程，一旦形成将不会容易改变。这种稳定性是因为职业的内外环境发生变化时，员工的认知和行为不会同时发生变化，往往带有滞后性。职业文化改变时，通常最容易改变外在的符号层要素——制度文化，然后是行为文化，最后才是内在的理念要素——精神文化。稳定性表明职业文化的深层次的文化的改变不是一朝一夕之功，而是需要数年时间甚至更长时间。职业文化是历史的产物，就表明它具有时间性，也就是说在特定的历史时期和特定的地域，职业文化具有变化性，即动态性。

（二）个异性和群体性的统一

世界上没有两片完全相同的树叶，同样，任何两个不同的职业不会有完全相同的职业文化。职业文化的这种个异性，是由不同职业的使命和社会责任不完全相同、出现和发展的过程不完全相同等因素决定的。职业文化的个异性是职业文化的生命力所在。这种个异性要求职业文化建设要从职业自身的历史和现实出发，在遵循职业文化发展普遍性规律的基础上注重特殊性。职业文化是群体文化，表现为不同的职业群体意识，表现为维护职业群体利益及规范的文化制度，具有很强的集团性，因此，一个员工不能胡作非为，不能随心所欲地想干什么就干什么，要受群体文化存在方式的约束。

（三）有形性和无形性的统一

职业文化特别是理念层次的文化对员工的行为产生无形的、潜移默化的作用。在正常的情况下，有时员工很难感受到自己所处的文化环境，往往只有环境发生变化，才能比较明显地感受到和体会到原来职业文化的环境。对制度文化来说，对员工的影响是非常明显的，只要制度做出改变，员工的工作和生活就会受到影响。

（四）封闭性和开放性的统一

狭义的职业文化是集团文化或称团体文化，少与外界发生物态交流、互通有无，处于相对封闭的自然状态，不同团体之间职业文化具有相对的对立性。但是，职业文化产生于一定的社会环境中，并受制于一定的社会环境，而社会环境是变动的，

因此职业文化一定会受到外界环境的影响。相对狭义的职业文化只有与时代发展保持平衡时，才能体现自己的价值，获得生存和发展的空间。

（五）自觉性和强制性的统一

职业文化中的职业纪律也是一种行为规范，它是介于法律和道德之间的一种特殊的规范。它既要求人们能自觉遵守，又带有一定的强制性。就前者而言，它具有道德色彩；就后者而言，又带有一定的法律色彩。

了解一门职业，感受一种文化

活动目的	通过学生体验、研究某一职业的文化内涵、特征，更深入地了解从事该职业应具备的专业技能、职业道德等素质。
教师布置任务	
训练描述	1. 学生熟悉相关知识。 2. 将学生每5个人分成一个小组。小组选取某种职业调查研究，通过体验、实践，研究得出该职业的文化内涵、特征。 3. 每个小组选出一位代表介绍某职业文化的调研报告，并说出该职业的文化核心以及从事该职业应具备的专业技能、职业道德等。 4. 教师进行归纳分析，引导学生感受不同的职业文化。 5. 根据各组在研讨过程中的表现，教师点评赋分。

了解一门职业，感受一种文化

实施方式	体验式、研讨式
研讨结论	

续表

教师评语:					
班级		第　　组		组长签字	
教师签字				日期	

单元 3.3　培养职业精神

案例 3.3

学习领域	《职业理想与职业精神》——培养职业精神		
案例名称	第十二块纱布	学时	2 课时
案例内容			

　　一位护士刚从学校毕业,在一家医院做实习生。在实习期内,如果能让院方满意,她就可以获得这份工作;否则,她就得离开。

　　一天,来了一位因车祸而生命垂危的人,实习护士被安排做外科专家——该院院长亨利教授的助手。复杂艰苦的手术从清晨进行到黄昏,眼看患者的伤口就要缝合,这位实习护士突然严肃地盯着院长说:"亨利教授,我们用的是 12 块纱布,可是你只取出 11 块。""我已经全部取出来了。一切顺利,立即缝合。"院长头也不抬地回答。"不,不行!"实习护士高声抗议起来:"我记得清清楚楚,手术中我们用了 12 块纱布。"院长没有理睬她,命令道:"听我的,准备缝合。"这位实习护士毫不示弱,她几乎大叫起来:"您是医生,您不能这样做!"直到这时,院长冷漠的脸上才浮起欣慰的笑容。他举起左手,手心里握着第 12 块纱布,并宣布:"她是我最合格的助手。"

一、职业精神的内涵和基本特征

　　职业精神是与人们的职业活动紧密联系、具有自身职业特征的精神。具体表现为个体在工作过程中表现出的职业理想、职业态度、职业技能、职业道德等综合素养。这种心理特征是在特定职业环境下所必备的,也是逐渐养成和习得的,与所从事的职业特征紧密相连,具备职业的特殊性,同时,也具备一些共性的基本职业素养。总的来说,职业精神具有以下基本特征。

✈ (一) 职业性

　　人们从事不同的职业,所承担的社会责任不同,决定了其职业精神的具体要求也不同,比如公务员的职业特点和性质,决定了其职业精神的核心就是"全心全意为人民服务"的公仆精神；教师的职业特点和性质，决定了其职业精神的核心就是为人师表、"燃烧自己、照亮别人"的奉献精神；医生的职业特点和性质，决定了其职业精神的核心是"救死扶伤"的人道主义精神等。当然，无论从事哪个职业，对职业人精神层面的共同要求，依然是具备对自己所从事职业的热爱、敬畏、勤奋、负责和诚信，是积极向上的精神状态和气质品质。

（二）内在性

职业精神的内在性表现为职业人在长期的职业准备和职业活动中经过自主学习、亲身体验、长期修炼，有意识地内化、积淀和升华职业精神的心理品质。尽管在同一行业、同一岗位、同一环境下，不同的职业人由于自身的思想修养、价值取向不同，对职业精神内化的程度不同，在具体职业活动中所表现的精神状态和人格气质也不尽相同，并由此产生不同的职业成效和职业影响力。

（三）导向性

职业精神不是一个人与生俱来就有的，也不是自发产生的，而是通过在不断地学习、教育、实践、总结、改进、提升等过程中艰苦锤炼而拥有的。当职业人拥有了本行业的职业精神，就能最大限度地迸发精神能量，推动职业技能的充分发挥，为单位、社会、国家做出积极贡献，人生价值也能得到社会的认可。

二、职业精神的基本要素

（一）职业理想

社会主义职业精神所提倡的职业理想，主张各行各业的从业者，放眼社会利益，努力做好本职工作，全心全意为人民服务、为社会主义服务。这种职业理想，是社会主义职业精神的灵魂。

（二）职业态度

树立正确的职业态度是从业者做好本职工作的前提。职业态度具有经济学和伦理学的双重意义，它不仅揭示从业者在职业生活中的客观状况，参与社会生产的方式，同时也揭示他们的主观态度。

（三）职业责任

职业责任包括职业团体责任和从业者个体责任两个方面。

（四）职业技能

在社会主义现代化建设中，对职业技能的要求越来越高。不但需要科学技术专家，而且迫切需要千百万受过良好职业技术教育的中初级技术人员、管理人员、技工和其他具有一定科学文化知识和技能的熟练从业者。

（五）职业良心

职业良心是从业者对职业责任的自觉意识，在人们的职业生活中有着巨大作用，它贯穿于职业行为过程的各个阶段，成为从业者重要的精神支柱。

（六）职业信誉

职业信誉是职业责任和职业良心的价值尺度，包括对职业行为的社会价值所做出的客观评价和正确的认识。

（七）职业作风

职业作风是从业者在其职业实践中所表现的一贯态度。

三、职业精神的培养

（一）坚持理论与实践相结合

理论课的开设让我们在认知层面了解了什么是职业精神，怎样培养职业精神。在实习实训过程中，我们却可以获得其他任何渠道都无法获得的道德实践与体验，尤其是对自己未来从事职业、所在岗位所要求的职业精神的体悟。在实习实训过程中，我们能深刻体会企业文化的魅力，高效的工作、团结的队伍、进取的精神、敬业的态度等都是决定企业前进的因素。在企业中，我们能真正感受到企业领导人的领导才干和人格魅力，加深对职业人形象的认识，以对未来职业有更明确的关于职业理想、职业态度、职业纪律等诸多因素的认识。通过参观、实习、见习、志愿活动等形式培养自身的职业精神，使自己提前认识到职业精神对于一个人职业生涯的重要性。

（二）提升自我教育的能力

首先，加强自身思想政治素质和心理素质。思想政治素质是职业素质的灵魂，包括在从业人员的政治态度、理想信念以及价值观念方面，给予学生正确的行为方向，坚定他们明辨是非的立场。心理素质是学生成长成才的基础素质，包括认知、感知、记忆、想象、情感、意志、态度、个性特征这些方面，从业者要达到精力旺盛、坚韧不拔、乐观向上等基本要求。

其次，关注职业习惯养成的自我教育。拥有正确的职业意识并不等同于拥有良好的职业习惯，任何劳动者的职业精神都能在日常的工作中得以展现和流露，甚至包括个人的生活习惯也会在职业生活中表现出来，成为个人职业精神和职业素养的真实写照。因此，学生必须从平时的学习、生活以及工作的细节做起，将职业精神融入每件事并贯穿始终，提升职业习惯养成的自我教育能力。

最后，塑造和谐统一的自我环境。学生要强调自我教育的主体性，在与教育者平等互动的氛围中接受职业精神的培养，最大限度地发挥自身潜能；积极调动自己的主动性，自觉地自教自律，从自身做起，坚持终身自我教育；并通过自身的信念以及实际行动影响周围人，将这种真实的感染力和影响力由点及面、由小及大地传播出去，促进身边的人提高自我教育能力。

（三）加强自身职业素养

在大学的学习生涯中，在接受学校理论知识传授和实训教育的同时，也要注重自身职业素养的内化和自我素质的提升，增强职业竞争能力。要充分地了解自我、认识自我，发掘自己的兴趣所在。

首先，要在自我认识和了解专业的基础上、在教师的指导下明确自己专业学习的方向，制订切实可行的职业生涯规划，树立崇高的人生目标，并为之坚持不懈地努力。

其次，高职生要树立正确的职业态度和职业意识。其中包括做好步入社会的心理准备，培养自信心和信念、平和的心态；根据从点滴做起、从基层开始、积极勇敢看待挫折与批评；不怕困境，不怕磨炼；学会从别人的批评中清楚客观地看待自己、不断提高自己职业竞争力，以不断增强自己的社会责任感和使命感。

除此之外，还应积极主动参加团体活动和社会实践活动，创造机会培养自身的职业素养。通过活动，增强自身的合作、沟通、组织策划能力，在实践活动中弥补自己在职业素养中的不足之处，使自己的职业素养不断地提升。

总之，学生理应做好良好的职业生涯规划，并通过亲历实践和体验，最终把职业规范内化成为自身的道德素养，使自身的职业素养不断升华。

（四）努力践行职业精神

1. 坚持以德为先

职业精神需要我们将道德修养放在首位。用人之道：德才兼备，以德为先。道德修养与职业精神相辅相成。我们在践行职业精神的过程中，要将服务精神、担当

精神等精神放在首要位置。

2. 坚持勤学好问

职业精神的精髓在于勤。勤于学习、勤于发问、勤于实践。勤的过程亦是职业精神的践行过程。大国工匠的养成绝非一日之功，无论什么时候，我们都需要以谦卑之心，勤学好问。

3. 坚持知行合一

德不可空谈，道不能坐论。直面培养职业精神途中产生的一切问题，夯实基础，坚韧不拔，则滴水可以穿石。

4. 坚持创新

时代的发展向创新发出了呐喊。中国目前已经进入了大众创业、万众创新的时期。作为新时代的大学生，需要时刻保持一颗年轻的富有朝气、勇于创新创造的心，这也是职业精神必备条件之一。

第十二块纱布

教师布置任务	
案例讨论任务描述	1. 学生熟悉相关知识。 2. 教师抽取相关案例问题组织学生进行研讨。 3. 将学生每5个人分成一个小组。小组选取自己所在小组参加研讨的问题（避免小组间重复），通过内部讨论形成小组观点。 4. 每个小组选出一位代表陈述本组观点，其他小组可以对其进行提问，小组内其他成员也可以回答提出的问题；通过问题交流，将每一个需要研讨的问题都弄清楚。形成以下表格的书面内容。 5. 教师进行归纳分析，引导学生说出护士身上具有什么样的职业精神，提升学生的积极性。 6. 根据各组在研讨过程中的表现，教师点评赋分。
案例问题	1. 三个人的工作起点都是砌墙，为什么十年后差别如此之大呢？ 2. 护士身上具有什么样的职业精神值得我们学习？

案例结论3.3

第十二块纱布

实施方式	研讨式
研讨结论	
教师评语：	

班级		第 组		组长签字	
教师签字				日期	

模块小结三

职业理想是职业活动的目标和指南。职业精神是实现职业愿景的精神支柱和力量源泉，是实现个人职业理想和生活理想的必要条件，更是实现社会理想的桥梁。本模块的重点为以下内容。

1. 重点介绍了职业理想的含义及特征、大学生职业理想的现状、树立正确职业理想的意义以及如何树立正确的职业理想。

2. 重点介绍了职业文化的基本概念、职业文化的内容、职业文化的特征以及职业文化的作用。

3. 重点介绍了职业精神的内涵、职业精神的特征、职业精神的基本要素以及如何培养职业精神。

模块四　职业道德和诚信意识

导入案例

突发心脏病的公交司机

2015年5月18日上班早高峰，北京市一辆941快公交车行至岳各庄东路与水衙沟路交叉口附近时，乘客突然觉得汽车颤动很厉害，"像是换挡顿挫的感觉，车身一直在抖"。大家当时还不知道怎么回事，直到有乘客呼救才发现司机出事了。只见司机瘫坐在椅子上，"脸色煞白，闭着眼睛"，已经失去意识。让车上乘客感动的是，司机在发病后，仍忍痛将车停到了岳各庄东路与水衙沟路交叉口的安全位置，才松开方向盘。"我们跑过去看的时候，车已经稳稳地停在了红灯下面。如果司机没坚持住，导致汽车失控，后果真的不堪设想。"

启示： 职业道德并不是多么高大上的深奥理论，也不是非要经历什么惊天动地的大事，可能只是一些很小的事情，便反映出一个人的职业道德水平。诚实守信是一名员工必备的基本素质，对工作忠诚是一种高贵的道德品质。坚持原则，不改初心，不管世事沧海桑田，本色从不动摇，是一种职业道德；热爱工作，用心对待，想方设法地把工作做得更漂亮，是一种职业道德；善始善终，心怀感恩，把经验和知识无私地进行分享，更是一种职业道德。

学习目标

1. 认知目标：深入理解职业道德的概念及特征，熟悉职业道德的主要范畴，理解劳动纪律的概念，熟悉社会主义劳动纪律要求，了解社会诚信体系，描述社会主义诚信建设内容。

2. 技能目标：能够列举职业道德修养提升的主要途径，有效区分劳动纪律和职业道德，能够按照社会主义诚信要求开展学习及生活。

3. 情感目标：认同职业道德修养的行为规范，遵守社会主义劳动纪律，具备诚实守信的道德品质。

模块四

职业道德和诚信意识

单元4.1 认知职业道德

案例4.1

学习领域	《职业道德和诚信意识》——职业道德认知		
案例名称	敬业的王晓乐	学时	2课时
案例内容			

　　王晓乐从高职院校毕业后进入一家公司做秘书,她的工作就是整理、撰写、打印一些材料。很多人都认为她的工作单调而乏味,没有进步的空间,但她觉得自己的工作很好。每天她都把公司的文件整理得井然有序,还积极帮助各个部门打印文件,并帮助办公室撰写各种文件。时间长了,王晓乐的工作被大家所接受,大家都亲切地称呼她"Dear 王",她也从工作中找到了存在感和幸福感。随着对工作的熟悉和自己的思考,她发现公司一些规章制度有问题。于是她经过调查研究,自己摸索,将自认为更合理的制度推荐给领导。领导听了之后感到很惊喜,不仅采纳了她的建议,还特地奖赏了她,鼓励她继续"发现问题""解决问题"。王晓乐也为此感到很高兴,她知道这是对她工作的认可,从此她更加热爱自己的工作,更加踏踏实实地工作。

一、职业道德概述

(一)职业道德的概念

　　道德是社会学意义上的一个基本概念,不同的社会制度、不同的社会阶层都有不同的道德标准。职业道德是从业者在职业活动中应该遵循的符合自身职业特点的行为规范,是人们通过学习与实践养成的优良职业品质,它涉及从业人员与服务对象、职业与职工、职业与职业之间的关系。

(二)职业道德的本质

1. 职业道德是生产发展和社会分工的产物

　　自从人类社会出现了分工,就不断出现针对各行各业的职业劳动,随着科学技

术的不断进步，社会分工越来越细。分工不仅没有把人们从各自的职业劳动中独立出来，相反地，人与人之间的建立在职业劳动基础上的联系反而更加紧密，并形成了人们之间错综复杂的职业关系。

2. 职业道德是人们在职业实践活动中形成的规范

实践活动是人们认识自然的重要手段，人们正是在各种各样的职业活动实践中，逐渐地认识到人与人之间、个人与社会之间的道德关系，从而形成了与职业实践活动相联系的特殊的道德心理、道德观念、道德标准。

3. 职业道德是职业活动的客观要求

职业活动是人们由于特定的社会分工而从事的具有专门业务和特定职责，并以此作为主要生活来源的社会活动。职业活动集中地体现着社会关系的三大要素：责、权、利。

每种职业都意味着享有一定的社会权力，即职权。职权不论大小都来自社会，是社会整体和公共权力的一部分，如何承担和行使职业权力，必然依靠职业道德甚至社会道德来规范。

每种职业都体现和处理着一定的利益关系，职业是社会整体利益、职业服务对象的公众利益和从业者个人利益等多种利益的交汇点、结合部。如何处理好各种利益之间的关系，不仅是职业的责任和权力之所在，也是职业道德的体现。

总之，没有相应的道德规范，职业活动就不可能真正担负起它的社会职能。职业道德是职业活动自身的一种必要的生存与发展条件，是职业活动的必然要求。

4. 职业道德是社会经济关系决定的特殊社会意识形态

职业道德虽然因职业不同而有所不同，但它作为一种社会意识形态，则深深根植于社会经济关系之中。社会经济关系的性质决定了职业道德的内容，社会经济关系的变化影响着职业道德的变化。

（三）职业道德的特征

1. 职业性

职业道德的内容因职业不同而有所区别，反映着特定职业活动对从业人员行为的道德要求。每一种职业道德都只能规范本行业从业人员的职业行为，在特定的职业范围内发挥作用。

2. 实践性

职业道德的形成过程伴随着社会实践的过程，职业行为过程，就是职业实践过程，只有在实践过程中，才能体现出职业道德的水准。职业道德的作用是通过职业实践来调整职业关系，对从业人员职业活动的具体行为进行规范，解决现实生活中的具体道德冲突。

3. 继承性

职业道德是在长期实践过程中形成的，也会被作为经验和传统继承下来。即使在不同的社会经济发展阶段，由于同样一种职业的服务对象、服务手段、职业利益、职业责任和义务相对稳定，职业行为的道德要求的核心内容也将保持稳定，职业道德便呈现出在不同社会经济发展阶段的一致性，从而形成了被不同社会发展阶段普遍认同的职业道德规范。

4. 多样性

不同的行业、不同的职业，有不同的职业道德标准。职业道德的职业性决定了职业道德的多样性。

二、职业道德的主要范畴

职业道德的主要范畴是职业道德体系的重要组成部分。它是反映行业与行业之间、行业与社会之间、行业内部从业人员之间、从业人员与社会之间的最普遍的道德关系的概念。职业道德范畴一般包括如下七个部分。

（一）职业义务

职业义务包括在职业活动中，公民和法人按法律规定应尽的责任、在道德上应尽的责任及不要报酬的奉献三部分。它是一定社会、一定阶级、一定职业对从业人员在职业活动中提出的道德要求，又是从业人员对他人、对社会应该承担的道德责任。

（二）职业权力

职业权力是指从业人员在自己的职业范围内或职业活动中拥有的支配人、财、物的力量。

主要包括两种类型，一是在政治方面的强制力量，如国家的权力、人民代表大会的权力、企业法人的权力等；二是在职责范围内的支配力量。

（三）职业责任

职业责任是指从事某种职业的个人，对他人、集体（班组、部门、单位、行业）和社会所承担的责任。各行各业的职业责任不同，但是都有一个共同要求就是要忠于职守，尽心尽力，保质保量地完成工作赋予你的责任。

(四)职业纪律

职业纪律是在特定的职业范围内从事某种职业的人们要共同遵守的行为准则。

职业纪律具有一致性、特殊性、强制性的特点。一致性指各行各业的职业纪律在组织、劳动等方面的要求是一致的。特殊性指各行各业根据行业的特点又具有一些区别于其他行业的特殊纪律。强制性指职业纪律同其他纪律一样,是从业人员必须共同遵守的规则,不遵守职业纪律,就根据情节给予行政或经济上的制裁。

从业人员要熟知职业纪律,避免无知违纪;要严守职业纪律,不能明知故犯;要自觉遵守职业纪律,养成严于律己的习惯。

(五)职业良心

职业良心是指从业人员在履行义务的过程中所形成的职业责任感以及对自己职业行为的稳定的自我评价与自我调节的能力。职业良心有个体表现与群体表现两种形式。个体表现指从业人员在职业活动中对工作的负责精神、对他人的责任感、对自己职业行为的是非感、对错误行为的羞耻感。群体表现指职业良心在某某单位、某某行业的整体表现。

(六)职业荣誉

职业荣誉是从业人员对自己的职业行为所具有的社会价值的自我意识和自我体验。

职业荣誉具有阶级性、激励性、多样性的特点。阶级性指职业荣誉感与社会阶级相联系,不同阶级对于职业荣誉的认同也不一样。激励性指单位、社会通常把从业人员对单位、对社会的贡献的大小同荣誉联系起来,贡献越大,荣誉的级别也就越高。多样性指职业活动的内容多种多样,获得职业荣誉的形式也多种多样。

从业人员要正确对待职业荣誉,争取职业荣誉的动机要纯,获得职业荣誉的手段要正,对待职业荣誉的态度要谦。

(七)职业幸福

职业幸福是指从业人员在具体的职业活动中,由于奋斗目标、职业理想的实现而获得的精神上的满足和愉悦。

职业幸福具有阶级性、层次性、广泛性的特点。职业幸福的阶级性是和职业荣誉的阶级性相联系的,不同社会阶级对于职业幸福的理解不同。层次性指不同层次的从业人员都有自己所处层次的职业幸福。广泛性指每一种职业都有自己的职业幸福点。

三、职业道德修养

（一）职业道德修养的概念

职业道德修养是指从事各种职业活动的人员，按照职业道德基本原则和规范，在职业活动中所进行的自我教育、自我改造、自我完善，以使自己形成良好的职业道德品质，是一种自律行为。职业道德修养关键在于自我锻炼和自我改造。任何一个从业人员，职业道德修养的提高，一方面靠他律，即社会的培养和组织的教育；另一方面就取决于自己的主观努力，即自我修养。这两个方面是缺一不可的，而且后者更加重要。

（二）职业道德修养的基本规范

爱岗敬业就是要热爱自己的工作岗位，热爱本职工作，要做到乐业、勤业、精业，干一行爱一行。

①诚实守信就是要忠诚老实、信守诺言，这是为人处事的基本原则。诚实守信要求我们做到诚信无欺，讲究质量，信守合同。

②办事公道就是指从业人员在办事情、处理问题时要站在公正的立场上，按照统一标准和统一原则办事，遇事要从客观实际出发，做出客观、公正的判断和处理。

③服务群众就是为人民服务，并且在服务过程中要做到热情周到。

④奉献社会指全心全意为社会、为人民服务，是为人民服务精神的最高表现。奉献社会要把社会利益、公众利益摆在第一位，要不期望回报和酬劳，这是人生的最高境界。

（三）提升职业道德修养的途径

提升职业道德修养的方法有很多，不同的人、不同的职业有不同的方法。职业道德修养是一个连续不断、循环往复、逐渐攀升的过程。根据现代职业生活的多元化特点和社会主义市场经济对从业人员职业道德修养的要求，应从如下几个方面来加强职业道德修养的培养。

1. 坚持学习马克思主义伦理观

在马克思主义的历史唯物主义中，论述了许多关于道德以及社会主义道德和职业道德的科学观点，是我们职业道德修养的指针，有利于从业人员树立科学的世界观、人生观和道德观。学习马克思主义的伦理观，必须坚持理论联系实际。

2. 虚心接受职业道德教育

与现实、行业特点及员工特点相结合，开展有针对性的职业道德教育。职业道

德教育要常教常新,细水长流,随着形势变化而不断推进、完善。职业人员要知行统一,学以致用,一定要在改善行为方面下功夫,通过细小行为的改善,培养良好的职业习惯。

3. 发挥榜样的先锋模范作用

学习先进模范人物还要密切联系自己职业活动和职业道德的实际,注重实效,自觉抵制拜金主义、享乐主义、极端个人主义等腐朽思想侵蚀,大力弘扬新时期的创业精神,提高职业道德水平,立志在本岗位多做贡献。

4. 联系实际,积极参加实践活动

参加职业活动实践,在实践中进行自我教育、自我改造,是职业道德修养培养的根本方法。在工作实践中体验、锻炼和提高,并逐步形成与岗位职业道德规范要求相一致的职业道德品质和行为习惯。只有通过实践活动,才能认识到哪些行为是道德的,哪些是不道德的,哪些是被岗位职业道德所接受的,哪些是岗位职业道德所不允许的。

5. 积极开展职业道德评价

进行职业道德评价,不仅能使人们从具体数量和质的规定性上把握职业道德的价值,从而公平合理、实事求是地对职业道德行为做出正确的判断,更能充分发挥职业道德评价的教育作用。在职业道德评价中,职业人员要虚心接受评价,正确对待批评。人非圣贤,孰能无过,虚心接受别人的批评是个人成长进步不可或缺的条件;同时,批评别人不仅能够帮助别人提高职业道德修养,也是自己职业道德修养提高的反映和表现。

敬业的王晓乐

	教师布置任务
案例讨论任务描述	1. 学生熟悉相关知识。 2. 教师抽取相关案例问题组织学生进行研讨。 3. 将学生每 5 个人分成一个小组。小组选取自己所在小组参加研讨的问题(避免小组间重复),通过内部讨论形成小组观点。 4. 每个小组选出一位代表陈述本组观点,其他小组可以对其进行提问,小组内其他成员也可以回答提出的问题;通过问题交流,将每一个需要研讨的问题都弄清楚。形成以下表格的书面内容。 5. 教师进行归纳分析,引导学生扎实掌握职业道德的相关知识,力争做一名合格的职场人士。 6. 根据各组在研讨过程中的表现,教师点评赋分。

续表

案例问题	1. 王晓乐是一名合格的职场人员吗？ 2. 王晓乐的行为中体现了什么职业道德品质？你认为作为一名文秘人员，应该具备什么职业道德品质？ 3. 如果你是王晓乐，你会这么做吗？你会做得更好吗？
案例分析	1. 王晓乐是一名优秀的职场人员。 2. 王晓乐善于思考，发现问题并想办法解决问题的优点正体现了她爱岗敬业的道德品质。作为文秘人员，应该具备爱岗敬业、诚实守信、服务同事、遵守纪律的好品质。

成功源于敬业

实施方式	研讨式
研讨结论	
教师评语：	

班级		第 组		组长签字	
教师签字				日期	

单元 4.2 遵守劳动纪律

案例 4.2

学习领域	《职业道德和诚信意识》——遵守劳动纪律		
案例名称	通往墨尔本的道路	学时	2 课时
案例内容			

　　几个人驾车,从澳大利亚的墨尔本出发,去往南端的菲利普岛看企鹅归巢的美景。从车上的收音机里他们得知,企鹅岛正在举行一场大规模的摩托车赛,到时候会有成千上万的汽车朝墨尔本方向开。由于这条路只有两条车道,所以他们都担心会塞车,并会因此错过最佳的观赏时间。

　　担心的时刻还是到来了。离企鹅岛还有60多千米时,对面蜂拥而来大批车流,有汽车还有摩托车。可是他们的车却畅通无阻!后来他们注意到对面驶来的所有车辆,没有一辆越过中线。这是一个左右极不平衡的车道,一边是光光的道路,一边是密密麻麻的车辆。然而没有一个"聪明人"试图去破坏这样的秩序,要知道,这里没有警察,也没有监控。

　　设想,如果在这条道路上,所有车辆都不遵守交通规则,擅自行事,那么结果会怎样?

一、劳动纪律概述

（一）劳动纪律的概念

　　劳动纪律又称为职业纪律或职业规则,是指劳动者在劳动过程中应遵守的劳动规则和劳动秩序。根据劳动纪律的要求,劳动者必须按照规定的时间、质量、程序和方法,完成自己承担的生产和工作任务。

（二）劳动纪律和职业道德的关系

　　劳动纪律与职业道德既有联系,又有区别,二者相辅相成,关系密切,在社会主义建设中都是不可或缺的。劳动纪律和职业道德对于加强社会主义现代化建设，提高生产效率，建设社会主义精神文明，都起到十分重要的作用。

劳动纪律和职业道德的区别主要有以下几点。

第一，性质不同。劳动纪律属于法律关系范畴，是一种义务；职业道德属于思想意识范畴，是一种自律信条。

第二，直接目的不同。劳动纪律的直接目的是保证劳动者劳动义务的实现，保证劳动者能按时、按质、按量完成自己的本职工作；而职业道德的直接目的是企业实现最佳的经济效益以及实现其他劳动者的合法权益。

第三，实现的手段不同。为了保证劳动纪律的实现，法律、法规制定了奖惩制度，以激励和惩戒相结合的方式，促使人们遵守劳动纪律；而职业道德的实现，则主要依靠人们的自觉遵守，依靠社会舆论、社会习俗以及人们的内心信念。

二、社会主义制度下的劳动纪律

（一）社会主义劳动纪律

在不同的社会制度下，劳动纪律的社会性质是不相同的。在私有制的阶级社会中，劳动纪律是剥削阶级强迫劳动者为其生产财富的一种手段。它和劳动者的利益是矛盾的、对立的，对劳动者来说，它是一种异己的力量。

在社会主义制度下，由于建立了生产资料的公有制，消灭了人剥削人的现象，从根本上改变了劳动者在生产过程中的地位。在这里，劳动者是生产过程的主人，他们不再为剥削者当牛做马，而是为自己、为自己的阶级、为自己的国家进行劳动。与此相适应，劳动纪律的性质也发生了根本的变化。社会主义的劳动纪律体现着工人和集体农民的共同利益，它再也不是来自外部的一种强制力量，而是劳动者为了把集体生产搞好而自觉建立的。正因为是劳动者自己建立，所以这种劳动纪律便自然地为劳动者所乐于遵守和认真执行。社会主义的劳动纪律是人类历史上最新型的劳动纪律。

（二）关于社会主义劳动纪律的法律、法规

1.《中华人民共和国宪法》

《中华人民共和国宪法》（以下简称《宪法》）第五十三条规定，中华人民共和国公民必须遵守《宪法》和法律，保守国家秘密，爱护公共财产，遵守劳动纪律，遵守公共秩序，尊重社会公德。

《宪法》明确规定遵守劳动纪律是劳动者的义务。

2.《中华人民共和国劳动法》

《中华人民共和国劳动法》（以下简称《劳动法》）第三条规定，劳动者应当完成劳动任务，提高职业技能，执行劳动安全卫生规程，遵守劳动纪律和职业道德。

《劳动法》将劳动纪律作为企业经营管理权的一项内容予以强化，并将劳动纪律的效力与劳动合同挂钩。《劳动法》第四条明确规定，规章制度的效力并不是来自国家的强制性规定，而是由劳动合同予以确认。《劳动法》第十九条规定，劳动纪律是劳动合同的必备内容。劳动者通过劳动合同对遵守纪律做出承诺。在劳动关系存续期间，劳动纪律的效力得到强化。《劳动法》第二十五条规定，劳动者"严重违反劳动纪律或者用人单位规章制度的"，用人单位有权按照依法制定的劳动纪律，单方行使劳动合同解除权。

3.《中华人民共和国劳动合同法》

《中华人民共和国劳动合同法》（以下简称《劳动合同法》）第四条规定，用人单位应当依法建立和完善劳动规章制度，保障劳动者享有劳动权利、履行劳动义务。

《劳动合同法》第三十九条规定，劳动者严重失职、营私舞弊，给用人单位造成重大损害的，用人单位可以在无经济补偿的前提下解除劳动合同。

（三）制定劳动纪律的注意事项

1. 劳动纪律的制定应当合理

有些用人单位抱着钻法律空子的想法，在劳动纪律中制定了一些虽不违法但有违人情的规定。本质上，合理性是合法性的基础，因此对一些明显不合理的内容，法官也可依据自由裁量权，裁定无效。如某企业规定：员工见到上级不主动打招呼的，可处以警告甚至扣奖金的处罚。这一劳动纪律已明显违反了合理性原则，应属无效。

2. 劳动纪律必须表述清楚，不能留有漏洞

劳动纪律具有准劳动法规的效力，因此在制定时应尤其注意设计的严密性，防止条款间的冲突。有很多劳动纪律都存在诸如"其他严重违反劳动纪律的行为等"的条款，这些语焉不详的条款，看似是扩大了管理范围，但其实是无效的。一旦用人单位按照这样的条款处理员工，其结果往往是让自己陷入失败的诉讼。

3. 劳动纪律应当适用于实际工作

劳动纪律应主要针对生产管理中的具体行为，不应过于原则、宽泛；更应注意

避免涉及员工隐私。

4. 劳动纪律应当经过民主程序制订

劳动纪律应当根据企业实际情况制订，不能套用。劳动纪律制订过程中应当将制度草案交实际操作部门审核。劳动纪律起草过程中应当征求工会、员工代表意见。劳动纪律起草完成应当采取合适的方式公布。

三、劳动纪律的主要内容

虽然不同的行业劳动纪律的具体内容不同，但是基本包括如下几部分：履约纪律、考勤纪律、生产及工作纪律、安全卫生纪律、日常工作生活纪律、保密纪律、奖惩制度、其他纪律。具体内容如下。

①严格履行劳动合同及违约应承担的责任。
②按规定的时间、地点到达工作岗位，按要求请休事假、病假、年休假、探亲假等。
③根据生产、工作岗位职责及规则，按质、按量完成工作任务。
④严格遵守技术操作规程和安全卫生规程。
⑤节约原材料、爱护用人单位的财产和物品。
⑥保守用人单位的商业秘密和技术秘密。
⑦遵纪奖励与违纪惩罚规则。
⑧与劳动、工作紧密相关的规章制度及其他规则。

案例讨论 4.2

通往墨尔本的道路

教师布置任务	
案例讨论任务描述	1. 学生熟悉相关知识。 2. 教师抽取相关案例问题组织学生进行研讨。 3. 将学生每 5 个人分成一个小组。小组选取自己所在小组参加研讨的问题（避免小组间重复），通过内部讨论形成小组观点。 4. 每个小组选出一位代表陈述本组观点，其他小组可以对其进行提问，小组内其他成员也可以回答提出的问题；通过问题交流，将每一个需要研讨的问题都弄清楚。形成以下表格的书面内容。 5. 教师进行归纳分析，引导学生扎实掌握劳动纪律的相关内容，倡导遵纪守法。 6. 根据各组在研讨过程中的表现，教师点评赋分。
案例问题	1. 通往墨尔本的车道上为什么会一边是光光的道路，一边是密密麻麻的车辆？ 2. 作为一名学生，你觉得你们要遵守什么纪律？ 3. 作为职场人士，有哪些纪律要遵守？

续表

案例分析	1. 因为所有的司机都遵守交通规则，遵守社会秩序，才能让车辆畅通无阻。 2. 作为一名学生，要遵守学习纪律，如出勤纪律、考试纪律、学分规定等，生活纪律如食堂管理规定、宿舍管理规定、勤工俭学管理规定等。 3. 职场人士，要遵守考勤纪律、生产纪律、安全纪律、保密纪律、生活纪律、奖惩纪律等。

案例结论 4.2

良好的工作秩序源于纪律

实施方式	研讨式		
研讨结论			
教师评语：			
班级		第 组	组长签字
教师签字			日期

单元 4.3 树立诚信意识

学习领域	《职业道德和诚信意识》——树立诚信意识		
案例名称	"顽固"的店主	学时	2 课时
案例内容			

　　一个顾客走进一家汽车维修店,自称是某运输公司的汽车司机。"在我的账单上多写点零件,我回公司报销后,有你一份好处。"他对店主说。但店主拒绝了这样的要求。顾客纠缠说:"我的生意不算小,会常来的,你肯定能赚很多钱。"店主告诉他,这事他无论如何也不会做。顾客气急败坏地嚷道:"谁都会这么干的,我看你是太傻了。"店主火了,要那个顾客马上离开,到别处谈这笔生意。这时顾客露出微笑并满怀敬佩地握住店主的手:"我就是那家运输公司的老板,我一直在寻找一个固定的、信得过的维修店,你还让我到哪里去谈这笔生意呢?"

一、诚信概述

(一)诚信的概念

　　诚信是一个道德范畴,包含诚实和守信两个层面。诚实是指为人处事真诚老实,尊重事实,实事求是;守信是指讲信用,讲信誉,信守承诺。

　　"诚",是儒家为人之道的中心思想,立身处世,当以诚信为本。诚实是人们内在的道德品质,要求不掩饰自己的真实感情,不说谎,不作假,不为不可告人的目的而欺瞒别人。

　　"信,言合于意也。""信"不仅要求人们说话诚实可靠,切忌大话、空话、假话,而且要求人们做事也要诚实可靠。而"信"的基本内涵也是信守诺言、言行一致、诚实不欺。"信"是人们内在诚实的外化。

(二)社会诚信体系介绍

　　当前社会诚信体系涵盖了个人诚信、企业诚信和政府诚信三个层面。

1. 个人诚信

对于个人而言，诚信不仅仅指真诚、老实、守诺言，而且个人诚信往往与信用联系在一起。个人信用指的是基于信任、通过一定的协议或契约提供给自然人的信用，它不仅包括用作个人或家庭消费的信用交易，也包括用作个人投资、创业以及生产经营的信用。

对于个人而言，诚信可以增加其在组织中的声誉、社会中的声望和个体良好的信誉记录，这些无形的财务除了给其带来"精神"上的欢愉效用外，还能带来许多直接经济效益，如组织的奖赏、工资和职位的晋升，社会经济交易的便利，低成本的借贷和获取社区公共服务的便捷，在社会上的就业、保障等的便利。

2. 企业诚信

企业诚信是指企业的信誉，指企业在其生产经营活动中在讲信誉、守承诺方面的表现。诚信是一个企业得以生存与发展的重要条件。

一方面，诚信作为企业文化的核心价值观，能够把企业在长期奋斗中形成的优良品质、作风挖掘和提炼出来，成为大家认同和遵从的价值规范，有助于把各级员工对企业的朴素情感升华为强烈的责任心和自豪感，把敬业爱岗的自发意识转化为员工的自觉行动，使每位个体的积极性凝聚为一个整体，从而增强企业的生命力和活力。

另一方面，企业对外诚实守信，就能形成巨大的吸引力从而不断赢得创业和发展的机遇，其信誉度就会不断提高。讲信用、诚实经营的企业，在消费者当中会建立良好的口碑，消费者的满意度会提高，经营者也就减少了广告宣传的费用。诚信也是企业的无形资产，具有为企业增值的功能，它和货币资本、劳动资本一样是企业发展不可或缺的。

3. 社会诚信

社会诚信指在整个社会生活中逐渐形成的诚实守信的社会风气。社会诚信的形成不仅包括个人诚信，还包括在社会生活中被广泛认可的道德及规则。社会诚信建设重点应围绕医疗卫生和计划生育、食品药品安全、社会保障、劳动用工、教育科研、文化体育旅游、知识产权、环境保护和能源节约等公共领域推进。

二、中国特色社会主义诚信建设

当前中国正大步迈上现代化之路，在实现"中国梦"的强大感召下，取得了令世界瞩目的巨大成就。然而当下社会上也出现了各种失信行为，扰乱了社会正常秩序，干扰和模糊了广大人民群众的价值判断和价值理想。因此，加强中国特色社会主义诚信建设不仅是人们的迫切诉求,也是凝聚社会共识、实现中华民族伟大复兴"中国梦"的必然要求。

(一) 中国特色社会主义诚信建设的意义

1. 诚信建设是社会道德建设的重要组成

诚信是一个道德范畴,是思想道德建设的一部分。诚信建设助力思想道德建设,以科学的理论武装人,以主流的价值观引领人,用先进的文化熏陶人,用完备的法律制度约束人,使人们拨开失信的"迷雾",唤醒内心的真善美,从而实现道德建设的新境界。

2. 诚信建设是提升国家文化软实力的重要内容

软实力包括政治、外交、文化以及价值观念等难以物化却又极其重要的国家实力。在软实力中占据主要地位的是文化软实力。诚信作为中华传统文化的重要组成,在其历史长河中发挥着举足轻重的作用,社会主义诚信建设有利于形成良好的信用关系,有利于维护良好的道德秩序,对净化社会风气、增强社会凝聚力、构建明礼诚信、和谐友爱的社会主义文化具有明显的推动作用。因此,诚信建设成为提升国家文化软实力的重要内容和内在要求。

3. 诚信建设为"中国梦"的实现凝聚精神力量

"中国梦"不仅是物质极大丰富之梦想,也是重建精神家园之梦想。诚信建设促进社会主义市场经济健康发展,夯实了"中国梦"的物质基础,诚信建设还能促进人的自由全面发展。人作为社会存在,最基本的形式就是从事人际交往,如果没有诚信,就会破坏人际交往的基础,个人就会寸步难行,更谈不上全面发展了。因此,以中国特色社会主义诚信建设为路径,振奋中华民族"诚实守信"的民族精神是实现"中国梦"题中应有之义。

(二) 中国特色社会主义诚信建设的指导思想

中国特色社会主义诚信建设是以马克思主义为指导,以社会主义核心价值观为引领,以全面依法治国为保障,以社会主义先进文化为精神支撑的一种新型的诚信建设道路。

全面推动中国特色社会主义诚信建设,必须坚持以毛泽东思想、邓小平理论、"三个代表"重要思想,科学发展观、习近平新时代中国特色社会主义思想为指导。诚实守信是中国共产党人的革命品质,忠诚于党,忠诚于人民。实事求是是中国共产党人的优良作风。充分信任人民是社会主义事业成功的保证。

（三）中国特色社会主义诚信建设的主要原则

1. 政府主导、分类指导原则

政府是建设社会所需公共资源的主体，起着领导、规划、统筹协调和服务供给的重要功能。从某种程度上说，政府官员的道德高度就是整个社会的道德高度。此外，政府诚信还具有价值导向和凝聚社会共识、整合社会资源的功能，这些都要求政府在创新社会治理的过程中要不断提高自身的公信力。同时，还要对不同行业、不同职业、不同群体进行分类指导，对那些具有广泛影响力、诚信缺失严重、损害人民群众切身利益的行业，进行专项治理。

2. 多方联动、社会共建原则

中国特色社会主义诚信建设关系广大人民群众的切身利益，事关社会主义事业的兴衰成败，是一项长期、复杂的系统工程，涉及经济、文化、教育、医疗、卫生、家庭、网络等方方面面。只有将社会各领域的力量组织起来、汇集起来，坚持多方联动、社会共建的诚信建设原则，才能形成强大的合力，不断推进诚信建设的步伐。

3. 德法兼治、刚柔相济原则

中国特色社会主义诚信建设，既要依靠道德教化、社会舆论和风俗习惯等道德自律系统的支持；又要依赖于法律制度的他律管控，以德法兼治、刚柔相济的建设原则，共同促进社会主义诚信建设。

4. 统筹规划、分步实施原则

中国特色社会主义诚信建设是一项覆盖面广、耗时较长的工程，在其建设过程中要制订长期规划，由远及近、由重点到一般、由道德到法律，力求循序渐进地推进诚信建设的步伐。

"顽固"的店主

案例讨论 任务描述	教师布置任务
	1. 学生熟悉相关知识。 2. 教师抽取相关案例问题组织学生进行研讨。 3. 将学生每5个人分成一个小组。小组选取自己所在小组参加研讨的问题（避免小组间重复），通过内部讨论形成小组观点。

续表

案例讨论任务描述	4. 每个小组选出一位代表陈述本组观点,其他小组可以对其进行提问,小组内其他成员也可以回答提出的问题;通过问题交流,将每一个需要研讨的问题都弄清楚。形成以下表格的书面内容。 5. 教师进行归纳分析,引导学生扎实掌握诚信理论,树立诚信意识。 6. 根据各组在研讨过程中的表现,教师点评赋分。
案例问题	1. 店主是真的顽固吗?他"顽固"的原因是什么? 2. 你知道的大学生诚信缺失的具体表现有哪些?我们应该怎么做?
案例分析	1. 店主不是真的顽固,他坚持原则,诚实守信是他"顽固"的基础。 2. 目前的大学生存在入党动机不纯、抄袭、作弊、骗取助学贷款、简历注水等诚信缺失现象。应该从学校的诚信教育、家庭教育和社会宣传等几个方面帮助学生树立诚信意识。

案例结论4.3

诚信——高贵的生活品质

实施方式	研讨式
研讨结论	
教师评语:	
班级		第 组		组长签字	
教师签字				日期	

 模块小结四

　　职业道德是每一位从业者必须要具备的基本行为规范，是一种优良的职业品质。职业道德是员工未来职业生涯发展的奠基石。本模块主要介绍了如下内容。

　　1. 重点介绍了职业道德的概念及其范畴，职业道德修养及其行为规范，培养学生树立爱岗敬业、诚实守信、办事公道、服务群众、奉献社会的行为意识，多途径提升职业道德修养。

　　2. 重点介绍了劳动纪律的概念，劳动纪律与职业道德的关系，引导学生熟悉并遵守履约纪律、考勤纪律、生产及工作纪律、安全卫生纪律、日常工作生活纪律、保密纪律、奖惩制度等劳动纪律。

　　3. 重点介绍了诚信的概念及社会诚信体系，倡导学生了解社会主义诚信建设的原则、任务和内容，要求学生树立诚信意识，参与到社会主义诚信建设中去。

模块五　职业形象和职业礼仪

导入案例

业务洽谈中的尊重

某照明器材厂的业务员金先生手拿新设计的产品，兴冲冲地登上六楼，脸上的汗珠未及擦一下，便直接走进了业务部张经理的办公室，正在处理业务的张经理被吓了一跳。

"对不起，这是我们企业设计的新产品，请您过目。"金先生说。

张经理停下手中的工作，接过金先生递过的照明器，随口赞道："好漂亮啊！"并请金先生坐下，倒上一杯茶递给他，然后拿起照明器仔细研究起来。

金先生看到张经理对新产品如此感兴趣，如释重负，便往沙发上一靠，跷起二郎腿，一边吸烟一边悠闲地环视着张经理的办公室。

到了谈价格时，张经理强调："这个价格比我们预算高出较多，能否再降低一些？"

金先生回答："我们经理说了，这是最低价格，一分也不能再降了。"张经理沉默了半天没有开口。金先生却有点沉不住气，不由自主地拉松领带，眼睛盯着张经理。张经理皱了皱眉。

"这种照明器的性能先进在什么地方？"金先生又搔了搔头皮，反反复复地说："造型新、寿命长、节电。"张经理托词离开了办公室，只剩下金先生一个人。金先生等了一会，感到无聊，便非常随便地抄起办公桌上的电话，同一个朋友闲谈起来。最终这笔业务合作并没有谈成功。

分析： 在业务合作洽谈过程中，为表示对彼此的尊重，双方必须重视自己的仪容仪表和行为举止。而上述业务洽谈没有顺利地完成，在于产品业务员金先生在与张经理的交往中没有注意自己的仪表和行为。

学习目标

1. 认知目标：了解并掌握礼仪的基本内容，掌握仪容、服饰、仪态、职场交往过程中相关礼仪知识。
2. 技能目标：能根据具体场合设计自己的仪容和仪表，使自己的行为举止优雅得体，符合职场礼仪规范。
3. 情感目标：重视塑造良好职场第一印象，重视职业交往过程的形式与内涵，增进交往双方的情感交流，增强交流信心。

单元 5.1 塑造职业形象

案例 5.1

学习领域	《职业形象和职业礼仪》——塑造职业形象		
案例名称	打造"魅丽"形象	学时	2 课时
案例内容			

　　润姿然公司是一家中韩合资从事护肤品和彩妆产品生产的大型企业。下个星期，公司为了推广自己的新产品而组织开展产品推介会，诚邀请全国各地经销商和相关企业的销售经理来参加本次活动。模拟 8 位性别、体型、身高、气质和肤色不同的公司人员去参加本次新产品的推介会。

　　面对这样的场合，每位参展者如何根据自身特点选择适合自己的正装。如果要化妆，是选择浓妆还是淡妆？在与他人交往过程中，应该如何让自己的行为举止表现得自然、得体、礼貌又大方？

一、礼仪的认知

（一）礼仪的概念

　　礼仪是指人们在职业交往过程中向对方表示礼貌、尊重的一系列礼仪规范。在职场交往中，适宜的表情微笑、良好的行为规范、得体的服饰仪表是职场交往活动成功与否的关键。因此，即将走入社会的大学生们需要掌握规范职场礼仪知识，树立塑造并维护自我良好职业形象的意识，做到彬彬有礼。

（二）礼仪的特点

礼仪的基本特点主要表现在以下方面。

1. 规范性、差异性

礼仪是人们在人际交往的实践中所形成的待人接物的惯常行为习惯和规范。这种规范性约束着人们在不同场合交往过程中的言谈话语、行为举止，使之合乎礼仪。人们在交往中使用的"通用语言"，不仅是衡量他人的标尺也是审视自己的准则。

不同时代、不同民族、不同地域不论是在内容上还是形式上，礼仪都是丰富多样的。礼仪的差异性是民族礼仪内涵的特质性问题。不同国家初次见面的打招呼的礼仪方式就大不相同，如泰国合十礼、法国亲吻礼和日本的鞠躬礼仪等，但其本质都是为了表达自己内心的尊重和敬意。

2. 发展性、社会性

随着我国改革开放和经济全球化的发展，礼仪想要体现在规范性和程序化，就要适应变化了的国际交往原则，就像我国外交部有礼宾司一样，这样才能达到交往和谐的目的。人类的礼仪文化，既博大精深又源远流长，其变化性体现在相互影响、渗透、取长补短，并不断赋予新的内容。

礼仪贯穿于整个人类的始终，遍及社会各个领域，渗透各种社会关系之中，只要有人和人的关系存在，就会有作为人的行为准则和规范的礼仪的存在。在现实生活中，每个人都不能脱离社会而独立存在，都希望在自己的交际活动中取得成功，那么礼仪就是一把在社会中通向成功的金钥匙。

（三）礼仪的原则

1. 尊重为本、真诚为贵

礼仪的核心就是尊重，在与人交往过程中我们不仅要自重还要尊重别人。钱钟书先生曾说过："你要打开人家的心，你先得打开你自己的；你要在你的心里容纳人家的心，你先得把你的心推放到人家的心里去。"

在人际交往中真正诚于内才能行于外，做到心口如一，内外和谐且彬彬有礼；发自内心且自然地表现出对他人的尊重、关心与爱护。

2. 宽容为美、适度为宜

在待人接物中，能够容别人所不容，解别人所不解，宽以待人，是一种良好的心理品质和非凡的气度与心胸。

礼仪是一种程序规定，而程序本身就是一种度的体现。因此，在职场交往过程中，要坚持适度原则，审时度势，既不可过又要防止不及。

二、仪态行为礼仪

（一）站姿礼仪规范

仪态是人的表情和行为举止，包括站姿、坐姿、走姿、蹲姿、手势和面部表情等方面。

1. 站姿要领

一要平，即头平正、双肩平、两眼平视；二要直，即腰直、腿直，后脑勺、背、臀、脚后跟成一条直线；三要高，即重心上拔，看起来显得高；四要收，即下颌微收、收腹、收臀；五要挺，即挺胸、腰背挺直。

2. 标准站姿

标准站姿的基本姿势是头正、颈直、腰垂，两眼平视前方，嘴微闭；肩平并放松，挺胸收腹；两臂自然下垂，手指并拢，中指压裤缝；两腿挺直，小腿向内侧用力，膝盖并拢，脚跟并拢，脚尖张开夹角成45度或60度的"V"字形，身体重心落在两脚中间或靠前的位置。男士在站立时双脚平行分开，两脚间距离不超过肩宽，一般以20厘米为宜，双手手指自然并拢，右手搭在左手上，使四指不外露，左右手的拇指皆收于手心处轻贴于腹部，不要挺腹或后仰，如图5-1所示。

3. 礼宾站姿

女士礼宾站姿的基本姿势标是头正、颈直、腰垂，下颌微收，双目平视前方，面带微笑，嘴微闭；肩平并放松，挺胸收腹；左丁字步或右丁字步即一只脚跟靠于另一脚内侧中间偏上的位置，使两脚尖展开角度约60度；右手握左手的手指部分，左手四指不外露，左右手大拇指皆内收进手心、放在小腹处，手腕不能翻折，腕部与前臂保持在一条线上。男士礼宾站姿的基本姿势是两脚分开，距离不超过肩膀，右手握左手的手指部分，左手四指不外露，左右手大拇指皆内收进手心处，且要放在后背臀部最上方的位置，如图5-2所示。

模块五

职业形象和职业礼仪

图 5-1　女士和男士标准站姿

图 5-2　女士和男士礼宾站姿

（二）坐姿礼仪规范及禁忌

正确的坐姿仪态给人一种端正大方的印象，而不良的坐姿则会让人觉得懒散且无礼。入座时要轻稳，入座后上体自然挺直，双膝自然并拢，双腿自然弯曲，双肩平整放松，双臂自然弯曲，双手自然放在双腿或椅子、沙发扶手上，掌心向下放在膝盖上；头正、嘴角微闭，下颌微收，双目平视，面容平和自然保持微笑；坐在椅子上，应坐满椅子的 2/3，脊背轻靠椅背，离座时，要自然稳当。

1. 标准坐姿

双腿垂直式坐姿（正式场合基本坐姿），应按坐姿操作标准入座：小腿与地面垂直，女士两膝盖并紧，男士两膝分开，双腿之间保持一拳左右的距离；两臂自然弯曲，女士右手握左手自然放腿部，男士两手分别放在两个膝盖处，如图5-3所示。

图5-3 女士和男士标准坐姿

2. 其他形式的坐姿

双腿斜放式坐姿（如左侧斜放女士），在标准坐姿的基础上，左脚向左平移一步，左脚掌内侧着地，右脚左移，右脚尖与左脚尖平行，前脚掌外侧着地，脚跟提起，双脚靠拢斜放；大腿与小腿均呈90度直角，充分显示小腿的长度，两脚两腿两膝靠拢，不得漏出缝隙；两臂自然弯曲，右手握住左手自然放于腿部中间位置，如图5-4所示。重叠式坐姿，要求将双腿完全地一上一下交叠在一起，交叠后的两腿之间没有任何缝隙，犹如一条直线；双腿斜放于左右一侧，斜放后的腿部与地面呈45度夹角，叠放在上的尖垂向地面且脚面用绷紧，如图5-5所示。

（三）走姿礼仪规范

在行走过程中，要保持头正、肩平、挺胸收腹，双臂自然下垂并前后摆动，注意步幅要适度，大约保持1.5~2个脚长的距离，步速在行进时尽量保持匀速的状态。在行走过程中不要左顾右盼、抓耳挠腮，与多人走路时，不要勾肩搭背或奔跑蹦跳或大声喊叫等。此外，我们在行走过程中，有时需要变向行走，主要通过后退步和侧身步来实现。

图5-4 斜放式坐姿

图5-5 重叠式坐

1. 后退步

向他人告辞时，应先向后退两三步，再转身离去。退步时，脚要轻擦地面，不可高抬小腿，后退的步幅要小。转体时要先转身体，头稍候再转，始终面带微笑。

2. 侧身步

当走在前面引导来宾时，应尽量走在宾客的左前方。髋部朝向前行的方向，上身稍向右转体，左肩稍前，右肩稍后，侧身向着来宾，与来宾保持两三步的距离。当走在较窄的路面或楼道中与人相遇时，也要采用侧身步，两肩一前一后，并将后背转向他人，不可将胸部转向他人。

（四）蹲姿礼仪规范

站立在所取物品的一侧，蹲下屈膝去取，应注意重心要稳，两腿合力支撑身体，臀部向下。另外，蹲下时一定要保持上半身的挺拔，神态自然，面带微笑。

1. 高低式蹲姿（男女通用）

下蹲时，左（右）脚在前，右（左）脚稍后（不重叠），两腿靠紧向下蹲。左（右）脚全脚着地，小腿基本垂直于地面，右（左）脚脚跟提起、脚掌着地。右（左）膝低于左（右）膝，右（左）膝内侧靠于左（右）小腿内侧，形成左（右）膝高右（左）膝低的姿态，臀部向下，如图5-6、图5-7所示。

2. 交叉式蹲姿（仅女士可用）

下蹲时，右（左）脚在前，左（右）脚在后，右（左）小腿垂直于地面，全脚着地，左（右）腿在后与右（左）腿交叉重叠，左（右）膝由后面伸向右（左）侧，左（右）脚跟抬起，脚掌着地，两腿前后靠紧，合力支撑身体，如图5－8所示。

图5－6　男士高低式

图5－7　女士高低式

图5－8　女士交叉式

（五）手势礼仪规范

得体适度的手势不仅可以给对方以肯定、明确的印象和优雅的美感，还可以表现出对对方的尊重和欢迎。在使用手势礼仪时应庄重含蓄、自然优雅，其基本原则是简洁明晰、灵活调整、幅度适中和控制频率。常用的引导手势包括横摆式、斜下式、引领式和直臂式。

1. 横摆式

横摆式手势常表示"请进"。即五指伸直并拢，然后以肘关节为轴，手从腹前抬起向右摆动至身体右前方，不要将手臂摆至体侧或身后。同时，脚站成右丁字步，左手下垂，目视来宾，面带微笑。接待人员一般情况下要站在来宾的右侧，并将身体转向来宾，如图5－9所示。

2. 斜下式

斜下式手势常表示"请坐"。当请来宾入座时，要用双手扶椅背将椅子拉出，然后一只手曲臂由前抬起，再以肘关节为轴，前臂由上向下摆动，使手臂向下呈一斜线，指尖朝向地面，如图5－10所示。

3. 引领式

给对方指引行进方向时候采用。手指并拢，掌伸直，屈肘从身前抬起，向指引方向摆去，摆到遇见通告时停止，肘关节基本伸直，倾斜角度不超过15度。目光要随着手势走,指引方向后,手臂不可以马上放下,要保持手势送出去几步,体现对他人的关怀和尊敬。

4. 直臂式

面朝对方时,手掌自然伸直,掌心斜向上方,手指并拢,拇指自然稍微分开,手腕和手臂呈一直线,以肘关节为轴,弯曲140度左右为宜,手掌与地面基本上形成45度,向指引方向摆去,如图5-11所示。

图5-9　横摆式　　　　　图5-10　斜下式　　　　　图5-11　直臂式

(六)表情礼仪规范

在职场交往过程中,表情是一种无声的言语,是人际交往中相互沟通的主要形式之一。美国著名的心理学家艾帕尔·梅拉里斯认为:信息的效果=7%的文字+38%的语言+55%的表情动作。因此,表情礼仪就显得格外重要,主要遵循以下原则。

表现谦恭,与人交往时,待人谦恭与否,人们可以从表情神态方面很直观地看出来。

表现友好,在生活和工作中,对待任何交往对象,皆应友好相待。友好的态度能自然而然就在表情神态上体现出来。

表现真诚,人们在相互交往时,出自真心,发乎诚意。这样做的话,才会给人表里如一、名副其实的感觉,才会取得别人的信任。

眼神的时间、部位和角度不同的运用,所传达的信息和情感也是不一样的,因此得体的运用眼神礼仪是非常重要的。

(1)注视别人的时间长短不同,表示的态度不同

如果注视对方的时间占全部相处时间的1/3左右,表示友好;如果注视对方的时间占全部相处时间的2/3左右,表示重视;如果注视对方的时间不到相处时间的1/3,表示轻视;如果注视对方的时间超过了全部相处时间的2/3以上,往往表示敌意。

(2) 注视的角度不同，表示的态度不同

正视对方需要正面相向注视，表示重视对方；平视对方用在身体与被注视者处于相似的高度时，平视被注视者，表示双方地位平等与注视者的不卑不亢；仰视对方用在注视者所处的位置低于被注视者，而需要抬头向上仰望，表示对被注视者的重视和信任；俯视他人指的是注视者所处的位置高于被注视者，它往往表示自高自大或对注视者不屑一顾。

(3) 注视的部位不同，不仅表示自己的态度不同，也表示双方关系有所不同

一般情况下，不宜注视他人头顶、大腿、脚部与手部或是"目中无人"。对异性而言，通常不应该注视其肩部以下，尤其是不应该注视其胸部和腿部。关系平常的人一般只注视对方的面部。

三、仪容修饰

（一）发型的修饰

仪容是指人的仪表姿容，仪容修饰是对人的发型和面容进行修饰，从而展现出整洁、大方、健康自然的良好形象。良好的仪容仪表有助于加深双方交往的第一印象，形成良好的首因效应。一般在交往过程中，人们的视线会首先集中在头部。头部一定要保持干净整洁、无头屑，颜色不能太浅，不要漂染夸张的颜色，并要定期做修剪。男士的发型主要遵循前不覆额、侧不过耳、后不过颈，以保持阳刚之气。而女士在发型选择上可以根据脸型、身型和职业特点的不同进行搭配。职场女性发型选择技巧如表5-1所示。

表5-1 职场女性发型选择技巧

	特征	发型选择技巧
脸型及身型	椭圆脸型且身材匀称	中分、偏分都比较适合，长度在肩膀以下腰部以上最为适宜
	圆形脸且身材丰满	尽量不要留有刘海，头顶头发梳起，齐肩长度比较适合
	长形脸且身材修长	头顶部的头发压低，两侧蓬松，使脸部显宽，且头发整体长度不宜过长
	方形脸	可将头发披在两侧成弧形轮廓，掩饰棱角，使脸部看上去圆润些
	菱形脸	头顶部的头发压低，两侧宜厚且隆起呈椭圆形，尽量柔和颧骨的位置
	心形脸且身材娇小	不宜留短发，发型尽量能减小额头的宽度
职业特点	时尚前卫	发型活泼、时髦
	一般职业场合	端正大气，可以适当盘发

(二) 面部修饰

面部修饰的关键是清洁，要注意眼角不能有眼屎；鼻腔要干净，特别是鼻毛必须要定时修剪；耳朵的凹槽里不该有积垢；牙齿应该洁白光亮，不能有口臭，工作时不该吃葱、蒜等有异味的食物；指甲不宜留长，指甲缝更不能有积垢，另外女士不要涂抹颜色过于鲜艳的指甲油。此外，女士可以画淡妆，整体的妆容应该是简约、清丽、素雅，具有鲜明的立体感。女士妆容既要给人以深刻的印象，又不容许显得脂粉气十足，总体来说就是要清淡而又大方。男士一般极少化妆，但简单的刮脸洁面却是每日必做的功课。

四、着装及服饰礼仪

(一) 着装的礼仪规范

1. 场合着装的搭配原则

穿着得体是一种礼貌，不仅体现了一个人的文化修养和素质，也体现了一个人对他人的尊重态度。在参加面试招聘或会议谈判时，穿着正装，化妆得体的妆容，会让人精神抖擞、信心倍增，有利于提高办事的效率。

（1）遵循 TPO 原则

当前国际上通行的着装礼仪要遵循 TPO 原则，TPO 是 Time，Place，Object 三个英文单词字母的缩写。Time 原则即穿着要应时。Place 即穿着应该因地制宜，这里所指的场合主要包括两个方面：正式场合和社交场合。Object 要求个体应根据交往对象、交往目的的不同选择服饰。

（2）整体性原则

人的身型、内在气质和服装的款式、色彩等构成要符合整体性原则。整体性原则要求着装的各个部分相互呼应、精心搭配，在整体上尽可能做到完美、和谐、得体，展现着装的整体美。

（3）个性化的原则

一方面，个性化原则要求着装应与自身条件相适应。服装的选择应与自己的年龄、肤色、身高、职业和体形相协调，力求反映一个人的个性特征。另一方面，个性化原则要求在不违反礼仪规范的前提下，在某些方面可体现与众不同的个性，但是切忌盲目追逐时髦。

2. 女士场合着装的搭配技巧

女性在一般职场中主要选择丝绸、羊毛和棉麻质地的西服套裙和西裤。但是在衣服的版型、颜色和图案选择上要根据自己的身材特点进行挑选。每个人的体型没

有完美无缺的,服装最大的意义在于美化不完美的体型。根据自己的体型选择服装,利用视觉上的错觉达到意想不到的效果。

(1) 身材较胖且较矮小者

即大矩形身型,应选择厚薄适中、柔软质地、竖条纹的衣服,不宜选择材质较厚重、横条纹的服装。

(2) 体型瘦高

即小矩形身型宜穿浅色横条纹或大方格等的服饰,以视错觉来增加体型的横宽感。同时可选用红、橙、黄等暖色的服饰加以搭配,使之看上去或健壮一些、或丰满一些、或更匀称一些。

(3) 身材较丰满

即椭圆形身型,这类适合穿宽松式上装和深色、冷色且单一的色彩,而且上装款式不宜繁复,以避免视觉停留。

(4) 肩部比较宽

即倒三角和水桶形身型的女性适合采用深色、冷色且单一的色彩,以使肩部显得窄些。注意不宜使用自加垫肩或者肩部线条太明显的服装,同时也不宜使用横条图案的面料。

3. 男士场合着装的搭配技巧

男士在正规场合要着西服。西服有正装和便装两种。在正规的商务场合必须要着西服正装才符合规范。穿西服正装全身上下不能超过三种颜色。西服正装上下同质同料(质料一般是要求较高档的毛料)且颜色为深色(以深蓝和深灰系列为最佳)的两件套西服或三件套西服,三件套是指上衣里面多加一件同质同料的马甲。

此外,搭配西服的衬衫必须是长袖(包括夏天);衬衫通常为单色,白色是最佳也是最安全的选择;面料最好是纯棉,但它需要专业清洗,以保证浆过并熨烫平整,领子要挺括,不能有污垢、油渍;衬衫下摆要放在裤腰里,并要系好领扣和袖扣;衬衫衣袖要稍长于西服衣袖0.5~1厘米,领子也要高出西服领子1~1.5厘米。此外,男士要尽量保证自己的皮带、皮包和皮鞋的颜色和材质一致,即"三一定律"。一定要穿黑色或深色无花纹的中筒棉袜,保证在坐下时,裤脚下也不能露出袜口或一截腿。

(二) 饰品搭配原则和技巧

男士和女士在选择配饰的原则都是小而精致,不能过分夸张和张扬。女性配饰可以有耳钉、婚戒、项链、手镯和胸针等。而男性的配饰主要包括眼镜、领带手表和婚戒等。女性在佩戴饰品时,一种饰品只能佩戴一个且尽量在颜色和材质上保持一致,如佩戴玫瑰金色珍珠耳饰,那么在其他饰品的选择上也应该尽量保持统一另外，为避免饰品太多，反而显得繁复杂乱，因此种类是一般选择 1～3 件为最佳。男性在选择领带时颜色和花纹除了要与西服搭配，还要要根据参加的场合和即将面对的对象进行选择，如场合比较严肃正式可以选择条纹和方格图案，而场合比较轻松时可以选择圆点和碎花图案。

打造"魅丽"形象

活动目的	学生未来能够塑造良好的职业仪态，并针对场合和自身特点设计良好的职场形象
活动训练任务描述	教师布置任务 1. 结合所学职业形象塑造的礼仪知识来设计个人形象，展示职业风采。 2. 结合仪态礼仪规范进行站姿、坐姿、走姿、蹲姿和表情的相关训练。 3. 面部修饰（包括女性发型设计）及搭配自然干净的妆容。 4. 根据服装搭配原则和技巧，为即将出席美妆展会的 8 位公司员工选择出适合自己的西服套装。 5. 依据评分表先小组互评然后教师进行点评。
任务分组	根据本班实际人数进行分组，每组 8 人并确定组长人选；按照要求明确分工，做到全员参与，责任落实到每一个学生。
实施过程	各组组长首先根据项目的具体任务进行分工，根据任务的难易程度进行时间的规划。组内分别选出擅长仪态训练、面容修饰和服装搭配的人员，由这些同学带领大家进行有针对性的练习和方案设计。训练活动结束后各组选出一名代表负责对活动做总结和发言。在活动实施过程中，组长和教师负责对各组活动完成的进度和效率进行监督控制。

评分表	评价项目	评价标准	分值	实际得分
	站姿、坐姿、蹲姿和走姿	头正、肩平、胸腰挺直、收腹、微收下颌，手臂自然垂放或右手叠放至左手，动作规范且优美。	20	
	表情和眼神	眼睛柔和平视前方，始终带着得体的微笑（6～8 颗牙）。	10	
	面部	整洁干净，发型和脸型搭配相得益彰，妆容清新淡雅。	30	
	服装	服装干净、熨挺，西服套装颜色、版型是否适合个人的特点，能凸显个人魅力。	30	
	配饰	配饰数量是否过多，质地和颜色是否搭配。	10	

打造"魅丽"形象

实施方式	实践、讨论和点评方式
研讨结论	
教师评语：	

班级		第 组		组长签字	
教师签字				日期	

模块五 职业形象和职业礼仪

单元5.2 关注职场礼仪

案例5.2

学习领域	《职业形象和职业礼仪》——关注职场礼仪		
案例名称	一次"完美"的接待	学时	2课时
案例内容			

　　总公司经理一行5人来中国信达考查并商谈合资办厂的相关事宜,他们将在下周一抵达本市。信达公司非常重视这次项目合作,为此相关人员认真规划此次接待工作。信达公司派出3名人员负责去机场接机,由于飞机抵达时间比较晚,信达公司接到客人后,直接安排入住酒店。第二天上午则派专车将随行人员送至公司本部。信达公司的王总经理、业务部陈经理和翻译等5人将与总部人员在会议室进行具体细节的洽谈。请注意由于总公司经理和王总经理此前从未见过面也不相识,而陈经理曾经和总公司有过几次贸易往来。当天晚上业务洽谈结束后,信达公司在酒店安排践行晚宴。
　　那么在整个活动当中,信达公司在接待总公司时如做才合乎礼仪规范?信达公司在与总公司方初次见面时应该注意如何称呼、介绍和致意呢?

一、称呼礼仪规范

(一)称呼的方式和原则

大学生们作为职场新人,第一课是要学会如何"喊人"。职场称呼看起来是小事,实际上却是一门艺术,但是有九成职场新人都遇到过"开口难题"。到底应该怎样称呼同事才最合适?

 1. 正确地称呼对方

(1)职务性称呼

在职场交往过程中,根据职场交往对象的职务来称呼对方以示尊重,一般是在

职务前加上姓氏（适用用于正式场合），比如"张董事长""王总经理""李助理"或者"王处长""孟局长"等。

(2) 职称（衔）性称呼

在职务前加姓，强调特定个体，赋予更多亲切、尊敬，例如："张主任""陈秘书"等，多见于口头，较之直称，略显郑重。至于对某些职务的简称，如"张局""李处""罗总"等，现下颇为流行。

(3) 职业性称呼

在职场交往过程中可以根据对方从事的行业和具体职业相称，如"王老师""乔律师""赵会计"和"陈医生"等。

(4) 一般性性称呼

先生、夫人是国际范畴对年纪较大、地位较高的人士使用的尊称，使用时可不带姓名。此称呼现在我国商务场合也广为使用。

2. 称呼对方的原则和禁忌

称呼对方主要遵循得体和尊重原则，在称呼对方时应该根据场合的不同进行灵活变化。称呼时要遵循先尊后卑、先长后幼、先女后男以及先疏后亲的顺序。此外在称呼时不要用不雅的词汇称呼对方，如二胖、小黑等绰号；当遇到生僻的姓氏或者多音字可以提前查阅或者询问对方，以免称呼错误造成尴尬的场面。最后，大学生在职场交往过程中应该尽量记住对方的全名，这样能够使对方觉得自己受到重视和尊重，进而巧妙地获得对方的好感。

二、握手礼仪规范

（一）握手的姿势

1. 握手的场合

握手礼仪是职场交往中的基本礼节，也是适用范围最广泛的见面致意礼仪。它可以应用在表达欢迎、亲近、友好、寒暄、祝贺、感谢、慰问和再见等场合。

2. 握手的正确姿势

握手时都应该起身面对面站立，双方相距一米左右，上身向前稍微倾斜，伸出右手，手掌高度大概在胯骨位置，四指并拢伸直，大拇指向斜上方张开与四指成60度，手掌垂直于地面。双方虎口（大拇指与手掌连接的关节处）相交，同时其余四指弯曲相互握住对方的手掌，微笑并用双目平视对方，配以相应的问候语，如"您好""见到你很高兴""祝贺你"和"再会"等，同时双方握着的手轻轻上下晃动二

110

至三下，然后松开。注意握手时间不宜过长，应控制在 5 秒钟以内。握手时间过长会让对方觉得不舒服，特别是与女士握手过于用力或时间过长，都是十分失礼的行为，如图 5-12 所示。

图 5-12　握手的正确姿势

（二）握手的原则和禁忌

1. 握手的原则

一般情况下遵循尊者优先的规则，即由尊者优先伸出手，位低者只能在后给予反应，而不可贸然抢先伸手。

（1）一般情况

男士与女士：女士先伸手。

上级与下级：上级先伸手。

长辈与晚辈：长辈先伸手。

已婚女士与未婚女士：已婚女士先伸手。

（2）单位或公司接待客人

客人到达时，主人先伸手，表示欢迎。

客人告辞时，客人先伸手，表示感谢。

（3）正式场合（职场）

无长幼、无男女性别，只有上下级、身份或职务高低之分。

2. 握手时的注意事项

在职场交往过程中握手致意看似简单，然而我们经常会忽略一些细节从而造成尴尬的场面，对彼此交往产生不利的影响。在握手过程中容易出现的几处错误如下。

①用左手与他人握手。

②戴手套、墨镜和帽子就与人握手。

③握手时将另外一只手插在衣袋里。
④握手时面无表情、心不在焉，没有寒暄，纯粹是应付。
⑤坐着时与人握手。
⑥与他人交叉握手。

三、介绍礼仪规范

（一）自我介绍

1. 自我介绍的时机

自我介绍，是指在社会交往及商务场合，由自己担任介绍的角色，将自己的基本情况介绍给其他人，使对方认识自己的行为过程。

（1）本人希望结识他人

在社交和正式场合中，与不相识或者陌生的人相处时，打算介入新的交际圈，希望介绍自己给对方认识。

（2）他人希望结识本人

在社交和正式场合，有不相识者在场，对方希望认识你。

（3）本人认为有必要他人了解或认识本人

非常希望认识对方而对方对自己不甚了解时，在出差、旅行途中，与他人不期而遇，并且有必要与之建立联系时。

2. 自我介绍的技巧

在做自我介绍的时候将自己的名字介绍得有特色一些，会有利于加深对方对你的印象；此外，内容应简洁且有针对性，时间尽量不要超过1分钟。最后，在进行自我介绍时最忌讳平淡无奇、雷同且没有个人特色，不能够把个人的特点展示出来。

（二）为他人做介绍

1. 为他人介绍的时机

为他人介绍是指经第三方作为中间介绍人，为彼此互相都不相识的双方进行引见，是一种双向的介绍方式。除此之外，当其中一方认识另一方，而后者不认识前者时，中间介绍人也可以进行单向的介绍，即只将被介绍者中的某一方介绍给另一方认识。

2. 为他人介绍的手势和原则

作为中间介绍人在为他人做介绍时动作要规范，通常用右手，掌心朝上，四指并拢，拇指张开，手臂与身体夹角呈 60 度左右指向被介绍的一方，并转头向另一方点头微笑，注意对方是否听清介绍信息。在为他人做介绍时，始终遵循"尊者有优先知晓权"的原则。即介绍主客双方时，应首先介绍主人一方，将主人的相关信息告知客人；在正式场合中，介绍人应该先将职位或职务较低的一方介绍给职务较高的一方。在社交场合，将男性一方先介绍给女性的一方认识。

四、接待和拜访礼仪规范

（一）接待礼仪

1. 接待前准备

接待规格主要是从场面的安排及主陪人的职位角度而区分其高低，分为三种接待规格。不同规格接待的具体特征如下。

（1）高规格接待

这是指主要接待人员、陪同人员比主要来宾的职位高的接待形式。一般是上级单位派人来下级单位口授意见工作或同级单位来公司洽谈重要业务时一般采取这种形式的接待规格。

（2）对等接待

这是指接待场面适当，主要接待人员、陪同人员与主要来宾的职位相当的接待形式。

（3）低规格接待

这是指主要接待和陪同人员比主要来宾的职位低的接待形式。一般为总公司或总部到分公司进行常规业务往来。

2. 接待礼仪规范

会议开始前 30 分钟，接待人员各就其位准备迎接会议宾客。嘉宾到来时，接待人员要精神饱满、热情礼貌地站在会议室的入口处主动地迎接宾客。配合其他接待人员工作，引领嘉宾至指定位置就座。在引领过程中要注意遵守规范、讲究礼貌、彰显职业素养。其具体引领方法如下。

（1）行进过程引领法

一般场所引领宾客时，遵循以右为尊的原则，接待人员尽量站在左前方大约两至三步的距离，并向右侧转身与客人呈 120 度左右角，把贵宾让到右后方的适当位

置上。在引领过程中,接待人员要根据客人的步速调整自己的步伐。此外,在引领过程中遇到特殊场地时,如在走廊引领时若一边是墙一边是栏杆且逆向行走,为了安全应请客人靠墙行走。最后,在引领中过程中,不仅要有明确的引导手势还要伴有礼貌的引导语言和得体大方的微笑。

(2) 上下楼梯引领法

引领客人上下楼时,如果接待人员为男性,应该请客人走在前面,引领者走在后面;此外,请宾客走在靠墙的一侧。而当接待人员为女性时,上下楼时,请宾客走在后面。

(3) 出入电梯引领法

电梯间无人操作时,接待人员应先进后出。即在电梯门打开后,接待人员首先进入电梯并站在按键的位置边,用一只手按住开门键,让客人陆续进入电梯后再关门;出电梯时,也同样按着电梯的开门键,待客人都出电梯后,引领者再出来到前面引导。若是有人操作时,则接待人员应后进先出。

3. 茶水服务礼仪

上茶水应该在主客双方未交谈之前进行,此外应每隔 20～30 分钟进入会议室,及时更换咖啡或将与会人员之茶水斟满。倒水时步态平稳、动作协调,不可直接不端茶杯倒水或把杯盖口放在桌上。正确步骤如下。

①正确步骤:待嘉宾即将到来前 5 分钟,倒茶至七八分满,茶杯摆放于托盘内(无托盘时,右手握茶杯,左手托杯底)。

②送茶水时应先宾后主,双手端茶从嘉宾右手边上茶,将茶杯轻放至嘉宾的右边,茶柄调整于访客的 45 度角位置。端放茶杯动作不要过高,不可从客人肩部和头部上越过。尽量不要用一只手上茶,不能用左手,切勿手指碰到杯口。为嘉宾倒一杯茶,通常不要斟得过满,以杯深的三分之二处为宜;继而把握好续水的时机,不能等到茶叶见底后再续水,以不得妨碍宾客交谈为佳。

③会议进行中应续水时,接待员应左手拿热水瓶,右脚插入椅档,在两个椅脚的中间,站立在客人的右侧。左手无名指和小指夹起杯盖,其余三指握住杯柄,并配合简单礼貌用语和手势。上茶结束后应礼貌退出,并视情况在门外适当等待 2～5 分钟,以备特别需要。

④会议结束时,接待人员要提醒宾客们带好自己的随身物品,礼貌送客。

(二)拜访礼仪

1. 拜访礼仪规范

拜访应选择在比较合适的时间,不能无约就登门拜访,要提前预约好拜访的时间和地点。在具体的拜访时间选择上,最好是利用对方比较空闲的时间。到对方公司拜访,最好不要选择星期一,因为新的一周开始的时候,往往也是大家比较忙碌的时候。另外,拜访具体时间最好在上午 9 点半~10 点半之间,或者下午 3 点~4 点之间,既避免打扰对方进餐,也能尽可能错开拜访对象比较忙的时间段。最好是在工作时间内,应尽量避免占用对方的休息日或者节假日,如果没有急事,应绝对避免做清晨或夜间的拜访。最后要控制拜访时间,不做难辞之客,拜访时间半小时以内为最佳,不宜超过 1 个小时。

2. 馈赠礼品的禁忌

馈赠礼品是与接受者增进联络感情、达成合作意向的重要交往媒介。馈赠者必须考虑接受者的个人喜好和文化禁忌。不论是国际交流还是国内来往,是正式活动还是日常生活往来,不仅要依据交往对象因国家、宗教、文化、年龄、性别、职业和爱好等来选择礼品,还要注意礼品的独特性、宣传性、文化性和时尚性。这样既传达了自己真诚的心意,也能给受礼者以深刻的印象。

五、交谈礼仪规范和表达技巧

(一)交谈礼仪原则

交谈是职场交往过程中的主要工具之一,是沟通不同个体心理的桥梁。同学们在与对方交谈时只有遵循相应的礼仪规范,讲究交谈的技巧,才能达到双方交流信息、沟通思想、互通友好的目的。

1. 态度诚恳

与人交谈时,态度要诚恳。若发生分歧或争论则要静下心来,让对方先讲完,听清楚他的意见,从中找出可取之处,然后再设法消除分歧。在表达自己的观点时,一定要以平缓的语气和态度进行阐述,要注意切不可以生气的口气和态度与人交谈。

2. 表情自然亲切

与人交谈时的表情要自然。要养成用目光语与对方交流的习惯,要以平视的目光注视对方,不要心不在焉、东张西望,但也不能与对方长时间接触,过长也会令对方局促不安。交谈时,还应保持自然亲切的微笑,真诚平和的微笑最能打动人,会给人愉快和舒服的好感。

3. 平稳沉着的语调

语调能反映出一个人说话时的内心世界,表露自己的情感和态度。交谈中要注

意音频应平缓柔和，音量不能过大也不能过小，标准是能让所有参与者都能听清而又不干扰到周围人。另外有时为了强调，除了可以适当加重音量外，还可以拖长音或一字一顿慢慢说出。

（二）交谈礼仪技巧

1. 学会倾听

倾听对方的言谈是尊重对方的一种表现，善于倾听对方的言谈，会使你有更多机会了解对方，并从中获取你需要的信息。除此之外，你对对方的尊重会获得对方的好感，进而使彼此的交往更有效、关系更和谐。

2. 多使用谦辞敬语

在与人交往过程中要多使用您、请，如见面多说"您好""非常高兴见到您"。征询语"这样可以吗？""您还满意吗？"请托语"请您稍候""对不起，让您久等了""劳驾您了"。感谢语"谢谢您""非常感谢您的关心与支持"。致歉语"对不起""真抱歉""请原谅""真不好意思"等。

3. 选择恰当的话题

寒暄在人际交往中的作用是十分重要的。在某些正式谈话很艰难的情况下，寒暄还可以对紧张气氛达到一些缓冲，使原本尴尬或沉重的气氛得以淡化。但是并不是任意的寒暄都能起到这种作用，不恰当的寒暄很可能会弄巧成拙，而寒暄的恰当与不恰当的关键在于话题的选择。

六、位次礼仪

（一）乘车礼仪

在职场交往中，乘车时首先要分清座次顺序。按照国际惯例，主要遵循"以右为尊""前高后低"的原则。但也要依据具体情况而定，因车型不同和驾车者的变化，尊位又有所变化。

①乘坐双排五座位的小轿车时，如是司机驾驶车辆，座次一般以后排右边为尊，左边次之，前排副驾驶的座位为工作人员或接待人员。如是主人自己驾车，上位在主人右侧的副驾驶座，主宾应坐在这个位置上。

②乘坐的如是中型商务或面包车，尊位是司机后坐靠窗的位置，陪同主宾的领导紧靠上位的左侧落座，其他人员依次在后排就位，司机旁边的位置应是工作人员

座位。

③乘坐中大型巴士车时，不论是由何人驾驶，均则遵循前座高于后座，右座高于左座；距离前门越近，座次越高的原则。

(二) 会议位次礼仪

在职场交往中，为了洽谈业务所在公司会经常举行一些重要的会议，举行会议时的位次排列问题是不可忽视的重要细节之一。会谈面见时通常采用半圆形、长方形桌或椭圆形桌子，即主客并列或相对而坐。一般情况下座次安排遵循"居中为尊，以右为尊"的原则。以长方形桌为例，当主客相对而坐时，礼宾座次是主宾居中且面门而坐，其余来宾在主宾两侧按先右后左顺序安排座位；主方相关人员则在宾客的对面入座。这里特别注意如需记录或翻译人员，则安排在主谈人的后方或右侧。

(三) 餐饮宴请礼仪

1. 宴请座次礼仪

商务宴请客人也是职场交往中非常重要的活动，对客人来说是一种礼遇，因此在座次安排上也不能疏忽。一般宴请分为中式和西式两种方式。

①中式宴请一般用圆桌。遵循国际惯例"以右为尊"。一般情况下面门且远门的座位为尊位，其他位次依据职位高低，以离主人远近而定主次，右主左次，离门最近的位置为最次。如果夫人出席宴请，主宾坐在男主人右侧，其夫人坐在女主人右侧。

②西式宴请一般采用条形桌。同样遵循国际惯例"以右为尊"的原则。西式宴请一般会考虑女士优先、面门为上、男女交叉或朋友与陌生人之间交叉排列的原则。

2. 用餐礼仪

在商务场合，很多生意的敲定和合作的达成，都是在饭桌上一锤定音。因此用餐礼仪的周全，更是一项对职场新人的重要考验。要学会文明用餐，尤其是在用西餐时要注意刀叉的正确使用方法，左手持叉，右手持刀，一般按照由外向内的顺序取用餐具。用餐完毕后，将刀叉并拢斜放在盘中即可，注意刀刃要朝向自己。在用餐期间如果用力过猛，打翻酒杯或餐具落地，应沉着冷静，不要着急，并向主人和邻座说一声"非常抱歉"。另外，席间需要祝酒时，应暂停进餐和交谈，主人和主宾离席敬酒时，被敬者应立即起立举杯，碰杯时酒杯要低于对方，以示尊敬。注意敬酒时要保持风度，只祝酒而不劝酒。

一次"完美"的接待

活动目的	提升学生职业接待素养,熟悉并灵活运用接待礼仪规范,做到待客有方、礼数周到
教师布置任务	
活动训练任务描述	1. 根据上述背景,模拟信达公司接待总公司的在机场接机见面和安排酒店入住的场景,包括乘车位次安排礼仪和引导接待。 2. 模拟信达公司人员与总公司洽谈活动过程,包括双方从见面时的问候、称呼、介绍、握手、名片和寒暄以及会见的茶水服务。 3. 模拟会谈结束后的商务宴请场景。 4. 三场情景模拟时间不能超过8分钟。
任务分组	根据学生的实际人数进行分组,每组人数在10人左右并确定组内的组长人选,按照要求明确分工,做到全员参与,责任落实到每一个学生。
实施过程	组内由组长负责安排信达公司和总公司中的角色,也可采取自愿形式,根据人物特点和形象进行分配,其中可有一人分饰两角。此外,在情景编排过程中,注意设计人物之间的对话,既要合乎逻辑又要符合礼仪规范。在活动实施过程中,组长和教师负责对各组活动完成的进度和效率进行监督控制。

评分表	评价项目	评价标准	分值	实际得分
	迎宾	站姿正确,主动问候且眼神柔和,面带微笑	10	
	引领	上下楼和出入房门时手势准确清楚、语言神态协调统一	20	
	位次安排	乘车、会议、酒宴位次排列恰当	20	
	称呼和介绍	称呼得体、介绍顺序和手势正确	20	
	茶水服务	奉茶水的姿势和顺序正确、语言神态协调统一	20	
	送客	神态大方自若,语言文明得体	10	

一次"完美"的接待

实施方式	实践、讨论和点评式
研讨结论	

续表

教师评语：				
班级		第　　组	组长签字	
教师签字			日期	

模块小结五

　　伴随着高校扩招，就业市场竞争愈演愈烈，大学生们的就业压力越来越大，人才竞争非常残酷。当前越来越多的用人单位在面试应聘过程中除了重视学历以外，更加重视人才综合素质的考察。统计发现，那些服饰得体、仪表端庄、谈吐文明、举止有礼的大学生更能获得用人单位的青睐。因此，职业礼仪的教育在人才培养中就显得格外重要，它能帮助大学生学会如何与他人建立良好的人际关系，促进大学生的身心健康，进而提高社会心理承受力；此外，学好职业礼仪中的仪态、仪容和仪表礼仪还能帮你塑造优雅的职业形象，给他人留下良好的印象。

　　1. 重点介绍了仪态礼仪的规范、仪容仪表的修饰，特别是面容、发型和服装搭配原则和技巧。通过一次参会活动训练，请同学们根据所学礼仪知识，为不同的参展人员设计得体的职业形象。

　　2. 重点介绍了职场交往礼仪中的称呼、介绍、握手、名片使用的礼仪规范和禁忌；掌握接待客人的安排原则，明确接待礼仪规范，掌握电梯、上下楼等不同场合的引导手势、原则和规范。通过一次接待训练活动，请同学们根据所学知识，模拟真实场景。

模块六　职场适应和文化融合

🌸 导入案例

找回在 Ctrl 中消失的工作激情

自从小刚从学校毕业来到公司后,总觉得虽然业务不难学,但是工作担子太重,累得喘不上气来。整天坐在电脑前进行"人机对话",通过键盘把自己想说的"话"输入给电脑,电脑通过显示屏把自己的劳动成果输出给自己,没有表情、没有微笑。整天长时间坐在计算机桌前,两眼直视着屏幕,双手不停地敲击键盘,Ctrl + A、Ctrl + X、Ctrl + C、Ctrl + V,工作枯燥,重复劳动,心里总想当逃兵。可是当同学聚会知道各个岗位都很疲劳的时候,又感到没有退路,只能干下去,可是工作激情渐渐消退。小刚对同学说:Ctrl 的含义就是 C(Ctrl)t(踢倒)r(热情)l(了)。

启示: 近年来,随着企业经营环境的发展和人才市场供求结构的变化,越来越多的职场人感到了更大的竞争压力。在这种情况下,工作压力的加大,使在职场上打拼多年的白领都越来越难以应付。一个初入职场的新人,面对工作压力,只能咬牙挺住,而不能退缩,不能逃避。大学生在向职场过渡时要靠自己的努力,别人只能帮你,而不能替代你。最好的办法就是以最快的速度熟悉业务,并在工作中摸索窍门、掌握经验,这样,就会轻车熟路、熟能生巧。

🕐 学习目标

1. **认知目标:** 叙述组织结构对企业发展的重要作用和组织文化的相关概念,描述岗位对应的责任,分析员工成长过程中激励和阻碍因素,运用科学方法对员工职场适应以及文化融合进行合理测评。

2. **技能目标:** 能够进行组织结构区分,利用思维导图分析岗位责任及员工成长过程中的激励和阻碍因素。

3. **情感目标:** 认同职场适应和文化融合作为员工职业发展的关键措施。

单元 6.1　组织结构和组织文化

案例 6.1

学习领域	《职场适应和文化融合》——组织结构和组织文化		
案例名称	公司的组织结构	学时	2 课时

案例内容

　　作为公司创业以来一直担任主帅的 S 总经理在成功的喜悦与憧憬中，更多了一层隐忧。在今天的高层例会上，他的发言是这样的："公司成立已经 6 年了，在过去的 6 年里，经过全体员工努力奋斗与拼搏，公司取得了很大的发展。现在回过头来看，过去的路子基本上是正确的。当然也应该承认，公司现在面临着许多新问题。一是企业规模较大，组织管理中管理信息沟通不及时，各部门协调不力；二是市场变化快，我们过去先入为主的优势已经逐渐消失，且主业、副业市场竞争都渐趋激烈；三是我们原本的战略发展定位是多元化，在坚持主业的同时，积极向外扩张，寻找新发展的空间，应该如何坚持这一定位？"面对新的形势，就公司未来的走向和目前的主要问题，会上各位高层领导都谈了自己的想法。

　　管理科班出身、主管公司经营与发展的 L 副总经理在会上说："公司的成绩只能说明过去，面对新的局面必须有新的思路。公司成长到今天，人员在膨胀，组织层级过多，部门数量增加，这就在组织管理上出现了阻隔。例如，总公司下设 5 个分公司，即综合娱乐中心（下有戏水、餐饮、健身、保龄球、滑冰等项目）、房地产开发公司、装修公司、汽车维修公司和物业管理公司。各部门都自成体系，公司管理层次过多，如总公司有 3 级，各分公司又各有 3 级以上管理层，最为突出的是娱乐中心的高、中、低管理层次竟达 7 级，且专业管理机构存在重复设置现象。总公司有人力资源开发部，而下属公司也相应设置人力资源开发部，职能重叠，管理混乱。管理效率和人员效率低下，这从根本上导致了管理成本加大，组织效率下降，这是任何一个公司的发展大忌。从组织管理理论的角度看，一个企业发展到 1 000 人左右，就应以制度管理代替'人治'。我公司可以说正是处于这一管理制度变革的关口。我们公司业务种类多、市场面广、跨行业的管理具有复杂性和业务多元化的特点，现有的直线职能制组织结构已不能适应公司的发展，所以进行组织变革是必然的。问题在于我们应该构建一种什么样的组织机构以适应企业发展需要。"

一、组织结构设计的基本含义

(一) 组织结构设计的有关概念

1. 组织概念

组织就是把管理要素按目标的要求结合成的一个整体。它是动态的组织活动过程和静态的社会实体的统一。具体地说,包含以下4个方面。

①动态的组织活动过程。即把人、财、物和信息,在一定时间和空间范围内进行合理有效组合的过程。

②相对静态的社会实体。即把动态组织活动过程中合理有效的配合关系相对固定下来所形成的组织结构模式。

③组织是实现既定目标的手段。

④组织既是一组工作关系的技术系统,又是一组人与人之间的社会系统,是两个系统的统一。

2. 组织结构设计

组织结构是表现组织各部分排列顺序、空间位置、聚集状态、联系方式以及各要素之间相互关系的一种模式,它是执行任务的组织体制。具体来说,组织结构设计包含以下几层意思。

①组织结构设计是管理者在一定组织内建立最有效相互关系的一种有意识的过程。

②组织结构设计既涉及组织的外部环境要素,又涉及组织的内部条件要素。

③组织结构设计的结果是形成组织结构。

④组织结构设计的内容包括工作岗位的事业化、部门的划分以及直线指挥系统与职能参谋系统的相互关系等方面的工作任务组合;建立职权、控制幅度和集权分权等人与人相互影响的机制;开发最有效的协调手段。

(二) 组织结构设计的具体内容

1. 劳动分工

劳动分工是指将某项复杂的工作分解成许多简单的重复性活动(称为功能专业化)。它是组织结构设计的首要内容。

2. 部门化

部门化是指将专业人员归类形成组织内相对独立的部门,它是对分割后的活动进行协调的方式。部门化主要有四种类型:功能部门化、产品或服务部门化、用户部门化和地区部门化。

3. 授权

授权是指确定组织中各类人员需承担的完成任务的责任范围，并赋予其使用组织资源所必需的权力。授权发生于组织中两个相互连接的管理层次之间，责任和权力都是由上级授予的。

4. 管理幅度和管理层次

管理幅度是指一位管理人员所能有效地直接领导和控制的下级人员数。管理层次是指组织内纵向管理系统所划分的等级数。一般情况下，管理幅度和管理层次成反比关系。扩大管理幅度，有可能减少管理层次。反之，缩小管理幅度，就有可能增加管理层次。

管理幅度受许多因素的影响，有领导者方面的因素，如领导者的知识、能力和经验等；也有被领导者方面的因素，如被领导者的素质、业务的熟练程度和工作强度等；还有管理业务方面的因素，如工作任务的复杂程度、所承担任务的绩效要求、工作环境以及信息沟通方式等。因此，在决定管理幅度时，必须对上述各方面因素予以综合考虑。确定管理层次应考虑下列因素。

①训练。受过良好训练的员工，所需的监督较少，且可减少他与主管接触的次数。低层人员的工作分工较细，所需技能较易训练，因而低层主管监督人数可适当增加。

②计划。良好的计划使工作人员知道自己的目标与任务，可减少组织层次。

③授权。适当的授权可减少主管的监督时间及精力，使管辖人数增加，进而减少组织所需的层次。

④变动。企业变动较少，其政策较为固定，各阶层监督的人数可较多，层次可较少。

⑤目标。目标明确，可以减少主管人员指导工作及纠正偏差的时间，促成层次的简化。

⑥意见交流。意见的有效交流，可使上下距离缩短，减少组织层次。

⑦接触方式。主管同员工接触方式的改善，也可使层次减少。

(三) 组织结构设计的原则与重点

1. 组织结构设计的基本原则

（1）战略导向原则

组织是实现组织战略目标的有机载体，组织的结构、体系、过程、文化等均是为完成组织战略目标服务的，达成战略目标是组织设计的最终目的。组织应通过组织结构的完善，使每个人在实现组织目标的过程中做出更大的贡献。

(2) 适度超前原则

组织结构设计应综合考虑组织的内、外部环境，组织的理念与文化价值观，组织的当前以及未来的发展战略等，以适应组织的现实状况。并且，随着企业的成长与发展，组织结构应有一定的拓展空间。

(3) 系统优化原则

现代组织是一个开放系统，组织中的人、财、物与外界环境频繁交流、联系紧密，需要开放型的组织系统，以提高对环境的适应能力和应变能力。因此，组织机构应与组织目标相适应。组织设计应简化流程，有利于信息畅通、决策迅速、部门协调；充分考虑交叉业务活动的统一协调和过程管理的整体性。

(4) 有效管理幅度与合理管理层次的原则

管理层级与管理幅度的设置受到组织规模的制约，在组织规模一定的情况下，管理幅度越大，管理层次越少。管理层级的设计应在有效控制的前提下尽量减少管理层级、精简编制，促进信息流通，实现组织扁平化。

其中，管理幅度受主管直接有效地指挥、监督部属能力的限制。管理幅度的设计没有一定的标准，要具体问题具体分析，粗略地讲，高层管理幅度 3～6 人较为合适，中层管理 5～9 人较为合适，低层管理幅度 7～15 人较为合适。

影响管理幅度设定的主要因素如下。

①员工的素质。主管及其部属能力强、学历高、经验丰富者，可以加大控制面，管理幅度可加大；反之，应小一些。

②沟通的程度。组织目标、决策制度、命令可迅速而有效地传达、渠道畅通，管理幅度可加大；反之，应小一些。

③职务的内容。工作性质较为单纯、较标准者，可扩大控制的层面。

④协调工作量。利用幕僚机构及专员作为沟通协调者，可以扩大控制的层面。

⑤追踪控制。设有良好、彻底、客观的追踪执行工具、机构、人员及程序者，可以扩大控制的层面。

⑥组织文化。具有追根究底的风气与良好的企业文化背景的公司也可以扩大控制的层面。

⑦地域相近性。所辖的地域近，可扩大管理控制的层面，地域远则缩小管理控制的层面。

(5) 责权利对等原则

责权利相互对等，是组织正常运行的基本要求。权责不对等对组织危害极大，有权无责容易出现瞎指挥的现象；有责无权会严重挫伤员工的积极性，也不利于人才的培养。因此，在结构设计时应着重强调职责和权利的设置，使公司能够做到职责明确、权力对等、分配公平。

(6) 职能专业化原则

公司整体目标的实现需要完成多种职能工作，应充分考虑专业化分工与团队协作。特别是对于以事业发展、提高效率、监督控制为首要任务的业务活动，以此原则为主，进行部门划分和权限分配。当然，公司的整体行为并不是孤立的，各职能部门应做到既分工明确，又协调一致。

（7）稳定性与适应性相结合的原则

首先，企业组织结构必须具有一定的稳定性，这样可使组织中的每个人工作相对稳定，相互之间的关系也相对稳定，这是企业能正常开展生产经营的必要条件，如果组织结构朝令夕改，必然造成职责不清的局面。其次，企业组织结构又必须具有一定的适应性。由于企业的外部环境和内部条件是在不断变化的，如果组织结构、组织职责不注意适应这种变化，企业就缺乏生命力、缺乏经营活力。因此，企业应该根据行业特点、生产规模、专业技术复杂程度、专业化水平、市场需求和服务对象的变化、经济体制的改革需求等进行相应的动态调整。企业应该强调并贯彻这一原则，应在保持稳定性的基础上进一步加强和提高组织结构的适应性。

2. 组织结构设计的重点

进行组织结构设计应把握以下重点。

①组织的目标。使组织内部各部门在公司整体经营目标下，充分发挥能力以达成各自目标，从而促进公司整体目标的实现。

②组织的成长。考虑公司的业绩、经营状况与持续成长。

③组织的稳定。随着公司的成长，逐步调整组织结构是必要的，但经常的组织、权责、程序变更会动摇员工的信心，产生离心力，因此应该保证组织的相对稳定。

④组织的精简。组织机构精简、人员精干有助于资源的合理配置，实现工作的高效率。

⑤组织的弹性。主要指部门结构和职位具有一定的弹性，既能保持正常状况下的基本形式，又能适应内、外部各种环境条件的变化。

⑥组织的分工协作。只有各部门之间以及部门、个人之间的工作能协调配合，才能实现本部门目标，同时保证整个组织目标的实现。

⑦指挥的统一性。工作中的多头指挥使下属无所适从，容易造成混乱的局面。

⑧权责的明确性。权力或职责不清将使工作发生重复或遗漏、推诿现象，这样将导致员工挫折感的产生，造成工作消极的局面。

⑨流程的制度化、标准化与程序化。明确的制度与标准作业以及工作的程序化可缩短摸索的时间，提高工作的效率。

（四）组织结构设计的程序

企业组织结构的设计只有按照正确的程序进行，才能达到组织设计的高效化。组织结构设计的程序如下。

1. 业务流程的总体设计

业务流程设计是组织结构设计的开始，只有总体业务流程达到最优化，才能实现企业组织高效化。

业务流程是指企业生产经营活动在正常情况下，不断循环流动的程序或过程。企业的活动主要有物流、资金流和信息流，它们都是按照一定流程流动的。企业实现同一目标，可以有不同的流程。这就存在一个采用哪种流程的优选问题。因此，在企业组织结构设计时，首先要对流程进行分析对比、择优确定，即优化业务流程。优化的标准是：流程时间短、岗位少、人员少、流程费用少。

业务流程包括主导业务流程和保证业务流程。主导业务流程是产品和服务的形成过程，如生产流程；保证业务流程是保证主导业务流程顺利进行的各种专业流程，如物资供应流程、人力资源流程、设备工具流程等。首先，要优化设计的是主导业务流程，使产品形成的全过程周期最短、效益最高；其次，围绕主导业务流程，设计保证业务流程；最后，进行各种业务流程的整体优化。

2. 按照优化原则设计岗位

岗位是业务流程的节点，又是组织结构的基本单位。由岗位组成车间、科室，再由车间、科室组成各个子系统，进而由子系统组成全企业的总体结构。岗位的划分要适度，不能太大也不能太小，既要考虑流程的需要，也要考虑管理的方便。

（1）规定岗位的输入、输出和转换

岗位是工作的转换器，就是把输入的业务，经过加工转换为新的业务输出。通过输入和输出就能从时间、空间和数量上把各岗位纵横联系起来，形成一个整体。

（2）岗位人员的定质与定量

定质就是确定本岗位需要使用的人员的素质。由于人员的素质不同，工作效率就不同，因而定员人数也就不同。人员素质的要求主要根据岗位业务内容的要求来确定。要求太高，会造成人员的浪费；要求太低，保证不了正常的业务活动和一定的工作效率。

定量就是确定本岗位需用人员的数量。人员数量的确定要以岗位的工作业务量为依据，同时也要以人员素质为依据。人员素质与人员数量在一定条件下成反比。定量就是在工作业务量和人员素质平衡的基础上确定的。

（3）设计控制业务流程的组织结构

指按照流程的连续程度和工作量的大小，来确定岗位形成的各级组织结构。整个业务流程是个复杂的系统，结构是实现这个流程的组织保证，每个部门的职责是负责某一段流程并保证其畅通无阻。岗位是保证整个流程实施的基本环节，应该先有优化流程，后有岗位，再组织车间、科室，而不是倒过来。流程是客观规律的反映，因人设机构，是造成组织结构设置不合理的主要原因之一，必须进行改革。

(五) 常见的企业组织结构类型

企业组织结构的主要类型有以下几种。

1. 直线制

直线制是企业发展初期一种最简单的组织结构，如图6-1所示。

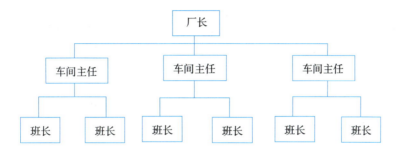

图6-1　直线制组织结构图

①特点。领导的职能都由企业各级主管一人执行，上下级权责关系呈一条直线。下属单位只接受一个上级的指令。

②优点。结构简化，权力集中，命令统一，决策迅速，责任明确。

③缺点。没有职能机构和职能人员当领导的助手。在规模较大、管理比较复杂的企业中，主管人员难以具备足够的知识和精力来胜任全面的管理，因而不能适应日益复杂的管理需要。

这种组织结构形式适合于产销单一、工艺简单的小型企业。

2. 职能制

职能制组织结构与直线制恰恰相反，如图6-2所示。

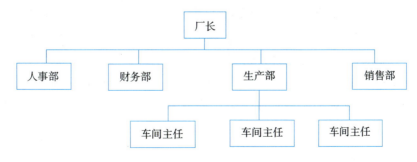

图6-2　职能制组织结构图

①特点。企业内部各个管理层次都设职能机构，并由许多通晓各种业务的专业人员组成。各职能机构在自己的业务范围内有权向下级发布命令，下级都要服从各职能部门的指挥。

②优点。不同的管理职能部门行使不同的管理职权，管理分工细化，从而能大大提高管理的专业化程度，能够适应日益复杂的管理需要。

③缺点。政出多门，多头领导，管理混乱，协调困难，导致下属无所适从；上层领导与基层脱节，信息不畅。

3. 直线职能制

直线职能制吸收了以上两种组织结构的长处而弥补了它们的不足，如图 6-3 所示。

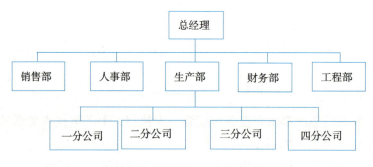

图 6-3　直线职能制组织结构图

①特点。企业的全部机构和人员可以分为两类：一类是直线机构和人员，另一类是职能机构和人员。直线机构和人员在自己的职责范围内有一定的决策权，对下属有指挥和命令的权力，对自己部门的工作要负全面责任；而职能机构和人员，则是直线指挥人员的参谋，对直线部门下级没有指挥和命令的权力，只能提供建议和在业务上进行指导。

②优点。各级直线领导人员都有相应的职能机构和人员作为参谋和助手，因此能够对本部门进行有效的指挥，以适应现代企业管理比较复杂和细致的特点；而且每一级又都是由直线领导人员统一指挥，满足了企业组织的统一领导原则。

③缺点。职能机构和人员的权利、责任究竟应该占多大比例，管理者不易把握。直线职能制在企业规模较小、产品品种简单、工艺较稳定又联系紧密的情况下，优点较突出；但对于大型企业，生产或服务品种繁多、市场变幻莫测，就不适应了。

4. 事业部制

事业部制是目前国外大型企业通常采用的一种组织结构，如图 6-4 所示。

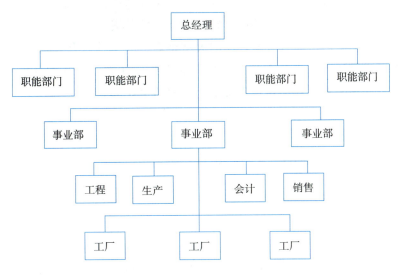

图6-4 事业部制组织结构图

①特点。把企业的生产经营活动，按照产品或地区的不同，建立经营事业部。每个经营事业部是一个利润中心，在总公司领导下，独立核算、自负盈亏。

②优点。有利于调动各事业部的积极性。事业部有一定经营自主权，可以较快地对市场做出反应，一定程度上增强了适应性和竞争力；同一产品或同一地区的产品开发、制造、销售等一条龙业务属于同一主管，便于综合协调，也有利于培养有整体领导能力的高级人才；公司最高管理层可以从日常事务中摆脱出来，集中精力研究重大战略问题。

③缺点。各事业部容易产生本位主义和短期行为；资源的相互调剂会与既得利益发生矛盾；人员调动、技术及管理方法的交流会遇到阻力；企业和各事业部都设置职能机构，机构容易重叠，且费用增大。

事业部制适用于企业规模较大、产品种类较多、各种产品之间的工艺差别较大、市场变化较快及要求适应性强的大型联合企业。

5. 模拟分散管理制

模拟分散管理制又叫模拟事业部制，是介于直线职能制与事业部制之间的一种组织结构。

①特点。它并不是真实地在企业中实行分散管理，而是进行模拟式独立经营、单独核算，以达到改善经营管理的目的。具体做法是：按照某种标准将企业分成许多"组织单位"，将这些单位视为相对独立的"事业"；它们拥有较大的自主权和自己的管理机构，相互之间按照内部转移价格进行产品交换并计算利润，进行模拟性的独立核算，以促进经营管理的改善。

②优点。简化了核算单位，在一定程度上能够调动各组织单位的积极性。

③缺点。各模拟单位的任务较难明确，成绩不易考核。

它一般适用于生产过程具有连续性的大型企业，如钢铁联合公司、化工公司等。这些企业由于规模过于庞大，不宜采用集权的直线职能制，而其本身生产过程的连续性又使经营活动的整体性很强且不宜采用分权的事业部制。

6. 矩阵制

矩阵制企业组织结构如图6-5所示。

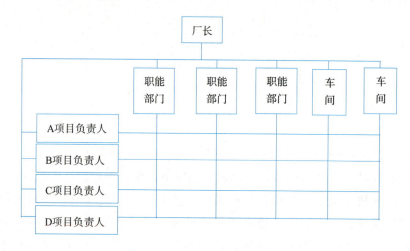

图6-5 矩阵制组织结构图

①特点。既有按照管理职能设置的纵向组织系统，又有按照规划目标（产品、工程项目）划分的横向组织系统，两者结合，形成一个矩阵。横向系统的项目组所需工作人员从各职能部门抽调，这些人既接受本职能部门的领导，又接受项目组的领导，一旦某一项目完成，该项目组就撤销，人员仍回到原职能部门。

②优点。加强了各职能部门间的横向联系，便于集中各类专门人才加速完成某一特定项目，有利于提高成员的积极性。在矩阵制组织结构内，每个人都有更多机会学习新的知识和技能，因此有利于个人发展。

③缺点。由于实行项目和职能部门双重领导，当两者意见不一致时令人无所适从；工作发生差错也不容易分清责任；人员是临时抽调的，稳定性较差；成员容易产生临时观念，影响正常工作。

它适用于设计、研制等创新型企业，如军工、航空航天工业的企业。

7. 多维立体制

多维立体制组织结构是在矩阵型组织结构的基础上发展起来的，如图6-6所示。

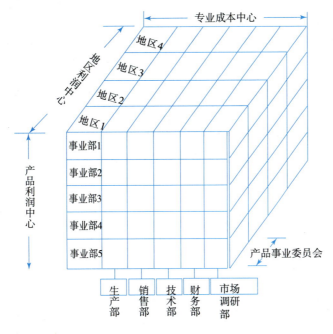

图6-6 多维立体制组织结构图

多维立体制组织结构是系统理论在管理组织中的一种应用。主要包括以下几点。

①按产品划分的事业部——产品事业利润中心。

②按职能划分的专业参谋机构——专业成本中心。

③按地区划分的管理机构——地区利润中心。

通过多维立体结构，可以把产品事业部经理、地区经理和总公司参谋部门这三者较好地统一和协调成管理整体。该种组织结构形式适合于规模巨大的跨国公司或跨地区公司。

二、组织文化概述

（一）组织文化含义

文化的英文"Culture"一词来源于拉丁语的Culture，Culture又来源于Cohere的过去分词Cultist。Cohere的基本含义是"耕种、培育，修饰、打扮，景仰、崇拜、祭祀"，而现代意义上的Culture包含三层含义：物质生产实践和教养、从精神上享受物质生产实践和教养的成果、信仰。1871年，英国"人类学之父"爱德华·泰勒在《原始文化》一书中将文化定义为"是一个复杂的总体，包括知识、信仰、艺术、法律、道德、风俗以及人类所获得的才能和习惯"，这个定义被认为是经典定义。

文化集意义、信仰、价值观、核心价值观在内,组织文化是一个企业所要信奉的主要价值观。组织文化是在社会大文化环境影响下,组织在适应外界环境和整合内部的过程中获取,由少数人倡导并得到全体成员认同和实践所形成的价值观、信仰追求、道德规范、行为准则、经营特色、管理风格、传统习惯等的总和。

(二)组织文化的结构

组织文化的结构,是指各个要素如何结合起来,形成组织文化的整体模式。认清组织文化的结构,有利于我们进一步地理解组织文化。

1. 精神层

精神层是在一定社会文化背景下,在生产经营过程中产生,长期形成的一种精神成果和文化观念,包括价值观、企业精神、企业思维、企业理念、企业哲学等,是企业意识形态的总和。这些概念在运用过程中常常混淆。

价值观是组织的基本观念及信念,是组织文化的核心。价值观指导人们有意识、有目的地选择某种行为,是判断行为对错、价值大小的总的看法和根本观点。

企业精神是全体成员达成共识的内心态度、意志状况、思想境界和理想追求等意识形态的概括和总结。

企业思维是全体成员认同的思考问题的方式或思路。

企业理念是企业经营管理和服务活动中的指导性观念,包括产品理念、人才理念、生产理念、技术理念、营销理念、决策理念,等等。

企业哲学是企业在生产、经营、管理过程中表现出来的世界观和方法论,是企业进行各种活动、处理各种关系所遵循的总体观点和综合方法。

精神层中的各种要素相区别而又相联系,它们共同决定了企业的意识形态。

2. 制度层

制度层,主要是指组织在进行生产经营管理时所制定的、起规范作用的管理制度、管理方法和管理政策以及由此而构成的管理氛围。制度层的要素是严格而规范的,具有强制性,明确地告诉成员该不该做、如何做等。制度层是精神层的反映,将精神层的各种观点和方法以制度的形式表现出来,是对精神文化的认可和加强。同时,制度层通过行为层得以实现,起到约束和激发员工行为的作用。制度文化是精神文化和行为文化的中介,它反映了精神文化,并作用于行为文化。

3. 行为层

行为层是组织成员在生产经营、学习娱乐活动中产生的,是精神层和制度层的动态体现,包括组织经营、教育宣传、人际关系活动、文娱体育活动中的文化现象。

只要是组织成员,因为受到长期熏陶,他的行为在一定程度上必然折射出组织的文化。根据成员行为产生影响的程度,可以划分出组织领导行为、组织模范人物行为和组织一般成员行为。成员间的行为可以相互影响,因此领导者和模范人物应该意识到自己的带头作用,注意自己的一言一行。同时,每个成员的行为都反映了组织的文化,在与外界联系时,他们的言行已代表了组织形象。

4. 物质层

物质层是组织成员创造的产品或服务以及各种物质设施等构成的器物文化,以物质形态为主要表现。物质层主要包括产品和服务、组织环境、组织外部特征。产品和服务是组织成就事业的基石,是生产经营的成果,是物质层的首要内容,因为它以最终成果的形式展现组织文化。组织环境指组织存在的物质环境,包括建筑物、机器设备、福利设施等。这些实物长期存在,它的设计思想、维护情况、改善状况都能反映一个组织的文化。组织外部特征直接向公众展现组织形象,包括组织标志、标语、标准色彩等,树立鲜明的组织形象,具有识别的作用。

案例讨论 6.1

组织结构合理吗?

	教师布置任务
案例讨论任务描述	1. 学生熟悉上述案例单。 2. 教师布置任务。 任务1:请讨论公司目前进行改革是否成熟。 任务2:请根据案例单信息,为该公司设计一套合适的组织机构,画出相应的组织机构图;并描述各部门、职务及岗位的权限和责任。 3. 将学生每5个人分成一个小组。小组选取自己所在小组参加研讨的问题(避免小组间重复),通过内部讨论形成小组观点,填写下面的案例结论单。 4. 教师进行归纳分析,引导学生扎实掌握组织机构和组织文化,提升学生工作积极性。 5. 根据各组在研讨过程中的表现,教师点评赋分。
案例分析	公司目前的发展很显然遇到了管理瓶颈:公司规模不断发展壮大,公司业务也不断增加,已经呈现了多元化的特点,而公司目前的组织机构依然是创立时期的直线制结构,已经出现了管理层级过多、管理信息沟通不及时、财务管理混乱等情况,这都严重影响了企业的发展。因此,此时进行组织结构的变革正当其时。关键的问题在于:如何根据公司业务发展特点和公司目前的管理状况,选择一种合适的组织结构类型,然后构建公司的组织结构,并进行组织变革。

组织结构合理吗？

实施方式	研讨式		
研讨结论			
教师评语：			
班级		第　　组	组长签字
教师签字			日期

单元6.2 角色转变和岗位认知

案例6.2

学习领域	《职场适应和文化融合》——角色转变和岗位认知		
案例名称	应届大学毕业生角色转变	学时	2课时
案例内容			
我是一名应届大学毕业生，在校3年，自觉学有所成，然而却在就业上处处碰壁。我看中的单位，人家却看不中我；单位看中我的，我却看不中人家。直到目前我还未与一家单位签约。时下，我处在一种焦虑、犹疑、自卑、不满、无法决断的状态，内心十分矛盾、痛苦。我自知心理出现了问题，却不能自控，只能任其恶化下去。 点评：大学生作为一群有高智商、高文化、高自我价值的群体，其理想与追求自然有明确的目的性，面临着更多、更大的挑战与机遇，因而其往往也面临着更大的心理压力与冲突。作为心理品质"高危人群"的大学生在就业过程中，产生心理问题是有普遍性的，也是可以理解的。从小王同学反映的心理问题来看，其根源在于理想与现实、愿望与失望、目标与挫折发生冲突而导致的巨大心理落差。这种落差使人处于一种心理失衡状态，常常伴有焦虑不安、不满自卑、自我否定等特征。如不及时调适引导，极有可能诱发诸如强迫症等心理疾病。			

一、角色转换

（一）角色及角色转换的概念

角色转换是对个体在社会关系中的动态描述。人的社会任务或职业生涯不断变化，角色也随之变化，从一个角色进入另一个角色，这个过程称为角色转换。角色转换的根本变化是社会权利和义务的变化。学生角色向职业角色的转换是一个艰苦的行为过程，不是瞬间能够发生和完成的，它主要包括取得角色和进入角色两个环节。

角色认知又称为角色知觉，是指人对于自己所处特定社会与组织中地位的知觉。社会角色是指由人们所处的特定社会地位和身份所决定的一整套规范系列和行

为的模式,是人们对具有特定地位的人的行为的一种期望,它是社会群体的基础,随着社会实践的发展而不断更新内容。

(二) 从大学生到职业人的角色转变

1. 学校和职场的差别

在学校中寒窗苦读了数十年后,马上就要离开校园走向社会。许多毕业生在这个过程中表现了种种不适,其中最根本的原因就在于学校和职场是两个完全不同的环境。对于这两个环境的差别美国佛罗里达大学管理学教授丹尼尔·费德曼有过详细的论述。学校和职场之间的差别如表6-1所示。

表6-1 学校和职场之间的差别

大学文化	工作文化
1. 弹性的时间安排 2. 你能够逃课 3. 更有规律、更个别的反馈 4. 长假和自由的节假休息 5. 对问题有正确答案 6. 教学大纲提供清晰的任务 7. 分数上的个人竞争 8. 工作循环周期较短:每周1到3次班级会面,每学期为17周 9. 奖励以客观性标准和优点为基础	1. 更固定的时间安排 2. 你不能旷工 3. 无规律和不经常的反馈 4. 没有寒暑假,节假休息很少 5. 很少有问题的正确答案 6. 任务模糊、不清晰 7. 按团队业绩进行评估 8. 持续数月或数年的工作循环 9. 奖励更多的是以主观性标准和个人判断为基础
你的教授	你的老板
1. 鼓励讨论 2. 规定完成任务的交付时间 3. 期待公平 4. 知识导向	1. 通常对讨论不感兴趣 2. 分派紧急的工作,交付周期很短 3. 有时很独断,并不总是公平 4. 结果(利益)导向
校园的学习过程	职场的学习过程
1. 抽象性、理论性的学习 2. 正规的、结构性的和象征性的学习 3. 个人化的学习	1. 具体的问题解决和决策制定 2. 以工作中发生的临时性事件和具体真实的生活为基础 3. 社会性、分享性的学习

根据我们自己的归纳和分析,学校和职场之间的差别主要表现在五个方面。

(1) 生活节奏加快

大多数毕业生在校期间的生活极为简单,过惯了寝室、教室、食堂"三点一线"简单的生活方式。他们在踏入了紧张的职场后简单轻松的生活将不复存在,取而代之的是紧张而忙碌的工作。毕业生在进入职场后不仅没有了悠然自得的寒暑假,就连平时可自由支配的时间也越来越少,总是觉得工作和生活都那么不自由、不轻松;

136

有的人甚至还要背井离乡，独自在大都市里为生计奔忙。这种工作及生活环境的突然变化，这样工作及生活节奏的突然加快，都让刚刚走出校门的大学生感到非常不适，甚至有些慌乱。

（2）工作压力加大

对于那些从未工作过的毕业生而言，进入职场时会感觉到巨大的压力。这些压力主要来自三个方面。首先，由于缺乏实际工作经验毕业生在开始往往不能得心应手，甚至还有些不知所措。其实，由于学校培养模式和实际工作需求间的差异，有的毕业生在刚开始工作时常会发现自身知识的缺陷，深感"书到用时方恨少"，并且感到在工作中有点力不从心。还有的毕业生无法尽快将所学知识转化为解决工作中实际问题的能力，他们会为此背上沉重的心理负担，甚至还会影响到其本身能力的正常发挥。

（3）人际关系复杂

以前人们总认为智商是决定个人成败的关键，现在人们逐渐明白了仅仅只有高智商情商不足一样不能成就非凡的事业，而在其中又以人际关系最为重要。处理好人际关系是每个毕业生进入社会后必须掌握的技能。现在的大学生多出自独生子女家庭，由于从小缺乏群体成长环境，为人处事往往比较单纯。职场中人际关系的复杂程度相对同学关系而言显然要复杂得多。在涉及利益、涉及竞争等方面时，毕业生常常会感叹人心险恶、缺乏信任感，从而或多或少地感到一些不适。

（4）工作环境陌生

工作环境与校园环境有着非常大的差别。学生在学校的主要任务是学习，你的学习有专业教学计划做指导，有老师的指导和同学的帮助。而且在学习过程中是允许你犯错误的，允许你在探索中学习，允许你在各种经历中积累经验、获得新知。而进入职场之后，主要任务是完成各种工作任务，许多情况下是没有人告诉你要做什么、该做什么。你需要细心观察你的领导、同事平时在做什么，他们是怎么工作的，从而获得你的工作经验。

（5）自我定位迷失

大学毕业生们在走出校园踏入职场之前，90%左右的人都有一个接下来几年的工作计划。但是，带着初入职场的生涩难以避免地碰了几次壁后，他们也很容易被挫折击倒，转而以一种"混日子"的姿态生活，失去了进取之心，甚至不愿承担对工作和社会应有的责任。这种自我定位的脆弱、易变、易受外界环境影响干扰的特点，正折射出大学毕业生面对社会时心理上的不成熟。缺乏明晰的自我定位，也是大学生不能很好适应上班生活的主要原因之一。

社会环境的变化要求身处其中的毕业生在人际交往方式上要有所调整和改变，完成从学生向职业者的社会角色转变。适应工作比找到工作更难，所以毕业生应重视进入职场后的角色转换问题。

2. 学生角色与职业角色的区别

学生角色和职业角色的根本区别主要表现在所承担的责任、所享受的权利及所受到的规范三个方面。

（1）学生和职业者所承担的社会责任不同

学生的主要责任是与其身份密切联系的，是努力学习、增长才干，尽可能地完善和充实自己，为今后的职业生涯打好基础。学生角色的责任是一个接受教育、储备知识、培养能力的过程。而职业角色的主要责任总要和工作岗位紧密相连，是以特定的身份去履行自己职责，依靠自己的本领或技能去从事社会劳动，完成某项工作的过程。学生角色责任履行得如何，主要关系到本人知识掌握的多少和能力培养的程度；而职业角色责任履行得如何，则影响较大，人们在评判职业角色时总是和单位密切联系在一起，总是将其作为身负重任的工作人员来看待。

（2）学生和职业者所享受的社会权利不同

社会赋予角色的权利，就是角色依法享有的权益，或称为应取得的精神和物质回报。学生角色的权利主要是依法接受教育，并取得经济生活的保证或资助。职业角色则是依法行使职权，开展工作，并在履行义务的同时取得报酬。

（3）学生和职业者所受到的社会规范不同

社会赋予角色的规范，就是社会提供的行为模式。学生角色的规范多是从培养、教育的角度出发，促使其以后能顺利成长为合格人才的行为模式。社会赋予职业角色的规范，提供的行为模式，则因职业的不同而不同。这些模式既具体又严格，违背了就要承担一定的责任，甚至受到法律的制裁。

总之，学生角色与职业角色不同点在于：前者是受教育，通过学习掌握本领，接受经济供给和资助，逐步完善自己的过程；后者是用已掌握的本领，通过具体工作为社会服务，具有一定的权利和义务，以自己的行为承担社会责任的过程。

3. 大学生角色转换过程

（1）选择职业，确定角色

选择职业，确定角色是从大学生角色到职业人角色转换的第一步。

（2）储备知识，做好准备

储备知识，做好准备是大学生角色顺利转换到职业人角色的基础。

学习与未来工作岗位密切相关的知识与技能，毕业生应针对已经确定的工作岗位，补习并学习与之密切相关的知识技能，为顺利入职做好储备、打好基础。

针对自身情况，进行非智力因素的培养和训练，毕业生应该在离校前注重与所确定工作相关的非智力因素的培养。

了解职业角色，做好入职前的心理准备，毕业生在校期间要提前调整心态，充分做好心理上的"受挫准备",充分认识大学生角色与职业人角色的不同,为顺利进入工作状态做好心理准备。

(3) 进入角色,适应环境

进入角色,重视岗前培训,从某种意义上讲,岗前培训可以直接反映出新员工的素质高低,因此用人单位都非常重视,并依此择优录用,分配岗位。毕业生一定要认真把握好充实自己、表现自己的良机,全身心进入新角色。

适应环境,实现角色转换,要求毕业生一定要努力适应新环境,加强在见习期内的角色学习,使角色转换顺利实现,如积极展现自己的知识能力、培养实事求是的工作作风、树立工作的责任意识、处理好人际关系等。

二、岗位认知

(一) 岗位定义

岗位是一个词语,其本指军警守卫的地方,由于语义变化有时也泛指职位。岗位跟职位还是有明显不同的:首先,按照职位的定义,职位是组织重要的构成部分,泛指一个阶层(类),面更宽泛,而岗位则具体得多。职位是按规定担任的工作或为实现某一目的而从事的明确的工作行为,由一组主要职责相似的岗位所组成。

1. 关键岗位的定义

在公司经营、管理、技术、生产等方面对公司生存发展起决定性作用的岗位;在公司内部总体岗位对比,所承担工作任务的难易程度、技术含量较高,且影响产品质量因素较大、承担市场风险较高的重要岗位;掌握公司发展所需的关键技能,并且在一定时期(一年及以上)内难以通过公司内部人员置换和新招人员所替代,对生产计划进度影响较大的重要岗位。

2. 重要岗位的定义

在公司经营、管理、技术、生产等方面对公司生存发展起重要作用的岗位;相对于关键岗位,所承担工作任务的难易程度、技术含量较低,且影响产品质量因素较小、承担市场风险较小的岗位;掌握公司发展所需的重要技能,并且在一定时期(半年至一年)内难以通过公司内部人员置换和新招人员所替代,对工作影响较大的岗位。

3. 一般岗位的定义

在公司经营、管理、技术、生产等方面对企业生存发展起非重要或决定性因素的岗位;在公司内部总体岗位对比,所承担工作任务的难易程度、技术含量较低,且不影响产品质量或影响因素较小、不承担市场风险;且在短时间时期内可以通过公司内部人员置换和新招人员所替代,对工作影响不大的岗位。

（二）岗位类型

各类企业的岗位设置纷繁复杂，但大多数企业的岗位类型不外乎如表 6-2 所列的几类。

表 6-2　岗位类型表

岗位系列	序号	岗位类型	岗位类型定义
一、管理系列	1	企业管理	指经公司发文聘任的副主任级及以上管理岗位
二、市场系列	2	国内业务	指产品国内销售、服务等岗位
	3	国际业务	指产品海外销售、服务等岗位
三、专业系列	4	人力资源	指招聘、培训、绩效、考勤、薪酬、福利、员工关系等岗位
	5	行政管理	指行政、文秘、接待、公关等岗位
	6	企划管理	指品牌推广、策划、企业文化管理等岗位
	7	商务管理	指营销策划、支持、标书制作、商务报价、应收款管理、销售合同管理、风险管控等岗位
	8	供应管理	指物资采购、供应商管理、报关、外协等岗位
	9	法律事务	指法律风险预防与控制、法律纠纷处理等岗位
	10	投资管理	指资本运作、项目投资、股权管理、证券期货等岗位
	11	生产工程	指非生产一线的工业工程、生产安全管理等岗位
	12	网络信息	指 IT 网络及硬件维护、软件开发及维护等岗位
	13	基建工程	指基建招标管理、施工管理、工程质量管理、基建审计等岗位
	14	财务管理	指出纳、会计核算、总账、成本管理、税务筹划、资金管理等岗位
	15	审计考核	指内部审计、经营考核等岗位
	16	生产支持	指生产、技术、质量、设备等部门的内勤岗位及非生产一线的生产调度、统计、ERP 录入等岗位
四、技术系列	17	技术研发	指新产品开发、设计岗位
	18	技术工艺	指产品开发中工艺改进、开发等岗位
	19	生产工艺	指生产过程中的工艺改进、开发等岗位
	20	质量工程	指产品非一线的质量过程控制等岗位
	21	体系管理	指质量体系管理与维护等岗位
	22	机械工程	指机械设计、机械设备开发与改进等岗位
	23	电气工程	指设备电气设计、开发、改进等岗位

模块 六
职场适应和文化融合

续表

岗位系列	序号	岗位类型	岗位类型定义
五、作业系列	24	生产操作	指生产一线的操作岗位
	25	质量检验	指一线过程检验、成品检验、来料检验、化验等岗位
	26	机械加工	指设备零部件的生产与加工等岗位
	27	基层管理	指基层员工管理的工段长、班组长、主管等岗位
	28	工程支持	指一线工程作业、安装、调试等服务支持岗位
	29	设备维护	指设备维修、保养等岗位
	30	机电工务	指水电气、基础设施等的维修、保养、安装等岗位
	31	生产辅助	指生产一线的各类统计、ERP 录入等辅助岗位
	32	仓储货运	指仓库保管、统计、出入库作业、货运、搬运等岗位
六、事务系列	33	后勤技工	指厨师、驾驶员等岗位
	34	安全保卫	指保安、门卫、保卫管理等岗位
	35	环境卫生	指绿化、保洁等岗位
	36	后勤支持	指前台、接待员（含讲解）、食堂服务、食堂管理、公寓服务、公寓管理、招待服务等岗位

备注：岗位类型在实际管理过程中根据产业发展需要可做增加调整

活动训练 6.2

认识关系中的我

活动目的	能够利用所学的理论，激发学生自我认识、自我展示的热情，引导他们积极地、安全地开放自我，更积极地塑造自我。
教师布置任务	
活动训练任务描述	1. 学生熟悉相关知识。 2. 将学生每 5 个人分成一个小组。 3. 教师布置任务：今天我们就从横向、纵向两个维度来一探究竟。首先从横向来看，成长中的我们不仅仅是一个完全独立的个体，我们还生活在社会中、生活在关系里，每一个人都是多种身份角色的总和。下面我们就来认识人际关系中多彩的我。 活动步骤： （1）请同学举例，现在的我们拥有哪些身份角色。 （2）打开锦囊，在相应位置写下你最满意的两种身份。并在这两个身份后面，写上这个身份中你最明显的 2～3 个形象特征。 （3）作为同学的身份，我们又分别是一个什么形象呢？这一次要邀请你的同桌来为你补充 2～3 个形象特征。 （4）请同学之间相互评价彼此。

续表

活动训练任务描述	（5）小组分享。 （6）全班分享。 4. 这些身份特征为你赢得了什么？还希望有所变化吗？ 5. 同学对你的评价符合你自身形象吗？给你什么启发？ 教师：认识、塑造自我常常发生在我们的社会关系中。仔细观察和反思不同身份中的我，能让我们更全面地评价自己，也能让我们在与别人的交往中呈现更好的自己。他人眼中的我，往往给我们一个认识自我的新视角。敞开心扉，听听他人的评价，能够完善自我认识，并为塑造新自我提供方向。
所需材料	手机（拍照）、笔、A4 纸、锦囊

 活动结论 6.2

认识关系中的我

实施方式	实践式、研讨式		
研讨结论			
学生的身份		职业者身份	
教师评语：			
班级		第　组	组长签字
教师签字			日期

单元 6.3 融入文化和重塑自我

案例 6.3

学习领域	《职场适应和文化融合》——融入文化和重塑自我		
案例名称	塑造自我	学时	2 课时
案例内容			

刚刚步入一个全新的环境,我各方面都不适应,甚至有些恐惧。面对食堂不可口的饭菜,吃饭成了一种无奈;面对性格各异的宿舍同学,我感到陌生而又孤独……我躺在床上辗转反侧,一连好几夜失眠。我非常相信父母,如果他们在我身边,我可以向他们求助。我现在举目无亲,又不能天天打电话,我该怎么办?不行,我必须尽快改变现状!可我改变不了学校的一切呀!我能改变的只有自己。饭菜不合口味,我尽量合理调配;学习不适应,多向师哥师姐们请教;同学不熟悉,鼓起勇气主动打招呼……很快,我靠自己的努力适应了新环境,我战胜了自己。我现在体会到一次小小的战胜自己的喜悦,就是长大,也就是成功!

一、企业文化的概念

 (一)企业文化的概念

广义上说,文化是人类社会历史实践过程中所创造的物质财富与精神财富的总和;狭义上说,文化是社会的意识形态以及与之相适应的组织机构与制度。

而企业文化是企业内全体成员的意志、特性、习惯和科学文化水平等因素相互作用的结果。它与文教、科研、军事等组织的文化性质是不同的。

 (二)企业文化的作用

企业文化是企业的灵魂,是推动企业发展的不竭动力。企业文化是指企业全体员工在长期的创业和发展过程中培育形成,并共同遵守的最高目标、价值标准、基本信念及行为规范。

1. 企业文化具有凝聚力的作用

企业文化可以把员工紧紧地团结在一起，形成强大的向心力，使员工万众一心、步调一致，为实现目标而努力奋斗。事实上，企业员工的凝聚力的基础是企业的明确的目标。企业文化的凝聚力来自企业根本目标的正确选择。如果企业的目标既符合企业的利益，又符合绝大多数员工个人的利益，即是一个集体与个人双赢的目标，那么说明这个企业凝聚力产生的利益基础就具备了。否则，无论采取哪种策略，企业凝聚力的形成都只能是一种幻想。

2. 良好的企业文化具有引力作用

优秀的企业文化，不仅仅对员工具有很强的引力，对于合作伙伴如客户、供应商、消费者以及社会大众都有很大引力；优秀的企业文化在稳定人才和吸引人才方面起着很大的作用。同样的道理，合作伙伴也是如此，如果同样条件，没有人不愿意去一个更好的企业去工作；也没有哪一个客户不愿意和更好的企业合作。这就是企业文化的引力作用。

3. 企业文化具有导向作用

企业文化就像一个无形的指挥棒，让员工自觉地按照企业要求去做事，这就是企业文化的导向作用。企业核心价值观与企业精神，发挥着无形的导向功能，能够为企业和员工提供方向和方法，让员工自发地去遵从，从而把企业与个人的意愿和愿景统一起来，促使企业发展壮大。

4. 企业文化具有激励作用

优秀的企业文化无形中是对员工起着激励和鼓舞的作用。良好的工作氛围，自然就会让员工享受工作的愉悦，如果在一个相互扯皮、钩心斗角的企业里工作，员工自然就享受不到和谐和快乐，反而会产生消极的心理。企业文化所形成的文化氛围和价值导向是一种精神激励，能够调动与激发职工的积极性、主动性和创造性，把人们的潜在智慧诱发出来，使员工的能力得到全面发展，增强企业的整体执行力。

5. 企业文化具有约束作用

企业文化本身就具有规范作用。企业文化规范包括道德规范、行为规范和意识规范。当企业文化上升到一定高度的时候，这种规范就生成无形的约束力。它让员工明白自己行为中哪些不该做、不能做，这正是企业文化所发挥的"软"约束作用的结果。通过这些软约束从而提高员工的自觉性、积极性、主动性和自我约束，使员工明确工作意义和工作方法，从而提高员工的责任感。

（三）企业文化和职业素养的关系

企业文化是一个大背景和大基调，它形成的目的就是为了促进企业的发展，而员工是公司的力量源泉，企业的发展和进步很大程度上依赖于员工素养的提高，所以优秀的企业文化必然会积极促进企业员工职业素养的提升。企业文化在职业素养的培养方面有以下几方面的作用。

1. 导向作用

任何文化都有它的思想性。企业文化通过对人的习惯、知觉、信念等的熏陶，将企业精神渗透到员工的思想、意识和行为中，使员工树立以企业为中心的共同理想、目标和价值观，形成强烈的团队精神和凝聚力量。

2. 教化作用

作为一种精神文化，企业文化能够统领员工奉行卓越独特的企业精神，教育员工构筑知礼仪、重修养、守公德的操行，感化员工养成助人助己的社会责任感，在提升员工职业素养方面具有全面覆盖性、浓缩集中性、外在内化性的优点。

3. 激励作用

优秀的企业文化擅于根据人的不同需求，采取精神激励、物质奖励、榜样示范、信任鼓励、关心鼓励、宣泄激励等不同的激励手段，调动员工的积极性、主动性和创造性；使员工树立自己的追求和理想，并将个人目标和组织目标很好地结合起来，在企业提供的良好的学习和培训条件下，不断进行自我鞭策和自我激励，从而实现自身职业素养和企业价值的共同提升。

（四）企业文化培养大学生职业素养的培养途径

1. 以学生活动为载体，引入企业文化，培养企业文化意识

学生活动是校园文化的重要组成部分，是学生人文素养培养的重要阵地。高校可以借助学生活动这一载体，引入企业文化理念，让学生在潜移默化中了解企业文化，重视企业文化。

高校在注重"校企合作"办学的同时也应注重"校企文化共建"。比如很多学生活动都是企业赞助或者企业冠名的，在这些活动中融入企业的理念，融合企业的场景和文化宣传，不仅可以丰富活动内容，而且可以让学生更形象的了解企业文化，让他们在校园文化生活中逐步认识和感受企业环境。此外，借助榜样示范的力量，通过邀请杰出校友、业内知名企业家到高校开展讲座、座谈会，能够向大学生展现

真实、感性、鲜活的成功事迹和企业故事。这些成功人士的经历与经验不仅对学生认识社会、认识企业有很大的帮助，而且企业家们的成功也能激励学生努力学习，营造出一种积极向上、成长成才的校园氛围。通过开展与企业文化核心理念"价值观、团队精神、诚信意识"相关的学生活动，有利于培养学生的沟通能力、团队协作能力等多方面能力，促进学生优秀职业素养的养成。

2. 以学生课堂为媒介，学习企业文化，掌握企业文化内涵

学生课堂是学生学习知识的第一场所。可以开设相关课程，让学生从理性角度系统地了解企业文化。比如开设"企业文化解读"课，精选行业内知名企业的经典案例，从宏观与微观的角度，帮助学生了解什么是企业文化、企业文化有哪些载体、如何将企业文化付诸实践；再比如引导学生解读企业文化中的企业目标、核心价值观、宣传标语等，制作营销策划书与宣传口号，模拟现实产品或形象开展品牌设计，或对某一企业理念的形成过程进行解析。当前国家大力鼓励和支持高校毕业生自主创业，高校可以尝试开展"创业企业文化设计"教育，引入创业企业文化思路、经营理念、行为模式等的培养，鼓励大学生在文化层面上创业。通过系统的学习，由虚入实，丰富企业文化的概念，可以增强大学生的学习能力和创新能力。同时，通过了解不同组织的文化溯源，能够唤起学生对世界观、人生观和价值观的深刻思考，提高他们的社会责任感和使命感，帮助他们树立正确的职业意识。

3. 以社会实践和毕业实习为窗口，践行企业文化，深化企业文化教育

社会实践是大学生近距离接触社会的一种有效的活动形式。高校与业内优秀企业建立社会实践基地，为大学生搭建起假期社会实践的平台；同时，借助这一平台开展企业调研，能够让学生利用假期接触不同的企业文化，理论联系实际，亲身感受和体验优秀企业文化的魅力。通过前期对社会和企业的深入了解，学生在毕业实习阶段可以根据自身的个性特点更理性地选择适合的企业进行实习，并在学习职业技能、提高实践能力的同时，加深对企业的职场文化、价值观、团队精神以及社会责任感的理解，明确自己今后在行业内的发展方向。借助社会实践和毕业实习这一窗口，在具体工作中践行企业理念，磨合并塑造匹配的价值观，能够帮助大学生快速适应企业的实际需求，顺利实现学生到员工的角色转变，充分地显现和发挥自身价值，从而有效地提高毕业生走入社会后第一次就业的合适度。

二、自我塑造概述

（一）职场适应

职业适应也称工作适应，是指人在职业活动中，面对工作提出的各种问题时一

系列的心理适应和行为调整的过程,包括个体对工作环境、工作任务的适应,以及对自身行为和新的工作需要的适应。职场适应需要自我塑造。

(二)自我塑造的途径

1. 理想的我和现实的我

自己的理想是成为一个什么样的人?自己的理想有可能实现吗?自己怎样做,才能实现自己的理想?要实现自己的理想,现在自己需要做什么?

2. 需要的满足与自我实现

马斯洛是人本主义心理学派的主要创始人,他提出了需要层次论。我们最熟悉的就是他的需要的五个层次。五种需要由低级到高级的不同层次分为:生理需要、安全需要、归属与爱的需要、尊重的需要、自我实现的需要。后面又细分成七个等级,包括生理需要、安全需要、归属与爱的需要、尊重的需要、认知理解需要、审美需要和自我实现的需要。这里主要给大家介绍五层次理论。

①生理需要。生理需要是人类维持自身生存的最基本要求,包括饥、渴、衣、住、性等方面的要求。

②安全需要。包括人身安全、健康保障、资源所有性、财产所有性、道德保障、工作职位保障、家庭安全、社会安定和国际和平。

③归属和爱的需要,也称为社交需要。包括被人爱与热爱他人、希望交友融洽、保持和谐的人际关系、被团体接纳的归属感等。

④尊重的需要。表现为自尊和受到别人尊重,具体表现为认可自己的实力和成就、自信、独立、渴望赏识与评价、重视威望和名誉等。

⑤自我实现的需要。自我实现的需要是指追求自我理想的实现,是充分发挥个人潜能和才能的心理需要,也是创造力和自我价值得到体现的需要。

3. 自我塑造的策略

自我塑造的策略主要有以下几类。一是合理运用社会比较策略,尽量客观正确地认识自我;二是不断调整目标和行为,保持适中的自我期望水平;三是设立具体的目标。

4. 自我塑造的方法

①内省法。是指通过反省自己、分析自己来进行自我认识。《论语》中孔子说要"吾日三省吾身",即从早晨到晚上要有意识地反省自我。这正如佛教中的《菩提偈》:"身是菩提树,心如明镜台。时时勤拂拭,莫使染尘埃。"

②比较法。唐太宗李世民有句名言:"以铜为鉴,可以正衣冠;以人为鉴,可以

知得失。"他人是反映自己的一面镜子,通过与他人比较来认识自己是个人获得自我观念的重要来源。

③实践成果法。实践成果的价值有时候直接标志自身的价值,社会衡量一个人的价值主要是通过活动的效果论定的。

 活动训练 6.3

我的自画像

活动目的	通过每个人的一幅"自画像"表达潜意识中的自我,并在对画像的自我评价(内省)和交流中进一步强化自我认识,促进相互沟通。
教师布置任务	
活动训练任务描述	1. 学生熟悉相关知识。 2. 教师布置任务。每人用一张纸,用最喜欢的颜色笔,给自己画一个"像",要求把最能代表自己内心的东西画出来,可以是抽象的、形象的、写实的、动物的、植物的,什么都可以。 3. 教师点评。在这世界上,你是独一无二的一个,生下来是什么,这是上帝给你的礼物;你将成为什么这是你给上帝的礼物。上帝给你的礼物,我们无法选择,你给上帝的礼物——你将成为什么样的人,全由你自己创作,主动权在你自己,那就是:认识自我、悦纳自我、激励自我、控制自我、完善自我、超越自我。这才是走向成功和卓越的自我。
所需材料	手机(拍照)、笔、A4 纸

 活动结论 6.3

我的自画像

实施方式	实践式、研讨式
研讨结论	

模块六

职场适应和文化融合

续表

教师评语：					
班级		第　　组		组长签字	
教师签字				日期	

模块小结六

　　大学生活是美好的，但终究会结束，大学生终究需要走进社会。近些年来，一些毕业生走上工作岗位后，面对就业后环境的变化，却产生较大的心理落差，没能及时调整好自己的角色，引发了一系列心理问题。因此，本模块职场适应和文化融合主要从对企业组织结构和组织文化的认知，到学生角色转变、岗位认知，以及怎么融入企业文化，从而塑造自我几个方面进行介绍。本模块的重点为以下内容。

　　1. 重点介绍组织及组织设计的相关概念、常见的企业组织结构类型，组织文化的概念及类型。通过案例任务，要求为不同类型公司设计一套合适的组织机构，画出相应的组织机构图，并描述各部门、职务及岗位的权限和责任。

　　2. 重点介绍角色及角色转换的概念，从大学生到职业人的角色转变主要事项。通过认识关系中的我的活动，真实地了解自己在不同角色中的任务，从而对岗位深入了解。

　　3. 重点介绍企业文化的基本概念，以及怎么样在职业中自我塑造。通过我的自画像的活动训练，要求在职场中认识自我、悦纳自我、激励自我、控制自我、完善自我、超越自我。

模块七　职场沟通和团队合作

导入案例

张亮的烦恼

　　25岁的张亮，专科毕业后来天津三年了，三年来一直在频繁地换工作，居无定所。他的第一份工作，是在一家小型的网络公司当职员。由于踏实勤劳的工作态度，他很快升为制作部主管。但是好景不长，由于公司经营不善，他不得不开始找第二份工作。直到三个月后，他才找到在一家小型媒体驻北京办事处做客户代表的工作。工作后发现，整天只有他和另外一位同事两人待在办公室里接电话、整理客户档案，工作内容枯燥、没有提升余地。五个月后，张亮主动辞职。之后又找到一个IT公司在北京分公司的工作，在这里他业绩不错，但由于与主管意见发生分歧、产生矛盾，心情压抑，三个月后，他再一次递交了辞呈。接下来，张亮开始在几个专业的网络招聘网站上进行投档应聘。虽然接到几家公司的面试通知，但大部分公司都要求从底层做起，甚至还有家公司让他做无底薪业务员，这让张亮无法接受。最后，张亮的应聘全部以失败告终。

　　启示： 从这个案例中可以看到三点。一是对自己缺少明确的定位。张亮没有充分去了解社会和行业岗位，缺少明确的认识和定位。二是缺乏职业规划。张亮没有给自己制订一个明确的求职目标和行动计划。三是不懂职场沟通技巧。总而言之，正是一些职场必备素质的缺失，造成了很多像案例中张亮一样的求职者面临求职困难或者入职后难以胜任的局面，就更不要说取得事业的成功了。

模块七

职场沟通和团队合作

学习目标

1. 认知目标：理解社会交往对个人职业素养提升的重要性及职场沟通、团队合作的相关概念，掌握有效的沟通实施方法和团队合作创新的技巧，分析个人发展过程中遇到的困难因素，运用科学方法对个人职场沟通以及融入团队进行合理测评。

2. 技能目标：能够运用职场沟通和团队合作创新的基本方法和技巧，会利用交往和沟通技巧分析个人职业素养提升中遇到的阻碍因素，并运用团队创新技巧组建高效团队，提升团队成员的团队合作创新能力。

3. 情感目标：认同职场沟通和团队融合创新作为个人职业素养提升的主要实施途径。

单元7.1 社会交往技巧

案例7.1

学习领域	《职场沟通和团队合作》——社会交往技巧		
案例名称	初入职场的逆袭	学时	2课时
案例内容			

　　李斌是河北某高职院校机电一体化专业的学生。在校三年学习期间，李斌遵守校规校纪，尊重师长，能够按照老师的要求完成学业任务。关于就业，他总认为时间还很长，从没有认真思考过，也不愿意去了解社会环境和与自己所学专业相关的企业岗位需求。到毕业要找工作的时候，他才感到茫然而不知所措，没有一个明确的就业目标，眼看同学们都纷纷找到了工作，并与企业签约就业；他也有了危机感，匆忙签了一家企业，岗位是电工，负责企业低压线路和电气设备的检修、维修工作。在试用期期间，他感觉这份工作专业性很强，学校学的专业知识不能满足岗位的需求。他虽感到吃力，却不主动与有经验的师傅学习交流，也不去和主管积极沟通自己的现状、寻求解决问题的途径，而且他认为公司的管理规定过于严格，主管领导管理能力、水平不高，并多次与主管领导发生摩擦和冲突。这使他经常处于悲观的负面情绪之中，难以自拔，表现出来的是无所适从，陷入了试用期考核不合格要被淘汰的危险境况中。于是，李斌决定，要告别过去，不再怀旧，重新塑造一个全新的自己。

一、社会交往的内涵和意义

（一）社会交往的内涵

社会交往是相对较为复杂的社会现象，也是人类实践活动必不可少的构成部分，是关涉人的生存、发展和社会进步的重要标志。社会交往活动与人的全面发展两者之间相互作用、动态发展。社会交往包括物质交往和精神交往，其中精神交往是物质交往形成的产物。

人需要和他人进行交往，不可单独存在。物质置换、彼此学习、彼此沟通，均离不开他人的协助和指导；社会需要人类交往活动作为支撑，不管是物质活动或者是精神活动，还是人和人彼此关系的总和，唯有存在人和人之间的交际活动，才会推动人的全面发展，社会才可以发展与进步。

（二）社会交往的意义

1. 社会交往是个人发展的需要

当今信息技术的发展，对人的全面发展提出了新的要求，也为人的全面发展创造了更加有利的条件。人与人的交往，首先是生存的需要。生活在社会中的每个人，都不可避免要同他人打交道。对于个人而言，没有社会交往，就根本无法生存。人的生产活动离不开交往，而且随着社会实践的快速发展，交往自身同样变成了人类需求与能力发展的推动力，变成了人类全面发展必不可少的基础要件与前提。既然社会交往是生存和发展的需要，那么我们新时代大学生更要用积极的心态投入社会群体中，满足自身生存及发展的需要。

2. 社会交往是丰富人的社会关系的需要

人是特定社会中的人，需要社会交往在信息、情感、心理等部分得到沟通与交换。有怎样的交往，就会催生怎样的社会关系。因为信息技术的进步，人们的社会关系更加丰富了。人从一出生到进入职场后，要和不同的人交往。在与人的交往中，我们可以积累社会生活经验，逐步摆脱自我为中心的倾向，意识到自我在社会中的地位和责任，学会与人平等相处和竞争，养成遵纪守法的习惯，这样才能取得社会认可，成为一个能处理好丰富社会关系的人。

3. 社会交往是获取知识的需要

当今社会是学习型社会，而社会交往是相互学习的大平台。在社会交往中，可吸取他人对自己的生存和发展有价值的经验，取长补短。作为大学生，可以通过人际交往，获取大量从书本上无法获得的社会知识、技能、文化及经验，开阔视野，提高人生价值。而这也正是社会即大学堂的真实意义所在。

4. 社会交往是个人身心健康发展的需要

社会交往中，我们通过与同伴进行情感交流，使自己能被别人接受、理解、关心、喜爱，尤其是亲密的交往，能使人得到心灵上的慰藉；如果缺少社会人际交往，喜怒哀乐等情感无处交流，会导致心理上缺乏安全感和归属感。现代医学表明，胃病、高血压、头痛、消化道溃疡等疾病，往往与人的情绪有关。所以说，正常的人际交往是身心健康的基本保证。

5. 社会交往是实现个人价值的需要

一个人事业的成功，需要有良好的人际环境和适当的机遇，而这些也需要与他人的长期交往。只有在不断的交往中，才能发挥自己的优势和特长，发现并确定自己的价值定位。

二、社会交往的类型

社会生活的丰富多彩决定了社会交往的类型也是多种多样的，可以从不同角度进行划分，种类也不同。

1. 依据交往的主客体来划分

（1）个体与个体交往

一般指日常生活中私人间的交往与接触。个体与个体的交往，是社会交往的常见形式，如寻师访友、旅游购物、求医看病等，其特点是具有私人性、随机性。

（2）个体与群体的交往

每个人都要在一定的群体中生活，个体与群体的交往，就是生活在特定群体中的个人与该群体的来往及与其他群体的来往，其实质也是一种个人与个人的交往，只是交往具有群体性、公务性。这种交往使双方带有职业角色的特点。个体与群体的交往，是个人交往的重心，是每个人踏入社会的必由之路。

（3）群体与群体的交往

群体与群体的交往，是群体之间带有公务性、利益性的交往，交往双方是代表各自的群体相互接触。这种交往反映了国家的政治制度、方针、政策，是整个社会关系的表现形式，往往由组织代表进行。

2. 依据交往的方式手段划分

交往可根据不同的方式手段大致分为以下四类。

（1）正式交往

正式交往带有社会公务性质和官方性质，可以是接触性交往，也可以是非接触性交往，包括公函、文件、请示报告等。

（2）非正式交往

非正式交往是私人性质的交往，不带公务性。如私人谈话、会面等接触性交往，也可以是私人电话、信函等非接触性交往。

（3）接触性交往

接触性交往是指不借助交往工具，交往双方面对面交谈，彼此实际距离较近。

（4）非接触性交往

非接触性交往是双方交往要借助交往工具来沟通信息，彼此距离较远，可看到文字或听到声音甚至可以看到表情等，如借助通信、网络、电话、电报、传真等各种沟通工具。

3. 依据交往活动的属性划分

（1）合作性交往

合作性交往指的是利用沟通、交际、协作等方式达到行为主体和谐相处的交往活动，其具备合作性、非强制性特征。

（2）对抗性交往

对抗性交往指的是利用竞争、抗衡、暴力等诸多方式，维系个人发展，破坏他人需求的交往活动。在进行交往时，行为主体彼此将另一方视作客体，最终形成的结果为工具化。所以，交往两方主体无法真正地交流和往来，也难以形成协同效应。个体、团体与国家民族彼此的矛盾和冲突是对抗性交往最为明显的表现。

4. 依据交往出现的范畴划分

（1）生产性交往

生产性交往指的是交往和生产、再生产彼此关联，交往和生产活动完全同步。简而言之，也就是在生产活动里，群体彼此交流、彼此配合、彼此协作共同来完成作品，做好各项工序促进生产发展。生产需求对交往内容具有决定性影响，生产情况对交往方式具有决定性影响。

（2）生活性交往

生活性交往指的是人类为了拉近感情、维持关系，依据社会风俗习惯、情感、个性特征的要求,由衣食住行、走亲访友等生活事务入手所开展的自发性交际活动。生产性交往的存在使生活性交往拥有了基础条件,生活性交往是其形成的产物,前者的枢纽为劳务关系与工作身份,后者的枢纽为地缘关系和血缘关系。在实际生活里,这两类交往彼此结合,相辅相成,共同推进社会经济的快速发展。

三、社会交往能力与技巧

(一)社会交往应具备的能力

1. 终身学习能力

一个人想要受人尊重,首先得有一定的学识,具备较高的素质。而学习是获得这些的前提和必要条件。学习是人类生存和发展的重要手段,终身学习是我们自身发展的必由之路。"活到老,学到老"是每个人应有的学习观。当今世界,科技突飞猛进,信息量与日俱增,社会各个领域的科学知识不断由单一走向多元、不断向更深更广的层面发展,这要求人们迅速学习和更新专业知识。

2. 适应环境能力

适应能力是一个人综合素质的反映,它与个人的思想品德、创造能力、知识技能等密切相关。大学生毕业之后,所面临的是找工作,参加工作,然后定居。它们都是在不断地变化的,所以,大学生要培养自己适应社会环境能力。只有这样,即使是在比较艰苦的环境下,也能够变不利的因素为有利的因素,从而为大学生以后的事业成功奠定坚实的基础。

3. 宽容能力

宽容能力的核心是多看别人的优点,不计较别人的问题,宽容大度做人。人无完人,人的性格脾气各不相同,我们要用放大镜看别人的优点,用显微镜看别人的缺点。不要把自己的喜好强加于别人,试着去接纳别人的喜好,这样才会有好的交往效果。宽容别人,其实就是宽容自己。多一点对别人的宽容,生命中就多了一点空间。

4. 抗挫折能力

正确面对现实的自我和挫折感,真正站在顶峰的总是少数人,因此成功总是相对的,人生难免有很多挫折。社会与学校相比,生活环境、工作条件、人际关系都有着很大变化,这些变化难免会使那些心存幻想、踌躇满志的毕业生造成心理反差和强烈冲突,这时,抗挫折能力是第一位的。当我们遇到挫折的时候要正确面对,

克服心理障碍，保持沉着和理智，即"平常心"。使自己在心理意识上与外部环境取得认同，这样才能摆正心态，从容地面对挫折。

5. 人际交往能力

人际交往是一门学问，它存在于社会的任何角落，它是人们实践经验的结晶，在书本上是学不到的。大学生走上工作岗位后，人际交往能力的发挥是适应环境的关键。不善于与人交往，就难以与人沟通，就难免将自己封闭起来，以致带来诸多烦恼与痛苦。而要具备很好的人际交往能力，大学生就要大胆地把握各种交流机会，培养自己与他人的良好关系。同时，要做到诚实守信，人格平等。

6. 换位思考能力

换位思考就是要站在对方的角度思考问题，体会对方的感受。生活当中，我们经常看到两个人为了某事争得面红耳赤，互不相让。这样的行为结果，不仅伤害了对方，也伤害了自己，甚至还会影响生活或工作。在双方各执一词、交往陷入僵局之时，如果双方换位思考一下，交往就可以恢复顺畅。

7. 沟通能力

随着现代社会的进步和科学技术的飞速发展，需要每个大学生都具备较强的沟通能力。沟通能力是社会交往的关键，一个具有很强沟通能力的人，能把工作做得得心应手。沟通是传递信息、交流思想、展示能力的有效手段。懂得并善用沟通技巧更能为企业扩展业务和提升市场占有率。

（二）社会交往的基本技巧

掌握社会交往方法的程度，是衡量一个人交往能力强弱的重要指标。在社会交往中，仅有良好的交往愿望是不够的，不少大学生想与人交往，有时事与愿违。在某些时候，交往的技巧比交往的内容更重要。

1. 掌握人际交往的五项原则

人际交往能力是现代人才的重要素质，是衡量一个人能否适应社会的重要标志，要想在现代社会生活中有所作为，就必须努力培养自己社会交往的能力，掌握交往的主动权。为此在人际交往中应注意把握以下原则。

（1）平等的原则

人际交往，首先要坚持平等的原则，无论是公务还是私交，都没有高低贵贱之分，要以朋友的身份进行交往，才能深交。切忌因工作时间短、经验不足、经济条件差而自卑，也不要因为自己是大学毕业生、年轻而趾高气扬。这些心态都影响人际关系的顺利发展。

(2) 相容的原则

主要是心理相容、即人与人之间的融洽关系，与人相处时的容纳、包含以及宽容、忍让。主动与人交往，广交朋友，交好朋友，不但交与自己相似的人，还要交与自己性格不同的人，这样求同存异、互学互补、处理好竞争与相容的关系，才能更好地完善自己。

(3) 互利的原则

指交往双方的互惠互利。人际交往是一种双向行为，故有"来而不往非礼也"之说，只有单方获得好处的人际交往是不能长久的。所以要双方都受益，不仅是物质的，还有精神的，因此，交往双方都要讲付出和奉献。

(4) 信用的原则

交往离不开信用。信用指一个人诚实、不欺、信守诺言。古人有"一言既出、驷马难追"的格言。现在有以诚实为本的原则，不要轻易许诺，一旦许诺、要设法实现，以免失信于人。朋友之间，言必信、行必果、不卑不亢、端庄而不过于矜持，谦虚而不矫饰诈伪，不俯仰讨好位尊者，不藐视位卑者显示自己的自信心，这样才能取得别人的信赖。

(5) 宽容的原则

表现在对非原则性问题不斤斤计较，能够以德报怨，宽容大度。人际交往中往往会产生误解和矛盾，且大学生个性较强，接触又密切，不可避免会产生矛盾。这就要求大学生在交往中不要斤斤计较，而要谦让大度、克制忍让，不计较对方的态度、不计较对方的言辞，并勇于承担自己的责任，做到"宰相肚里能撑船"。但宽容克制并不是软弱、怯懦的表现；相反，它是有度量的表现，是建立良好人际关系的润滑剂，能"化干戈为玉帛"，赢得更多的朋友。

2. 塑造良好的个人形象，提升交往魅力

社会交往中，个体的知识水平与涵养直接影响着交往的效果，良好的个人形象应从点滴开始。所以要成功，就要从塑造自己的形象开始。

(1) 提高心理素质

心理素质不好的人往往在个人形象展示时会受到一定的影响，被人们误认为气质不好。人与人的交往，是思想、能力与知识及心理的整体作用，哪一方面的欠缺都会影响人际关系的质量。有的学生在人际交往中存在胆怯、羞怯、自卑、冷漠、孤独、封闭、猜疑、自傲、嫉妒等不良心理，不易建立良好的人际关系。加强自我训练，才能提高自身的心理素质，从而以积极的态度进行交往。

(2) 提高自身的人格魅力

每个个体都有其内在的人格魅力，这是一个人综合素质在社交生活中的体现。这就要求在校的高职大学生丰富自己的内心世界，从仪表到谈吐，从形象到学识，

全方位提高自己。心理学研究表明，初次交往中，良好的社交形象会给对方留下深刻的印象，而随着交往的深入，学识更占主导地位。

(3) 把握好交往的态度

这是提高交往效果、质量的重要方法。正能量的交往心态应该是积极的、主动的、热情的、有宽容之心的。我们要在交往中用自己的良性情绪感染对方，尽可能避免各种消极的不利于交往的心态产生。

3. 建立健康的人际交往模式

保持良好人际关系的方法就是在交往中与他人保持一定距离。适度的自我价值感是良好的人际关系的基础。自我价值感来源于对自己作为一个独特的个体而存在的固有价值的认识。任何一个个体都是无法被完全取代的，都有其独特性，有其独特的创造性潜能。伴随这种价值感而来的是对他人的独特性价值的理解以及对他人的尊重。是否具有这种适度的自我价值感直接影响到人际交往的模式。

四、社会交往中常见问题与解决策略

在交往过程中，大学生们会遇到交往障碍或问题，影响交往效果，以下是一些社会交往中的主要问题及应对策略。

(一) 社会交往中存在的主要问题

1. 性格缺陷

性格是一个人稳定的态度体系和习惯的行为方式，是个性结构的重要组成部分。良好的性格可以改变和弥补气质的某些消极因素，对人生具有积极意义。同时，良好的性格是身心健康的基本保证。相反，不良的性格不仅严重影响人际关系、人的成长与进步，而且对身心健康十分有害，容易导致心理疾病。

2. 认知偏颇

在人的心理过程中，认知是基础，它直接影响和决定着情感和意志，主导着行为取向。正确的认知会产生健康的情感和意志，错误的认知则导致消极的情感和意志，进而产生不良的行为。

3. 能力欠缺

能力欠缺是影响人际关系的主要原因之一。交往能力差的人的主要表现为：主动交往意识不强，沟通能力差，不会倾听，不懂得尊重别人，不注重礼仪等。

(二)克服交往问题的策略

1. 培养成功交往的品德和心理品质

成功交往的品德和心理品质包括真诚守信、热情大方、谦虚谨慎、理解宽容、志趣高雅、助人为乐等。具备良好的品德和心理品质，能增加人际间的吸引力，在良好的人际交往中，理解是基础，交往的双方能把自己处于对方的位置去认识、体验和思考时，就会设身处地地替别人着想，就会理解别人的感情和行为，从而改善待人的态度，这种心理互换是培养交往能力的好方法。

2. 克服交往中的障碍心理

常见的交往障碍心理，有羞怯心理、自卑心理、猜疑心理、嫉妒心理等。羞怯心理使人害怕与陌生人交往，即使交往也难以清楚、准确、充分地表达自己的见解和情感。自卑心理使人在交往中首先怀疑自己的交往能力，交往中总是畏首畏尾，遇到一点挫折就怨天尤人、自我贬损。猜疑心理是交往的拦路虎，正常的交往因疑心作祟而产生裂痕，甚至发展为对立，交往关系难以维持。因此，要保证正常的交往，必须通过努力，克服这些不良心理。

3. 确立良好的第一印象

社会交往总是从首次印象开始，第一印象常常鲜明、强烈、影响深远，在以后的交往中起到心理定式的作用。如果给人留下诚恳、热情、大方的印象，交往就有了基础，交往关系就能发展；相反，如果留下虚伪、冷漠、呆板的印象，别人就不愿意接近。当然第一印象不一定就准确，"路遥知马力，日久见人心"，但由于第一印象的心理效应，利用第一印象使人的交往有一个良好的开端仍值得重视。要想确立良好的第一印象，应该从仪表、言谈、举止做起，做到衣着整洁、仪表大方、语言不俗、举止得体、优雅潇洒。

4. 讲究交往的行为规范

不同的交往对象，不同的交往情境，人际空间距离是不同的。所以，讲究交往的行为规范还应包括礼节性的行为与身体姿态，如点头、鞠躬、握手等，适用得当可增加交往的吸引力，达到良好的效果。

5. 正确运用语言的艺术

语言是社会交往的工具，在交往中起重要作用，讲究语言的艺术，是培养交往能力的重要内容。首先，应正确运用语言，学会用清楚、准确、简练、生动的语言来表达自己的思想，养成对人用敬语、对自己用谦语的习惯。其次，要学会有效的

聆听，做到耐心、虚心、会心，语言表达要清楚、准确、简练、生动。最后，在交往实践中，我们可以不断丰富和完善自我品格与修养。

6. 学会克制好不良情绪

遇到交往矛盾，要懂得克制。克制的人常以大局为重。克制应有理、有利、有节，不是一时苟安而忍气吞声。

初入职场的逆袭

	教师布置任务
案例讨论任务描述	1. 学生熟悉社会交往类型与特征并掌握社会交往技巧相关知识。 2. 教师抽取相关案例问题组织学生进行研讨。 3. 将学生每5个人分成一个小组。小组选取自己所在小组参加研讨的问题（避免小组间重复），通过内部讨论形成小组观点。 4. 每个小组选出一位代表陈述本组观点，其他小组可以对其进行提问，小组内其他成员也可以回答提出的问题；通过问题交流，将每一个需要研讨的问题都弄清楚。形成以下表格的书面内容。 5. 教师进行归纳分析，引导学生扎实掌握社会交往技巧的灵活运用，提升学生工作积极性。 6. 根据各组在研讨过程中的表现，教师点评赋分。
案例问题	1. 李斌初入职场陷入试用期要被淘汰的危险境况原因有哪些？他遇到了哪些障碍？分析其属于社会交往中的哪种类型、有哪些特征？ 2. 李斌职场逆袭的表现有哪些？分析其运用了哪些社会交往的技巧使自己顺利通过了试用期。 3. 李斌如果在岗位技能和管理能力上进一步提升，还需要具备哪些能力？ 4. 如果你初入职场，请结合案例中李斌遇到的问题该如何避免并成功入职进行自我分析和总结。
案例分析	1. 李斌初入职场的困境源于他的认知偏颇、性格和能力缺陷，在个体与个体交往、个体与群体交往中存在个人主体缺乏丰富的知识、恰当的交际礼仪和健康的心理。 2. 李斌职场逆袭遵循了人际交往中平等、相容、信用的原则，通过不断学习进步、真诚待人、良好沟通、换位思考的技巧运用，使自己的职业生涯有了崭新的开始。 3. 存在的主要问题：李斌主观缺乏对社会、职场环境的了解和认知，对就业没有做好充分的准备；在岗位工作中，需要和各种类型的人进行交往，但他没有进行合理有效的社会交往和沟通，才会导致他工作压力大，初期难以适应职场的工作环境。 相应建议：在校大学生只有充分地做好从校园到职场转变的准备，理性、客观地认识就业环境；人不能脱离社会而孤立存在，灵活运用社会交往技巧，学会适应社会，才能快速地适应职场生活。

初入职场的逆袭

实施方式	研讨式		
研讨结论			
教师评语：			
班级		第　组	组长签字
教师签字			日期

单元7.2 职场沟通方式

 案例7.2

学习领域	《职场沟通和团队合作》——职场沟通方式		
案例名称	职场中遇到的烦恼	学时	2课时
案例内容			

　　王芳是刚毕业的大学生,在校学习的是市场营销专业,学习成绩很优秀,毕业后顺利进入了一家上市大型房地产公司从事一线售楼工作。刚步入工作岗位的她怀揣着梦想,工作的唯一想法就是要把事情做到最好。

　　刚入职3个月她就售出了10套房子,其中含1套别墅。王芳刚和客户谈好,就被主管李艳叫到了他的办公室,"王芳,今天业务办得顺利吗?""非常顺利,李主管,"王芳兴奋地说,"我花了很多时间向客户介绍咱们楼盘的优势,帮着客户一起分析,因此很顺利就售出了1套。""不错,"李艳赞许地说,"但是,你完全了解客户的情况了吗,会不会出现反悔的情况呢?不签合同都会存在被退回的风险。"王芳兴奋的表情消失了,取而代之的是失望的表情,"我是准备要和客户签合同的,这不被你叫来了吗""别激动嘛,王芳,"李艳讪讪地说,"我只是出于对你的关心才多问几句的。"

　　之后的一周李主管不怎么搭理王芳,如果王芳有工作汇报,李主管就简单地应付一下,这让王芳感到上司对她是冷落的。于是王芳中午请公司张姐吃饭,在一个快餐店里面,开始请教张姐。

　　"最近我感到很苦闷,我知道我得罪李艳了。"王芳说。"哦,怎么会呢?你们相处没有多长时间。"张姐微笑地看着王芳。王芳挠挠头说:"可能是因为我和她辩解语气不太和缓,惹她生气了,她现在都不理我了。""上次的事,我也听说了,你们当时好像搞得很僵。我觉得没有必要,工作就是工作嘛,哪来那么多想法,更不能有情绪呀。"张姐还是微笑着。王芳委屈地说:"我最后带着情绪,这是我不对,但她那么说,就是不相信我,当时我不高兴了。"

　　张姐笑着抬起头说:"等你坐到了那个位置就知道了,业绩出了问题,老板不会骂你,只会骂她。她的压力比我们都大,工资却比我们高不了多少,也不容易。你有没有站在她的角度想想?人都是首先相信自己,其次才能相信别人。你也一样,首先相信你自己,相信凭你的能力,那个客户一定没问题,但她的担心也有道理。"王芳豁然开朗地点点头:"张姐,你说得有道理,我要换位思考,从自己做起,提升自我价值,让主管对我放心。回去我就找李主管道歉,继续努力工作。"

一、沟通的概念和特点

（一）沟通的概念

沟通是指为达到一定目的，将事实、思想、观念、感情、价值、态度，传给另一个人或团体，并期望得到对方做出相应反应效果的过程。沟通的目的是相互间的理解和认同来使个人或群体间的认识以及行为相互适应。

（二）沟通的特点

沟通的特点有随时性、双向性、情绪性、互赖性。随时性就是说，我们所做的每一件事都是沟通。双向性，即我们在沟通时既要搜集信息，又要给予信息，这就决定了它的双向性。情绪性，就是说接收信息会受传递信息方式的影响。互赖性，即沟通的结果和质量是由双方决定的，相互依赖。

二、沟通的作用

（一）满足社会性的需求

人是群居动物，喜欢群居是人类的天性。社会学家马斯洛也指出，社会性是人类五大基本需求之一。每个人都希望自己有所归属，是家庭中的一分子，与朋友在一起时被接纳，在社会上被人尊重。

（二）促进自我认知

每个人都依靠自我了解来自省，另外的来源即是他人。别人就像是镜子一样，当我们和他人互动时，可以从别人的反应或回馈中，发现清晰、正确的自我画像。因此，人际关系越广就拥有越多的镜子，也就有多方面的回馈，让你不必只从少量的回馈中就给自己下结论，这样对自己的认识更加清晰。

（三）促进个人成长

成长如果只靠自己的学习是不够的，我们的朋友各有所长，各有不同的才能，更具不同的经验。自己所欠缺的，可以向别人学习，"三人行，必有我师焉"正是这个道理。与朋友在一起多听、多看、多问、多讨论、多学习，必能促进个人的成长。

（四）帮助控制情绪

无论是快乐的还是痛苦的事情，要积极与朋友和家人分享。与朋友分享的欢乐

是加倍的快乐，有朋友分担的痛苦是减半的痛苦。当个人的成就、荣耀、快乐被自己的朋友分享，就会更喜悦、更有意义与价值。而当个人有痛苦时，如果有家人或朋友在身边安慰、鼓励或协助，就不会感到孤单、无助，比较容易恢复信心，也较有勇气从失败、痛苦中重新站起来。

（五）促进个人身心健康

良好的人际关系对于个人生理与心理健康都有很大帮助。有人说寂寞会置人于死地，良好的人际关系可以带来健康、延年益寿。很多医学研究都发现积极、支持性的人际关系使人长寿，能提高肌体免疫力，使人较少患病，也有助于疾病的康复。同样地，寂寞、疏离等会导致心理疾病。

三、沟通的种类及选择

（一）按沟通的手段划分

1. 口头沟通

口头沟通又称语言沟通，是最基本、最重要的沟通方式，是人与人之间使用语言进行的沟通，表现为讲演、交谈、会议、面试、谈判、命令以及小道消息的传播等形式。口头沟通在一般情况下都是双向交流的，信息交流充分，反馈迅速，实时性强，信息量大。

2. 书面沟通

书面沟通又称文字沟通，是指以文字、符号的书面形式沟通信息的方式。信函、报告、备忘录、计划书、合同协议、总结报告等都属于这一类。书面沟通传递的信息准确、持久、可核查，适用于比较重要信息的传递与交流。

3. 非语言沟通

人的面部表情、眼神、眉毛、嘴角等的变化和手势动作、身体姿势的变化都可以传达丰富的信息，这种传递信息的方式被称为非语言沟通。非语言沟通中信息意义十分明确，内涵丰富，含义灵活，但是传递距离有限，界限模糊，只能意会不能言传。

4. 技术设备支持的沟通

技术设备支持的沟通指人们借助于传递信息的设备装置所进行的沟通，例如，利用电报、电话、电视、通信卫星、手机、网络支持的电子邮件、可视会议系统作为沟通媒介，进行信息交流。

（二）按组织系统划分

1. 正式沟通

正式沟通是指以正式组织系统为沟通渠道，依据一定的组织原则所进行的信息传递与交流。例如，组织与组织之间的公函来往，组织内部的文件传达、会议，上下级之间定期的信息交换等。正式沟通比较严肃，效果好，约束力强，易于保密，可以使信息沟通保持权威性。但是这种方式依靠组织系统层层的传递，形式较刻板，沟通速度慢。

2. 非正式沟通

非正式沟通是正式沟通渠道以外的信息交流和传递，它不受组织监督，自由选择沟通渠道。团体成员私下交换看法，朋友聚会、传播谣言和小道消息等都属于非正式沟通。非正式沟通是正式沟通的有机补充。非正式沟通不拘形式，直接明了，速度很快，容易及时了解到正式沟通难以提供的"内幕新闻"。但是它能够发挥作用的基础是团体中具有良好的人际关系。非正式沟通难以控制，传递的信息不确切，易于失真，而且它可能导致小集团、小圈子的形成，影响人心稳定和团体的凝聚力。

（三）按方向划分

1. 下行沟通

下行沟通是指领导者对员工进行的自上而下的信息沟通。上级将信息传递给下级，通常表现为通知、命令、协调和评价下属。

2. 上行沟通

上行沟通是指下级的意见向上级反映，即自下而上的沟通。管理者依靠下属人员获取的信息，有关工作的进展和出现的问题，通常需要上报给领导者。通过上行沟通，管理者能够了解下属人员对他们的工作、同事及整个组织的看法。下属提交的工作报告、合理化建议、员工意见调查表、上下级讨论等都属于上行沟通。

3. 平行沟通

平行沟通是指组织中各平行部门之间的信息交流。保证平行部门之间沟通渠道畅通，是减少部门之间冲突的一项重要措施。例如：跨职能团队就急需通过这种形式互动。

四、影响有效沟通的因素

有效沟通是指传递和交流信息的可靠性和准确性高，实际上还表示组织对内外

噪声的抵抗能力强。在沟通过程中，由于存在着外界干扰以及其他种种原因，信息往往会丢失或被曲解，使得信息的传递不能发挥正常的作用。

（一）个人因素

1. 有选择地接收

所谓有选择地接收是指人们拒绝或片面接收与他们的期望不相一致的信息。研究表明，人们往往愿意听到或看到他们感情上有所准备的东西，或他们想听或看到的东西，甚至只愿意接收中听的、拒绝不中听的信息。人们只看到他们擅长的东西的重要性；由于复杂的事物可以从各种角度去观察，人们所选择的角度强烈地影响了他们认识问题的能力和方法。

2. 沟通技巧的差异

除了人们接收能力有所差异之外，许多人运用沟通的技巧也大不相同。例如，有的人不能口头上完美地表述，却能够用文字清晰而简洁地写出来；另一些人口头表达能力很强，但不善于听取意见；还有一些人阅读较慢，并且理解起来比较困难。所有这些问题都妨碍有效沟通。

（二）人际关系因素

人际关系因素主要包括沟通双方的相互信任、信息来源的可靠程度和发送者与接收者之间的相似程度。

1. 双方的相互信任

沟通是发送者与接收者之间"给"与"收"的过程。信息传递不是单方面的，而是双方的事情。因此，沟通双方的诚意和相互信任至关重要。上下级间的猜疑只会增加抵触情绪，减少坦率交谈的机会，这样也就不可能进行有效沟通。

2. 信息来源的可靠程度

信息来源的可靠性由四个因素所决定：诚实、能力、热情、客观。有时，信息来源可能并不同时具有这四个因素，但只要信息接收者认可、发送者具有即可。可以说信息来源的可靠性实际上是由接收者决定的。

3. 发送者与接收者之间的相似程度

沟通的准确性与沟通双方间的相似性有着直接的关系。沟通双方特征（如性别、年龄、智力、种族、社会地位、兴趣、价值观、能力等）的相似性影响了沟通的难易程度和坦率性。沟通一方如果认为对方与自己很相近,那么他将比较容易接受对方的意见,并且达成共识。相反,如果沟通一方视对方为异己,那么信息的传递将很难进行下去。

(三) 技术因素

技术因素主要包括语言暗示、非语言暗示和媒介的有效性。

1. 语言暗示

大多数沟通的准确性依赖于沟通者赋予字和词的含义。由于语言只是个符号系统,本身并没有任何意思,它仅仅是我们描述和表达个人观点的符号和标签。每个人表达的内容常常是由他独特的经历、个人需要、社会背景等决定的。因此,语言和文字极少对发送者和接收者双方都具有相同的含义,更不用说许许多多不同的接收者。语言的不准确性不仅仅表现为符号,而且表现为它能挑动起各种各样的感情,这些感情可能更进一步歪曲信息的含义。

2. 非语言暗示

当人们进行交谈时,常常伴随着一系列有含义的动作。这些动作包括身体姿势、头的偏向、手势、面部表情、身体移动、眼神,这些无言的信号强化了所表达的含义。研究表明,在面对面的沟通中,仅有7%的内容通过语言文字表达,另外93%的内容通过语调(38%)和面部表情(55%)。由此可见,字词与非语言暗示共同构成了全部信息。遗憾的是,人们往往偏重于书面文字的沟通,而忽略了面对面的交往。在不多的面对面交谈中,也低估了非语言暗示的作用。

3. 媒介的有效性

书面沟通,主要通过备忘录、图表、表格、公告、公司报告等进行沟通,常常适用于传递篇幅较长、内容详细的信息。它具有下列几个优点:为读者提供适合自己的速度、用自己的方式阅读材料的机会;易于远距离传递;易于储存,并在做决策时储存信息;比较准确,因为经过多人审阅。

口头沟通,主要通过面对面讨论、电话、交谈、讲座、会议等适合于需要翻译或精心编制,才能使拥有不同观点和语言才能的人理解信息。它有下列几个优点:快速传递信息,并且希望立即得到反馈;传递敏感的或秘密的信息;不适用书面媒介的信息;适合于传递感情和非语言暗示的信息。总之,选择何种沟通工具,在很大程度上取决于信息的种类和目的,还与外界环境和沟通双方有关。

五、消除沟通障碍的途径

沟通的障碍是由多种因素造成的,沟通不畅会对个人、组织造成严重的危害,

因此要采取恰当的行为，消除有效沟通的障碍因素。

（一）明白沟通的重要性，正确对待沟通

在管理工作中，管理人员十分重视计划、组织、领导和控制，对沟通常有疏忽，认为信息的上传下达有了组织系统就可以了，对非正式沟通中的"小道消息"常常采取压制的态度。上述种种现象都表明沟通没有得到应有的重视，重新确立沟通的地位是刻不容缓的事情。

（二）缩短信息传递的途径

信息失真的一个重要原因是传递环节过多，因此缩短传递途径，拓展沟通渠道，可以保证信息传递的及时性和完整性。这需要对组织结构进行调整，减少组织机构的重叠，减少中间管理层次，使组织向扁平化发展。在利用正式沟通渠道的同时，开辟高层管理者至基层管理者乃至一般员工的非正式沟通渠道，从而提高沟通效率。

（三）选择适当的沟通方式，养成良好的沟通习惯

不同的沟通方式，传递信息的效果也不同。应根据沟通内容和沟通双方的特点，选择适合的沟通方式。书面沟通适合于组织中重要决定的公布、规章制度的颁行、决策命令的传达。当面对组织变革，员工表现出焦虑和抵触情绪，为表达对员工的关怀和坦诚时，面对面的沟通可以最大限度地传递信息。

六、有效沟通的技巧

（一）同理心

沟通的首要技巧在于是否拥有同理心，即学会从对方的角度考虑问题，这不仅包括理解对方的处境、思维水平、知识素养，同时包括维护对方的自尊，加强对方的自信，请对方说出自己的真实感受。很多时候这就要求我们站在对方的角度来考虑问题，而不仅仅是从自己的角度出发。因为沟通是两个人的事情，这就要求你要照顾到对方的情况。同样，在布置任务、汇报工作时更应该考虑接收方的情况，多站在对方的角度考虑问题。

（二）善于倾听

如果你在听别人说话时，可以听懂对方话里的意思并且能够心领神会，同时可以感受到对方的心思而予以回应，表示你掌握了倾听的要领。倾听的要领如下。

①和说话者的眼神保持接触。

②不可凭自己的喜好选择收听，必须接收全部信息。

③提醒自己不可分心，必须专心一致。

④点头、微笑、身体前倾、记笔记。

⑤回答或开口说话时，先停顿一下。

⑥以谦虚、宽容、好奇的心态来听。

⑦在心里描绘出对方正在说的内容。

⑧多问问题，以澄清疑问。

⑨抓住对方的主要观点是如何论证的。

⑩等你完全了解对方的重点后，再进行反驳。

⑪把对方的意思归纳总结起来，让对方检测正确与否。

⑫同时，还要注意沟通要点中强调的"时机是否合适，场所是否合适，气氛是否合适"，要注意在不同的环境类型产生的倾听障碍的不同，顺势而为。

（三）控制情绪

情绪对沟通的影响至关重要，沟通中的情绪管理可以分成两方面：一方面是如何来处理别人对自己的情绪；另一方面是如何来管理自己的情绪，应该怎样和自己相处。管理情绪要学会辨别自己和他人的各种情绪。对情绪丰富的人，除了开心、伤心、恐怖、愤怒、惊奇、厌恶这六种基本情绪之外，他们还能够表现出多种复杂的情绪。如果你无法认识或体会到某些情绪，就无法获得有关导致这些情绪的特定事件、情形或人的重要信息。此外，你会不认同或刻意回避那些会引起你内心不适的他人的情绪。

（四）赞美

人性的弱点是喜欢批评人，却不喜欢被批评；喜欢被人赞美，却不喜欢赞美人。因此，这拉开了人与人之间的距离。但如果把我们亲切的眼神带给对方，冷漠就会因此而消失。赞美使人愿意沟通，但是，赞美却需要技巧、需要真情投入。适当的赞美是建立在细致的观察与鉴赏之上的。

1. 赞美出于真诚，赞美要不失时机

不真诚的赞美，给人一种虚情假意的感觉，或者会被认为怀有某种不良目的，被赞美者不但不感谢，反而会讨厌；言过其实的赞美，不能实事求是，会使受赞美者感到窘迫，也会降低赞美者的威信；虚情假意的奉承对人对己都是有害而无利。

对朋友、同事身上的优点，你要尽可能地随时随地去发现。如果你真心诚意，就要抓住时机，积极反馈。他的一个表情、一个动作、所说的一句话、所做的一件事，你都要看在眼里、记在心里。赞美的时机多种多样，当时、事后、大庭广众之下、两人独处之时都可进行，但一般以当时赞美、当众赞美为好。

2. 与对方的内心好恶相吻合，寻找对方最希望被赞美的内容

他自己认为是缺点，内心极为厌恶，却被你夸奖，这会令他无法接受。如你赞美某个朋友像某个电影明星，而他恰好讨厌这个明星的相貌或性格，那你的赞美就适得其反。

各人有各人的长处，他们固然盼望得到别人公正的评价，但在那些还没有自信的方面，尤其不喜欢受到人家的恭维。例如，女孩子都喜欢听到别人夸赞她们美丽，但对于具有倾国倾城姿色的女孩就要避免再去赞扬了，而应称赞她的智力；如果她的智力又恰好不如别人，那么你的称赞一定会使她欢呼雀跃。

3. 间接恭维，背后赞扬

引用他人的评价，对某个朋友、同事过去的事迹，也就是既成的事实，加以赞美，被称为"间接恭维"。这证明你对他的成就、声誉有所了解，对方会欣然接受你的亲切、热情的赞美。

在背后赞扬人，是一种至高的技巧，因为人与人之间难得的就是背后能说好话，而不是坏话。如果朋友知道你在别人非议他时挺身而出、主持公道，一定会非常感激你。

（五）肢体语言

人们在沟通时通常会借助一些肢体语言来辅助沟通。那肢体语言又能产生什么效果呢？

1965年，美国心理学家佐治·米拉经过研究后发现，沟通的效果来自文字的只有7%，来自声调的有38%，而来自身体语言的有55%。也就是说，人们吸收信息的来源，说话者的谈话内容占7%，声音的语调、速度、分贝占38%，身体的动作表达占55%。最典型的例子就是卓别林的喜剧，大家看了就开始止不住地笑，这就是肢体语言的效果。

1. 注意与人接触的距离

①亲近的朋友和家人可以保持45 cm的距离。
②朋友和亲近的同事可以保持45～80 cm的距离。
③同事或熟人应保持60～120 cm的距离。
④陌生人取决于友好程度大约要保持150 cm的距离。

2. 要注意眼睛

眼睛是心灵深处的透视镜，我们一起来看看下面的这几个"视线"。

①商谈视线。直视对方的额心和双眼之间一块正三角形区域会产生一种严肃的气氛。

②社交视线。注视对方双眼和嘴巴之间形成的倒三角形区域便会产生社交气氛。

③亲密视线。就是越过双眼往下经过下巴到对方身体其他部位。近距离时,在双眼和胸部之间形成三角形;远距离时则在双眼和下腹部之间的区域。

④斜视加微笑表示兴趣,若斜视加下垂的嘴角则表示敌意。

⑤闭眼令人恼怒。

⑥微笑表示友善礼貌,皱眉表示怀疑和不满意。

所以,在沟通过程中,请保持适当的目光接触。

3. 脸部是视觉的重心

脸部是视觉的重心,它在沟通的肢体语言中,占了举足轻重的地位,是最容易表达也是最快引发回应的部分。脸上的表情包括口形、嘴巴的律动。嘴角的上下,眼睛的转动,眼神的正邪、正眼或斜眼看人,眉毛的角度、眉毛的扬抑等都可以综合反映出一个人的情绪,例如,悲伤、快乐、愤怒、仇视、怀疑等。

案例讨论 7.2

职场中遇到的烦恼

	教师布置任务
案例讨论任务描述	1. 学生熟悉沟通的种类、影响有效沟通的因素并掌握沟通技巧相关知识。 2. 教师抽取相关案例问题组织学生进行研讨。 3. 将学生每5个人分成一个小组。小组选取自己所在小组参加研讨的问题(避免小组间重复),通过内部讨论形成小组观点。 4. 每个小组选出一位代表陈述本组观点,其他小组可以对其进行提问,小组内其他成员也可以回答提出的问题;通过问题交流,将每一个需要研讨的问题都弄清楚。形成以下表格的书面内容。 5. 教师进行归纳分析,引导学生扎实掌握沟通技巧的灵活运用,提升学生工作积极性。 6. 根据各组在研讨过程中的表现,教师点评赋分。
案例问题	1. 王芳售楼业绩突出,找出其为什么能取得好业绩的要素,分析其将哪些沟通技巧运用到了职场中。 2. 王芳和主管交流时,发生了不愉快,分析其产生的原因。如果是你,你会怎么做? 3. 如果你是李艳,你会如何做? 4. 王芳在工作中遇到烦恼时,采取了什么方法解决问题?如果是你,你会如何处理?

续表

案例分析	1. 王芳初入岗位，工作业绩突出是由于她扎实的专业知识、良好的适应能力，最主要的是与客户良好的沟通。在实际工作中，沟通技巧的灵活运用是她取得好业绩的重要因素。 2. 王芳在工作中产生的烦恼，与主管交流时发生的不愉快，双方都存在问题。王芳主要是没有控制好情绪，主管李艳面对业绩突出的下属要多肯定，即使是表示关心业务也要恰当，否则会让下属误解而打击下属的工作积极性。 3. 王芳解决问题的方式也很恰当，选择了向有经验的张姐请教。在和张姐的沟通中，从她的话语和行动中都能看出她表现得很谦虚，张姐也很无私地传授职场经验，这对王芳自身职业素养又是一次提升。 4. 存在的主要问题：王芳对待客户沟通畅通，但和主管沟通时没有控制好自己的情绪，而李艳与王芳的交流又缺乏技巧，导致产生矛盾。 相应建议：大学生无论是在工作中，还是在生活中，良好的沟通能力是培养职业素养必备的技能。大学生在职场中不仅要掌握和业务相关人员的交流技巧，还要学会上下级关系的交流技巧，只有这样才能提升自己的综合职业素养，在职场中游刃有余，取得更好的工作业绩。

案例结论7.2

职场中遇到的烦恼

实施方式	研讨式		
研讨结论			
教师评语：			
班级		第 组	组长签字
教师签字			日期

单元 7.3　团队协同创新

案例 7.3

学习领域	《职场沟通和团队合作》——团队协同创新		
案例名称	阿里巴巴的成功	学时	2 课时
案例内容			

　　35 岁的马云在经历了初次创业的种种挫折之后，决定涉足互联网，进军电子商务行业。在一个叫湖畔花园的小区，16 栋三层，18 个人聚在一起开了一个动员会。屋里几乎家徒四壁，大部分人席地而坐，马云站在中间讲了整整两个小时。他对大家说："我们要做一个中国人创办的世界上最伟大的互联网公司。"马云跟大家约定：6 个月以内，我们要造一艘船，这就是阿里巴巴，我们还要训练一支船员队伍。

　　这个团队创造了阿里巴巴，他们被称为十八罗汉。十年后，这家公司上市了，在上市当天成为一家市值超过 200 亿美元的中国互联网公司。在阿里巴巴十周年庆的晚上，这 18 个创始人向马云辞去了创始人的身份，从零开始。用马云的话说，阿里巴巴进入了合伙人的时代。

一、团队的认知及类型

（一）团队的认知

1. 团队的概念

团队是由一些因共同目标而结合起来，需要相互支持、相互协作的个体组成的。团队的组成基于实现一个共同的目标，从而被赋予必要的技术组合、信息、决策范围和适当的酬劳。他们为实现共同目标而相互协力工作并着眼于取得工作成果。

2. 团队的构成要素

团队的构成要素总结为"5P"，即目标（Purpose）、人（People）、定位（Place）、权限（Power）、计划（Plan）。

（1）目标（Purpose）

团队应该有一个既定的目标，为团队成员导航，知道要向何处去，没有目标这个团队就没有存在的价值。团队的目标必须跟组织的目标一致。此外，还可以把大目标分成小目标并具体分到团队成员身上，大家合力实现这个共同的目标。同时，目标还应该有效地向大众传播，让团队内外的成员都知道这些目标，有时甚至可以把目标贴在团队成员的办公桌上或团队会议室里，以此激励所有的人为这个目标去工作。

（2）人（People）

人是构成团队最核心的力量，两个（包含两个）以上的人就可以构成团队。目标是通过人员具体实现的，所以人员的选择是团队中非常重要的部分。在一个团队中可能需要有人出主意，有人制订计划，有人实施，有人协调不同的人一起去工作，还有人去监督团队工作的进展，评价团队最终的贡献。不同的人通过分工来共同完成团队的目标，在人员选择方面要考虑人员的能力如何、技能是否互补、人员的经验如何。

（3）定位（Place）

团队的定位包含两层意思。一方面是团队的定位。团队在企业中处于什么位置？由谁选择和决定团队的成员？团队最终应对谁负责？团队采取什么方式激励下属？另一方面是个体的定位。作为成员在团队中扮演什么角色？是制订计划还是具体实施或评估？

（4）权限（Power）

团队当中领导人的权力大小与团队的发展阶段相关。一般来说，团队越成熟领导者所拥有的权力相应越小，在团队发展的初期阶段领导权相对比较集中。团队权限关系到两个方面。一是整个团队在组织中拥有什么样的决定权，比方说财务决定权、人事决定权、信息决定权。二是组织的基本特征，比如组织规模的大小、团队数量的多少、组织对于团队授权的大小以及业务类型。

（5）计划（Plan）

目标最终的实现，需要一系列具体的行动方案，可以把计划理解成目标的具体工作的程序。

提前按计划进行可以保证团队的顺利进行。只有在计划的操作下团队才会一步一步地贴近目标，从而最终实现目标。

3. 高效团队的特点

在团队高效运作阶段，大家互相关心、互相支持，能够有效而圆满地解决问题、完成任务，使团队内部达到高度统一，最终共同达到目标。斯蒂芬·罗宾斯教授对高效团队的特征进行了系统性的概括。

（1）清晰明确的目标

使团队不仅要目标清晰明确，更要知道自己在实现团队目标中应担当的责任。高效的团队会把他们的共同目标转变成具体的、可衡量的、现实可行的绩效目标，并坚信这一目标的意义和价值。所以，清晰明确的目标能激励团队成员把个人目标升华到团队目标中去，并鼓励成员全心投入、通力协作、彼此激励、不断创新，去完成个人无法完成的目标。

（2）相关的技能

高效团队是由有能力的成员组成的。他们具备实现理想目标所必需的技术和能力，而且相互之间有能够良好合作的个性品质，这两点缺一不可。更为重要的是，每个队员要积极主动，不断提升自己的能力和技能，以适应团队不断发展的需要。

（3）共同的承诺

每个人都清楚他或她的贡献怎样与目标相联系，团队成员愿意承诺为目标做出贡献，这给团队带来极大的推动力。

（4）坦诚的沟通

团队中的每个成员都需要充分了解与目标相关的信息，了解现存的问题，了解决策改变的原因；团队内部的沟通越通畅，团队合作的气氛就会越浓厚。

（5）应变的技能

对于高效团队来说，尽管员工的角色由工作说明、工作纪律、工作程序及其他一些正式文件明确规定，但其成员角色具有灵活多变性，需要成员具备充分的应变技能。

（6）相互的信任

信任首先要从自身做起，成员间的相互信任是高效团队的显著特征。为了顺利完成各自的任务，融众人所长，每个成员对其他成员的品行和能力都深信不疑，只有信任他人才能换来被他人信任。

（7）恰当的领导

一个高效的团队与一个好的领导密不可分。团队需要一个掌握技术的领导核心为团队指明方向、制定决策。领导者能鼓舞团队成员的自信心，帮助他们更充分地了解自己的潜能。高效的领导需要团队成员的理解和支持，领导自身也需要别人的包容和帮助。

（8）内部支持和外部支持

支持环境是高效团队的必要条件。从内部条件来看，团队应拥有一个合理的基础结构，比如适当的培训、评估团队成员总体绩效的测量系统、人力资源系统等。从外部条件来看，管理层应给团队提供完成工作所必需的各种资源。

二、团队角色的认知

团队形成阶段大家都很客气,在工作中会逐步建立彼此间的信任和依赖关系,取得一致的目标,各自对照典型特征确定角色。通常情况下,团队需求角色如表7-1所示。

表7-1 团队角色种类

角色	特点
实干者	具有效率高、责任感强、守纪律但做事比较保守的典型特征。由于其可靠、高效及处理具体工作的能力强,因此在团队中作用很大,实干者不会根据个人兴趣来完成工作
协调者	具有冷静、自信、有控制力的典型特征。擅长领导一个具有各种技能和个性特征的群体,善于协调各种错综复杂的关系,喜欢平心静气地解决问题
推进者	具有挑战性、好交际、富有激情的典型特征。是行动的发起者,敢于面对困难,并义无反顾地加速前进;敢于独自做决定而不介意别人反对。推进者是确保团队快速行动的最有效成员
创新者	创造力强,具有个人主义者的典型特征。善于提出新想法和开拓新思路,通常在项目刚刚启动或陷入困境时,创新者显得非常重要
信息者	具有外向、热情、好奇、善于交际的典型特征。有与人交往和发现新事物的能力,善于迎接挑战
监督者	具有冷静、不易激动、谨慎、精确判断的典型特征。监督者善于分析和评价,善于权衡利弊来选择方案
凝聚者	具有合作性强、性情温和的典型特征。凝聚者善于调和各种人际关系,在冲突环境中其社交和理解能力会成为资本。凝聚者信奉"和为贵",有他们在场,团队成员能协作得更好,团队士气更高

三、融入团队的技巧

(一)真心赞美别人

每个人一生都在寻找重要感,都希望得到别人的赞美,希望获得成长和成就感。如果团队能为成员提供空间使他们得以很好地成长,大多数情况下人们都会留在团队,而且全力以赴,认真地为之付出。每一个人都有优点和其独特性,所以要找到每个人的独特的优点去赞美他。

(二)谈论别人感兴趣的话题

每个人一生中都在寻找一种感觉,这种感觉是什么呢?那就是重要感。在和别人沟通的时候,你是一直不断地在讲还是认真地在听呢?如果你认真地在听他讲话,同时你再问一些他感兴趣的话题,别人会对你非常感兴趣。因为人们都喜欢谈论自己,可是如果你愿意拿出时间来关心他感兴趣的话题,你愿意了解他所讲出来的他认为非常感兴趣的话题,那你一定会成为一个非常受欢迎的人。

(三) 激发别人的潜力

人际关系中最重要的就是要敢于激发别人的潜力。当你激发了别人的潜力,别人通过你的激发和鼓励,取得成就时,他就会由衷地感谢你。所以你要有一种能力,就是去激发别人的能力、激励别人。每一个人都期望别人给他十足的动力,所以你要去激发别人,使他产生梦想,让他拥有应该拥有的"企图心",让他拥有应该拥有的上进心,这就是一种获得成长的感觉。

(四) 站在团队目标上定位自身发展

"皮之不存,毛将焉附",团队合作不反对张扬个性,但个性必须与团队目标一致;要有整体意识、全局观念,考虑团队整体需要,个人要不遗余力地为团队的共同目标努力。

1. 自觉忠诚于团队

忠诚于团队的目标和使命,信守团队的承诺,恪尽职守地为团队做贡献。

2. 对团队有深厚的感情

以团队的成功为己任,从心智上、思维上、情感上全身心地投入团队,把为团队做贡献当成一件无上荣光的事。将个人的成功与团队的成功紧密相连,视团队的成功为自己最大的荣耀。

3. 将团队的利益摆在首位

不做有损于团队荣誉、形象和利益的事。当个人利益与团队利益发生冲突时,甘愿牺牲个人利益以维护团队利益。只有每个成员都认真履行自己的职责,自觉遵守和服从于团队的行动法则,同心协力,步调一致,才能使团队高效运转。

(五) 敢于面对团队责任

负责,不仅意味着对错误负责、对自己负责,更意味着对团队负责、对团队成员负责,并将这种负责精神落实到工作的每一个细节之中。勇敢地说"是我的错",不仅表现出一个人敢于负责的勇气,也反映了一个人诚信的品质。勇于负责是一种积极进取的精神,是团队成员应具备的基本素质。如果你不敢或不愿担负责任,你

就不可能被认可，就不可能成为一名优秀的团队成员。敢于承担责任，既是一名优秀团队成员应具备的基本素质，也是一种人生态度。

（六）用热忱的态度对待工作

热忱是这个世界上最有价值也是最具感染力的一种情感，它发自内心，是职场中一种团队需要的情感体验。在团队中，你的热忱会鼓舞他人，使团队焕发动力，朝着美好的理想迈进。作为一种精神特质，热忱代表一种积极进取的精神力量，可以转化为巨大的能量，从而推动团队工作快捷有效地完成。

（七）学会学习，终身学习

21世纪是竞争的时代，更是学习的时代。学会学习和终身学习，是我们在社会中生存的重要保障。尤其是在工作中是否具有学习的意识和能力，是能否立足于职场的重要参考标准。如果一个人的学习意识和学习能力强，那么，他在团队中就会不断进步，逐步成为团队中的优秀人才。

四、认知创新

（一）创新的含义及类型

1. 创新的含义

在英文中，"Innova－tion"（创新）这个单词起源于拉丁语，它原意有三层含义：一是更新，二是创造新的东西，三是改变。但创新作为一种理论，首先是由美籍奥地利经济学家熊彼特在1912年德文版的《经济发展理论》一书中提出的。熊彼特认为，"创新"就是把生产要素和生产条件的新组合引入生产体系，即"建立一种新的生产函数"，其目的是为了获取潜在的利润。20世纪50年代，美国著名管理大师彼得·德鲁克把创新引进管理领域，有了管理创新，他认为创新就是赋予资源以新的创造财富能力的行为。现在"创新"两个字扩展到了社会的方方面面，如理论创新、制度创新、经营创新、技术创新、教育创新、分配创新等。

2. 创新的类型

创新有不同的领域和类型，有不同的创新内容和创新方法，重点了解以下几种创新类型。

（1）技术创新、管理创新

技术创新是一个从产生新产品或新工艺的设想到市场应用的完整过程，它包括新设想的产生、研究、开发、商业化生产到扩散的一系列活动。技术创新的本质是科技、经济一体化的过程，它包括技术开发和技术利用这两大环节。企业界把技术创新作为自身生存和发展的希望所在，政府则把技术创新作为提升国家综合实力和经济竞争能力的重要手段。

管理是指对人、财、物、事等组成的系统的运动、发展和变化，进行有目的、有意识的控制的行为。知识经济时代的管理创新是智慧加智能管理的创新，包括管理机制的创新、管理思想的创新、管理组织的创新、管理方法的创新、管理手段的创新等。

（2）制度创新、文化创新

制度是各种具体规则的总称，包括对材料设备、人员及资金等各种要素的取得和使用的规定。制度创新是在人们现有的生产和生活环境条件下，通过创设新的、更能有效激励人们行为的制度来实现社会的持续发展和变革的创新。所有创新活动都有赖于制度创新的积淀和持续激励，创新活动通过制度创新得以固化，并以制度化的方式持续发挥作用。

组织文化是特定组织在处理外部环境和内部整合的过程中出现各种问题时，所发现、发明或发展起来的基本假说的规范。文化创新的目的是通过思想观念的变革和先进文化的交融，为创新创业提供强大的精神动力。

（二）创新能力的内涵

创新能力是运用知识和理论，在科学、艺术、技术和各种实践活动中不断提供具有经济价值、社会价值、生态价值的新思想、新理论、新方法和新发明的能力。

个体创新能力的大小由自身的创新素养决定，从有利于开发培养的角度看，主要由四部分构成。

1. 创新个性品质

创新个性品质包括创新意识、意志、毅力、勤奋、自信力、活力、诚信、积极、乐观、胆识、团队精神以及创造性人才的思维特质，如知觉、潜意识和灵感等。研究表明，在智力水平相近的情况下，情商高的人创新能力更强。

2. 创新思维品质

创新思维品质是指创新者能灵活掌握和运用各种创新思维方法，及时了解所需信息、发现存在问题和处理问题的思维能力品质。

3. 创新技法应用

创新技法应用是指创新者能合理地选择和创造性地应用创造技法解决创造、创新活动中出现的问题的能力品质。创造、创新的技法非常多，并随着创造、创新活动的开展不断涌现。善创新者能及时学习和灵活应用新的技法于创新活动。

4. 创新技能运用

创新技能运用是指创新人才正确处理个人与社会的关系以促进创新价值实现的能力品质。这里的创新技能，除了一定的操作能力、完成能力外，更重要的是掌握应用新知识、新技术的学习能力、发现问题的能力、能够借他人优势的能力以及抓机遇能力、延伸大脑能力、凭借信息能力等。

五、创新思维概述

（一）创新思维的含义

思维创新，是一切创新的基础和源泉。恩格斯曾经指出，当技术浪潮在四周汹涌澎湃的时候，最需要的是更新、更勇敢的头脑。只有思维站在了时代的潮头，理论创新、制度创新、体制创新才会到位，各项工作才会有大的突破。因此培养、提升创新思维能力是创新能力的基础。

创新思维就是不受现有的常规的思路的约束，寻求对问题的全新的独特性的解答方法的思维过程。创新思维可以通过后天的训练、开发而获得。

（二）创新思维的类型

创新思维源于人们的生活实践，又在生活实践种不断丰富发展。创新思维主要有7种类型。

1. 联想思维：触类旁通和举一反三

联想思维是指人脑记忆表象系统中，由于某种诱因导致不同表象之间发生联系的一种没有固定思维方向的自由思维活动。主要思维形式包括幻想、空想、玄想。其中，幻想，尤其是科学幻想，在人们的创造活动中具有重要的作用。联想是客观事物之间的联系在人脑中的反映，它可以不断开拓人们的思路、升华人们的思想。但是联想思维能力不是天生的，它需要以知识和生活经验、工作经验为基础。提起联想思维，很多人会条件反射地想到"牛顿—苹果—万有引力"。牛顿从自然界最常见的苹果落地这一现象联想到引力，又从引力联想到质量、速度、空间距离等，进而推导出力学三定律。

2. 发散思维：想得多、想得散和想得奇

发散思维是从一个问题（信息）出发，突破原有的知识圈，充分发挥想象力，经不同途径、以不同角度去探索，重组眼前信息和记忆中的信息并产生新的信息，

而最终使问题得到解决。

发散思维是一种多方面、多角度、多层次的思维过程，具有大胆创新、不受现有知识和传统观念局限和束缚的特征，很可能从已知导向未知，获得创造成果。发散思维的多方向性使研究过程能够适时转变研究方向，孕育出新的发明和创造。

发散思维的多角度性，使人们从惯常观察问题的角度发生根本转变。发散思维有流畅、变通、独特三个特性。流畅性良好的发散思维能在短时间内较快地变换或选择较多的概念；变通性使发散思维不局限于单一方面；独特性使人以前所未有的新角度、新观点去认识事物，提出超乎寻常的新观念，在创造性思维中起着本质飞跃的作用。

3. 收敛思维：思路向最佳方向发展

收敛思维（集中、辐合、求同、聚敛），人们为了解决某一问题而调动已有的知识、经验和条件去寻找唯一答案的思维过程称收敛思维。收敛思维的特征是：封闭性（集中性）、连续性、求实性。

收敛思维与发散思维各有优缺点，在创新思维中相辅相成、互为补充。只有发散，没有收敛，必然导致混乱；只有收敛，没有发散，必然导致呆板僵化，抑制思维的创新。因此，创新思维一般是先发散而后集中，在解决问题时要抓住问题的重点，即它的聚焦点。

收敛思维是成功者不可缺少的一种必备思维，不管你的思维开放到何种程度，也不能离开主题，最终都得有个思维的收敛点，才有助于我们为信息归属，树立一个明确的"靶子"，才能成功地到达目的地。

4. 逆向思维：把事情倒过来看

逆向思维，又称反向思维，是指突破常规考虑问题的固定思维模式，采取与一般习惯相反的方向进行思考、分析的思维方式。通俗地讲，就是倒过来想问题，即从反面（对立面）提出问题和思索问题的思维过程。这种思维用绝大多数人没有想到的思维方式去思考问题，实际上就是以"出奇"去达到"制胜"。因此，逆向思维的结果常常会令人大吃一惊或是喜出望外。著名科学家伽利略说："科学是在不断改变思维角度的探索中前进的。"而逆向思维正是一种克服思维定式、另辟蹊径的有效方法。当人们对某种事物习以为常，如果思维倒转，反过来理解事物的另外一面，往往会产生新的认识成果。所以逆向思维就是要"反过来想一想""反其道而行之"。逆向思维有两大鲜明特点。一个特点是突出的创新性。它以反传统、反常规的方式提出、分析和解决问题，所以它提出的和解决的问题令人耳目一新。另一特点是反常的发明性。逆向思维是以反习惯性的方式来思考发明创造的问题，所以用常规方式无法做出的创造发明，往往用逆向思维就可以做出来。

5. 离散思维：把对象做复杂的系统分化

离散思维法，是指通过把对象整体细分、离散、分散为有限或无限单元，从而产生出一种或多种解决问题的新思路的思维方式。

离散思维法的基本思路是分析，通过复杂的、系统的分化，开辟解决复杂问题的新思路。很多问题都可以采用离散思维法加以解决。比如，离散思维法可用于产品的创新和改进。我们可以把产品的特性按名词特性、形容词特性和动词特性进行分解，通过研究如何改变这些特性从而使产品变得更好。产品的名词特性是指产品的整体、部分和材料，产品的形容词特性是指产品的性质、形状和色彩等，产品的动词特性是指产品的功能。例如，对于水壶，通过列举上述特性，对各种特性分别加以改进，就可以组合成形状各异、色彩多样、功能各异（如煮水、保温等功能）的水壶，以满足消费者的各种需求。

6. 类比思维：比一比，再推一推

类比思维也可称为类推方法，在解决问题时是一种行之有效的方法。"类比思维"方法是解决陌生问题的一种常用策略。它让我们充分开拓自己的思路，运用已有的知识、经验将陌生的、不熟悉的问题与已经解决了的问题或其他相似事物进行类比，从而创造性地解决问题。

类比思维的特点包括：第一，它是从特殊到特殊的逻辑过程，在探索经验时，它能大显身手，发现特殊事物之间的联系；第二，因为它的对象是特殊事物，而这些事物多数是以真实形象或模型映入脑中，类比方法将其进一步具体化，即为模拟方法。

7. 置换思维：变换元素和变换次序

置换思维也称替代思维，是在思考过程中将目标对象和与之相似、相近、可替代的对象进行交换从而解决问题的思维过程。最简单来说，4个元素a、b、c、d的排列顺序从a、b、c、d变为b、c、d、a，就是一种置换。置换思维法实际上是借用了数学中"置换"的概念，将几个不同的元素从一种排列变成另一种排列，或用其他元素代替某个元素，从而变成新组合的思维方法。从系统论的角度来看，元素被置换或元素排列被改变，即引起了系统结构的变化，从而使整体具有不同的功能。

(三) 创新的基本方法

1. 组合创新法

按照一定的技术原理或功能目的将现有的事物的原理、方法或物品做适当组合

而产生出新技术、新方法、新产品的创新技法。组合创新就是将两个或多个不相关的东西有机地组合在一起，使其成为一种完全不同的有生命力的新东西、新产品。组合是任意的，各种各样的事物要素都可以进行组合。

2. 逆向转换法

逆向转换法的"逆"可以是方向、位置、过程、功能、原因、结果、优缺点、破（旧）立（新）、矛盾的两个方面等诸方面的逆转。其特点如下。

①原理相反。如制冷与制热，电动机与发电机，压缩机与鼓风机。
②功能相反。如保温瓶（保热）装冰（保冷）。
③位置相反。如野生动物园的人和动物的位置。
④因果相反。原因结果互相反转即由果到因。
⑤观念相反。如大而全到专门化，以产定销到以销定产等。
⑥过程相反。如吹尘与吸尘。

3. 类比创新法

类比是一种推理方法，即从两个事物在某些方面具有相同或相似的属性推出它们在其他方面也可能具有相同或相似的属性。类比是一种重要的创新方法，在技术发明过程中，人们常常通过观察和联想，寻找一些相似的事物，再由熟悉的事物联想到相似的新事物，从而发明新技术、新产品。我们可以由熟悉的问题的结论，运用类比推理的方法，对新问题做出猜想性的结论，或由处理熟悉问题的方法联想到处理新问题的方法。广泛地运用类比，可以拓展思路，引起联想，形成猜想，找到解决问题的途径。

4. 头脑风暴法

头脑风暴法是美国创造学之父奥斯本在20世纪30年代创立的。在一个头脑风暴会议里，要尽量提出观点来激发他人，而不仅是作为最终观点的发言人。头脑风暴法鼓励狂热的和夸张的观点，观点的数量重于观点的质量，可以在他人提出的观点之上建立新观点。呈现出来的每个观点都属于团体，而不属于说出这个观点的人。所有参与者能够自由地和自信地贡献观点，是这个团队有能力进行头脑风暴的成熟表现。

六、提升团队协同创新能力的方法

在工作过程中，与他人和谐相处、密切合作是一名优秀员工应具备的素质之一，很多企业都把是否具有团队合作精神作为甄选员工的一项重要标准。

(一) 培育团队创新精神

团队精神是指团队成员为了团队的利益与目标而相互协作的作风。团队成员互相帮助和鼓励，每个人都能贡献出自己独特的技能，团队的一致性和认同感激励着团队成员为实现共同的目标而努力奋斗。团队精神要求团队有统一的奋斗目标和价值观，而且团队成员相互信赖，需要适度的引导和协调，需要正确而统一的企业文化理念的传递和灌输。团队精神强调的是团队内部成员间的合作态度，为了一个统一的目标，成员自觉地认同肩负的责任，并愿意为此目标共同奉献。

(二) 创建建设型团队，合理利用冲突

在团队组织中，冲突是不可避免的，团队的管理者不应逃避冲突，而应分析冲突，分清冲突的性质，化解冲突。冲突分为良性冲突和恶性冲突。良性冲突可以激发成员的创造性；恶性冲突会使团队走向分离，使团队变成一盘散沙。

(三) 建立团队成员之间的相互信任

信任是团队建设的基石，信任是连接同事间友谊的纽带，真诚是同事间相处共事的基础。我们在任何一个团队中，要建设一个有凝聚力并且高效的团队，首要的任务是建立起团队成员之间的信任。同事之间相处具有相近性、长期性、固定性，彼此都有比较全面深刻的了解。要特别注意的是，真诚相待才可以赢得同事的信任。首先，在组建团队时，要挑选那些认可团队价值观的成员，为建立起相互的信任打下良好的基础。其次，在团队建设过程中，团队成员尤其是领导者要承认自己的不足，勇于向团队成员坦承自己的弱点。

(四) 尊重每个人的兴趣和成就

单丝不成线，独木难成林。同在一间公司或办公室工作，你与同事之间会存在某些差异，知识、能力、经历造成每个人在对待和处理工作时，会产生不同的想法。在这种合作中，个人有个人的兴趣与愿望，团结协作并不否定个人和个性，需要运用不同的激励手段来尽可能地满足团队成员合理的愿望和需求。一个成功的团队，不但需要有卓越的领导班子，确定团队的共同价值取向和奋斗目标，建立有效的运行和沟通交流机制，还需要拥有一支凝聚力强、战斗力强的员工队伍。两者相辅相成，协同完成团队目标的同时，实现个体的人生价值。

(五) 团队成员之间的协同合作

团队的协同合作需要每个团队成员处理好相互之间的人际关系。人际关系处

理好了，会产生"1+1＞2"，甚至更大的效果。一个有不凡表现的人，除了能保持与人合作以外，还需要所有人乐意与你合作。复杂的人际关系，对团队绩效会产生很多负面的影响，要识别虚假的和谐，该警示的一定要给予准确的警示。如果碍于情面，一味迁就，一个团队就不可能有真正的协同合作，甚至有可能被拖垮。

（六）提高团队成员的素质

团队中成员的素质差距过大会导致成员之间的沟通有障碍，降低合作质量和团队的凝聚力，因此，在日常工作中应时刻注意提高团队成员的素质，同时让各成员认识到自己在团队中的重要性，促使他们为了共同的目标而奋斗。另外，管理者还要根据每名成员的能力将其安排到合适的岗位，激发他们的创新能力，同时使团队合作关系更加协调。

（七）要形成一套有效的激励机制

哈佛大学心理学家威廉·詹姆士在对员工的激励研究中发现，缺乏激励的员工仅能发挥其实际工作能力的20%～30%，因为只要做到这一点就足以保住饭碗。但是受到充分激励的员工，其潜力则可以发挥到80%～90%。人的工作绩效取决于他们的能力和激励水平，激励是激发员工自主创新力的催化剂，团队有必要研究建立一个完善的激励机制，保证对成员的"激励"发挥最大的效用。

案例讨论 7.3

阿里巴巴的成功	
教师布置任务	
案例讨论任务描述	1. 学生理解团队和创新的基本概念及种类，影响创新的因素并掌握高效团队建设及团队融合创新的方法相关知识。 2. 教师抽取相关案例问题组织学生进行研讨。 3. 将学生每5个人分成一个小组。小组选取自己所在小组参加研讨的问题（避免小组间重复），通过内部讨论形成小组观点。 4. 每个小组选出一位代表陈述本组观点，其他小组可以对其进行提问，小组内其他成员也可以回答提出的问题；通过问题交流，将每一个需要研讨的问题都弄清楚。形成以下表格的书面内容。 5. 教师进行归纳分析，引导学生扎实掌握沟通技巧的灵活运用，提升学生工作积极性。 6. 根据各组在研讨过程中的表现，教师点评赋分。

续表

案例问题	1. 结合学习知识点分析阿里巴巴创业初期十八罗汉团队的特点，分析阿里巴巴创业成功的原因。 2. 阿里巴巴在发展过程中遇到很多次挫折，你是如何看待这些问题的？分析案例中提到的2次受挫事件的原因。 3. 阿里巴巴在发展过程中运用哪些方法不断激励团队的创新能力？分析阿里巴巴在运营的过程中的创新点，属于创新方法的哪种类型。 4. 如果让你创立一个公司，在建设团队、经营管理、产品开发方面应如何做？通过上述案例的分析，撰写一个方案。
案例分析	1. 阿里巴巴初期创业之所以能成功，源于团队有共同的奋斗目标、优秀的团队带头人、富有激情和活力的不同特征的团队成员。 2. 阿里巴巴已成为全球规模最大的国际买家、卖家及制造商的网上社区，在管理运营过程中，管理和技术都在不停地创新。管理上采用合伙人制，技术上通过独特的企业文化激励每位员工的创造能力。 3. 存在的主要问题：案例中提到阿里巴巴的2次受挫经历，也是大多数公司发展过程中经常遇到的问题。当取得一定成绩后，盲目自信，团队成员心态发生变化，彼此不信任，角色定位失衡，最终影响公司的继续创新发展。 相应建议：阿里巴巴的成功让人明白了，只要坚持，团队有统一的信仰和价值观，员工的工作热情来源于公司诚信、激情、敬业的企业文化；有高度的信任和忠诚；拥有团队合作精神，能时刻进行有效沟通，各自发挥着应有的聪明才智；有极具创新能力和远大目标的决策者，没有事情是做不成的。 当今大学生，处在一个信息化发展迅猛的新时代，需要掌握团队融合、协同创新的方法，不断提升自己的综合职业素养，才能在竞争中立于不败之地。

案例结论7.3

阿里巴巴的成功

实施方式	研讨式
研讨结论	

续表

教师评语：					
班级		第　组		组长签字	
教师签字				日期	

模块小结七

　　当今信息技术的发展，对人的全面发展提出了新的要求，也为人的全面发展创造了更加有利的条件。人的全面发展是人类发展最为理想化的形态，是社会发展的趋势。伴随社会获得快速发展，必定会潜移默化地推动人的全面发展。职场沟通和团队合作能力是大学生走入职场必备的职业素养，一个人能灵活地运用社会交往和沟通技巧，可以帮助其提高对自己的认知以及自己对别人的认知。这样就能很好地融入他所在的团队，可以将自己所拥有的专业知识及专业能力与其他人的知识、专长和经验融合在一起进行充分创新发挥，通过团队协作取得事业成功。

模块八　职业发展和自我管理

导入案例

不断"下潜",才能走向高峰

国内一名当红主播,曾一度辞去令人艳羡的主播工作。他毅然决定前驻新闻第一线磨砺自己。那段时间,他从事过普通记者工作,做过电视网络特派员,而后又被派往其他地区。历练过后,当他再度回到主播台时,已由略显青涩的"初生牛犊",转型为成熟稳健的主播兼记者。他受观众欢迎的程度在台内简直无人可比,他的事业俨然又上升了一个高度。他的过人之处在于,他在跻身行业翘楚之列以后,并没有妄自得意、骄傲自满,而是选择将自己"下潜",继续为自己充电,从而使自己的事业再次走向了高峰。

启示: 每一名大学生必须对自己的工作技能负责,必须不断提升自己的价值。竞争是残酷的,你不去征服它,就只能在竞争中被淘汰。现如今,知识、技能"折旧"的速度越来越快,未来职场的竞争,将会逐渐由技能竞争转化为学习能力的竞争。一个善于学习且能够坚持学习的人,势必为社会所青睐,前途必然会一片光明。终身学习,你就能把握住每一个成功的机会;终身学习,你"点石成金"的手指就一直不会褪色。对于一个人而言,终身学习是成功不可或缺的条件。

学习目标

1. 认知目标:叙述终身学习和自我管理对个人发展的重要作用及其相关概念,描述终身学习和自我管理的方法,分析大学生成长过程中的激励和阻碍因素,运用科学方法对大学生终身学习和自我管理等能力进行合理测评。

2. 技能目标:能够树立终身学习的理念,学会自我管理的方法,能够具体分析自我管理方式以及在自我管理过程中的激励和阻碍因素。

3. 情感目标:认同终身学习的理念和自我管理对大学生职业发展的重要意义。

模块八
职业发展和自我管理

单元8.1 终身学习

案例8.1

学习领域	《职业发展和自我管理》——终身学习		
案例名称	十年后，他们为何表现平平	学时	2课时
案例内容			

  刘铭是一位大学教授。当他教过的一班学生十年后到母校相聚时，刘铭对他们的成就很不满意，以前他认为其中几个弟子具有杰出才干，想不到十年过去了，却表现平平。刘铭教授问弟子们："你们当中有谁在毕业后平均每月看过一本书的？请举手。"弟子们脸上都露出惭愧之色，没有一个人举手。刘铭教授说："一个月看一本书，对任何人都不困难，为什么你们一个人也做不到呢？难道你们认为在学校学习的那点知识已经够用了吗？难道你们在工作中没有遇到任何新问题、不需要学习新的知识来解决吗？"学一时，用一生，其实不是某个人的问题，几乎可以是很多人共同的习惯。他们拿到某个文凭后，就认为自己已经具备了专业知识，不再下苦功去精进，他们只是顺便学习，也就是在工作中自然积累某些知识和经验。但是，没有主动学习的劲头，他们的进步肯定不如那些不断学习的人快，他们在职业生涯的竞争中也必然落后于人。

一、终身学习概述

（一）终身学习的概念

  终身学习是指社会每个成员为适应社会发展和实现个体发展的需要，贯穿于人的一生的、持续的学习过程。即我们所常说的"活到老，学到老"或者"学无止境"。终身学习启示我们，树立终身教育思想，使学生学会学习，更重要的是培养学生养成主动的、不断探索的、自我更新的、学以致用的和优化知识的良好习惯。

(二) 终身学习的特点

1. 广泛性

终身教育既包括家庭教育、学校教育，也包括社会教育。可以这么说，它包括人的各个阶段，是一切时间、一切地点、一切场合和一切方面的教育。终身教育扩大了学习天地，为整个教育事业注入了新的活力。

2. 全民性

终身教育的全民性，是指接受终身教育的人包括所有的人，无论男女老幼、贫富差别、种族性别。联合国教科文组织汉堡教育研究员达贝提出，终身教育具有民主化的特色，他反对教育知识为所谓的精英服务，他认为终身教育应使具有多种能力的一般民众能平等获得教育机会。而事实上，当今社会中的每一个人，都要学会生存，而要学会生存就离不开终身教育。因为生存发展是当今时代的主流，会生存必须会学习，这是现代社会给每个人提出的新课题。

3. 灵活与实用性

终身学习具有灵活性，这表现在任何需要学习的人，可以随时随地接受任何形式的教育。学习的时间、地点、内容、方式均由个人决定。人们可以根据自己的特点和需要选择最适合自己的学习。

二、培养终身学习习惯的方法

(一) 主动学习的习惯

主动学习，意指把学习当作一种发自内心的、反映个体需要的活动。它的对立面是被动学习，即把学习当作一项外来的、不得不接受的活动。

主动学习的习惯，本质上是视学习为自己的迫切需要和愿望，坚持不懈地进行自主学习、自我评价、自我监督，必要的时候进行适当的自我调节，使学习效率更高、效果更好。培养主动学习的习惯，首先要培养对学习如饥似渴的需要。只有形成了这种需要，才能主动去寻找和发现自己感兴趣的学习资源，并能战胜学习中遇到的种种困难。

(二) 不断探索的习惯

不断探索，就是在未知的领域里，凭借自己的兴趣爱好、自己的发现进行学习，多方寻求答案，解决疑问。

培养不断探索的习惯，首先要对周围的事物、现象，对听到和看到的观点、看法有浓厚的兴趣。如果周围的任何事物和现象都引不起你的丝毫兴趣，不能令你有所感触，不能让你心动，那就不可能产生真正的探索。探索首先来源于兴趣。除了兴趣，最好能有物质的条件和准备，如相应的场所和工具。比如对于实验科学，如果能有一个实验室，是再好不过的。

培养不断探索的习惯，还需要不断丰富自己的信息资源。信息资源，既包括人的方面的资源，也包括知识方面的资源。就人的方面的资源来看，遇到一位能够看到你潜力的伯乐，他能带你走上一条成功的道路。培养不断探索的习惯，还要对新事物有开放的心态。

（三）学以致用的习惯

学以致用的精髓，一方面在于把间接的经验和知识还原为活的、有实用价值的知识。这个还原的过程需要有一双敏锐的眼睛和始终思考的心灵。一双敏锐的眼睛，让你去观察现实世界里的现象是什么样子的。而始终思考的心灵，则让你不断去发现现象背后隐藏的规律。另一方面在于动手。理论上行得通的东西，在实践中做起来可能远远比想象的复杂得多。"纸上得来终觉浅，绝知此事要躬行"，动手做一做，比单纯的"纸上谈兵"要来得更具体、更全面，也更直观。对于技术性的工作，最优秀的往往不是学历高的人，而是有操作倾向、操作能力和操作经验的人。

养成学以致用的习惯，首先要经常观察和思考。观察和思考是一切智慧的源泉。现象和规律都是客观地存在着的，就像苹果园里的苹果年年都会往下掉，被砸中的人也不计其数，却只有牛顿因此发现了万有引力定律，这就是观察和思考的效果。可以说，几乎所有的发现都来源于细心的观察和思考。

其次，要学会"做"。"做"是这一习惯的核心，我们要不断动手去做实验，验证自己提出的想法和观点。

除了实验，"玩"也是"做"的重要方式之一。人喜欢的"玩"有两种方式，一种是纯粹为了轻松，什么也不想做，属于"娱乐休息"的玩。还有一种是探索性的玩，凡事想弄个究竟，想玩出点花样。同样是玩游戏，有的人能从玩中学会自己编游戏程序，而有的人则沉溺于其中，荒废青春年华。所以从本质上来说，玩也不是完全一样的，区别的关键在于在玩的过程中，大脑是被游戏牵着走，还是在为游戏设计规则、进行改进和提高。

知识是动手操作的生长点。任何动手操作的成功，都离不开知识。在探索性的动手过程中，可能我们刚开始并不很清楚里面的规律和蕴含的知识，但是操作的过程只有符合了规律之后才能成功。所以，对于动手操作来说，最终总结出其中蕴含的规律性的知识非常重要。只有这样，操作才能更高效地推广利用。

十年后，他们为何表现平平

	教师布置任务
案例讨论 任务描述	1. 学生熟悉相关知识。 2. 教师抽取相关案例问题组织学生进行研讨。 3. 将学生每 5 个人分成一个小组。小组选取自己所在小组参加研讨的问题（避免小组间重复），通过内部讨论形成小组观点。 4. 每个小组选出一位代表陈述本组观点，其他小组可以对其进行提问，小组内其他成员也可以回答提出的问题；通过问题交流，将每一个需要研讨的问题都弄清楚。形成以下表格的书面内容。 5. 教师进行归纳分析，引导学生扎实掌握终身学习的理念，提升学生工作积极性。 6. 根据各组在研讨过程中的表现，教师点评赋分。
案例问题	1. 为什么一些学生以前具有杰出才干，想不到十年过去了，他们却表现平平？ 2. 现代社会为什么需要终身学习的能力？ 3. 终身学习的能力对大学生个人的意义是什么呢？
案例分析	1. 因为他们缺乏终身学习的意识和能力。 2. 人们应该清楚地意识到，知识、技能是事业的基石。在它们能够支撑你的事业时，决不能懈怠，以致落在时代后头；当它们不能达到事业要求时，你必须加重学习任务，以适应时代的变化。如此你会发现，在瞬息万变的信息时代，学习就是安身立命、开创天地的一把利器。只有通过学习来超越自我，你的人生才会更有意义。反之，若是一味沉浸在以往的成就中洋洋自得、不思进取，不去学习以适应社会发展的能力，你的人生就会受到阻碍、甚至停滞不前。 3. 当今的企业对于不思进取的人，根本毫无情义可言。每一名大学生必须对自己的工作技能负责，必须不断提升自己的价值。竞争是残酷的，你不去征服它，就只能在竞争中被淘汰。现如今，知识、技能"折旧"的速度越来越快，未来职场的竞争，将会逐渐由技能竞争转化为学习能力的竞争。一个善于学习且能够坚持学习的人，势必为社会所青睐，前途必然会一片光明。终身学习，你就能掌控住每一个成功的机会；终身学习，你"点石成金"的手指就一直不会褪色。对于一个人而言，终身学习是成功不可或缺的条件。 相应建议：故事中的学生们应该增强自己终身学习的意识和能力。

 案例结论 8.1

十年后，他们为何表现平平

实施方式	研讨式
研讨结论	
教师评语：	
班级		第　组		组长签字	
教师签字				日期	

单元8.2 自我管理

案例8.2

学习领域	《职业发展和自我管理》——自我管理		
案例名称	齐刚的失败与成功	学时	2课时
案例内容			

　　齐刚是一名长距离游泳健将，一次，他的目标是对面21英里外的海岸。这天早上，大雾弥漫，他几乎看不到护送他的船队和人员。冰冷的海水冻得他浑身发麻，他咬紧牙关坚持着，时间一小时一小时地过去，成千上万的观众在电视上看着他，为他呐喊加油。大约5个小时之后，他感到疲惫不堪，又冷又累，快要坚持不住了。他呼喊着让人拉他上船。这时，他的母亲在船上告诉他，现在离对面的海岸已经很近了，千万不要放弃！可是，他朝前面望去，除了浓雾还是浓雾。他又坚持游了半个多小时，15个小时55分钟之后，他筋疲力尽，随从的保护人员把他拉上了船。浓雾散去之后，他才知道，自己上船的地方离海岸仅有半英里的距离。事后他对采访的记者说：说实在的，我不是为自己找借口。如果当时我能看见陆地，也许我能坚持下来。2个月之后，他成功地游过了这一海域。由此可见，目标能激发人们超越自我的欲望。

一、自我管理概述

 （一）自我管理的概念

　　自我管理是指人通过自我认知，调整和修养自己的心理，并使自己的外部行为与社会环境相适应；是个体对自身，对自己的目标、思想、心理和行为等表现进行的管理；即自己把自己组织起来，自己管理自己，自己约束自己，自己激励自己。自我管理是个人对自我生命运动和实践的一种自发或主动调节，也是个人对自身价值的追求，建立明确的目标并坚持执行是走向成功的基础。卓有成效的成功者都是善于发现自我优势、善于利用自己的优势做事、坚持自己的价值观、注重奉献并且善于利用时间的人。

（二）大学生的自我管理

大学生的自我管理，从广义的角度来理解，就是指大学生为了实现高等教育的培养目标及为满足社会发展对个人素质的要求，充分调动自身的主观能动性，卓有成效地利用整合自我资源（包括价值观、时间、心理、身体、行为和信息等），而开展的自我认识、自我计划、自我组织、自我控制和自我监督的一系列自我学习、自我计划、自我发展的活动。从狭义的角度来看，自我管理、自我学习、自我教育、自我发展呈金字塔排列，自我管理是在塔的底部，它是开展其他活动的基础，其他活动都建立在有效的自我管理的基础之上。大学生自我管理的实质就是要根据内在和外在的条件进行自我的管理和约束，达到社会和个人预期的目标。

但从现状来看，大学生的自我管理不容乐观，具体表现在大学生的生活、学习和职业生涯的规划等方面。现代大学生的生活观过多地物欲化，在学习中缺乏根本动力和目的，没有认真规划自己的职业生涯，甚至根本不知道自己将要从事或喜欢从事什么样的职业等，甚至有学生走到反社会和反人民群众的道路上去，如校园暴力事件、偷盗事件、沉迷网络等。

（三）自我管理的内涵详解

1. 自我监督

自我监督即个人对自己进行检查、督促，具体包括以下几点。
①自知。正确评估自己，不卑不亢。
②自尊。不自轻自贱，要有民族自尊心和个人自尊心，不出卖灵魂与肉体。
③自勉。见贤思齐，不断用高标准来勉励自己，脱离低级趣味，做有益于人民的人。
④自警。自我暗示、提醒，克服不良的心理及行为。

2. 自我批评

自我批评即自己批评自己的短处，辩证地否定，具体包括以下几点。
①自省。即自我反省，以使个人的思想品德变得日益完善。
②自责。对自己的不足进行检讨，勇于承担责任，接受群众监督。

3. 自我控制

实行自我约束，理智地待人接物，防止感情用事，抵制和克服一切外来的不良影响。具体包括以下几点。
①反躬自问。反思自己的行为，产生人际矛盾，首先从自己身上找原因。

②自我控制。即控制自己的情绪、欲望、言行,客观地对待批评,力求更好地把握自己。

4. 自我调节

通过自我疏导,使自己从矛盾、苦恼、冲突、自卑中解脱出来,具体包括以下几点。

①自解。自我疏导,不自寻烦恼,不折磨自己、惩罚自己。

②自慰。宽慰自己,知足常乐,淡泊名利,承认差距。降低欲望,欲望越大,幸福感会降低。

③自遣。自我消遣,分散或转移注意力,如美食、郊游、看书、书法、绘画等。

④自退。设身处地地退一步想问题,退一步海阔天空,降低目标,转换方向,另辟新路。

5. 自我组织

在新环境,重新振作,重新审视和组织自己的心理和行为。具体包括以下几点。
①内化顺从。勇于接受别人的不同意见。

②同化吸收。把别人的意见与自己的意见融汇在一起,吸收他人的长处丰富自己。

③自我更新。从更高、更新的角度来认识问题、分析问题,不断地提高自己的能力。

二、提高大学生自我管理能力的意义

(一)对大学生的管理不能过于依赖学校、老师或家长

对于大学生而言,如不能自我管理,缺乏自信,生活无法自理,学习不能自立,面对各种问题不能够自己思考并得出结论,那么这个大学生尽管在生理上成熟了,但在思维和行为能力方面还十分幼稚,这必然对大学生的成长十分不利。

对大学生的管理如过于依赖学校,不仅大大增加学校的负担,也违背了大学校园这个角色所承担的责任。大学,是要培养对社会发展、国家建设有用的人才,而并非是那些十八九至二十多岁的成年人的保姆。

大学生不注重自我管理,在生活上、学习上以致各方面都依赖学校或家长,对家长们来说,也绝对不是个好现象。虽然中国家长过于宠爱自己的孩子,但是当孩子们已经长大成人之时,家长应当充分认识到,培养他们的自我管理能力才是对他们的爱,反之则可能害了他们。西方家庭教育这一点做得比较好,是值得中国家长学习的,让孩子们自立、自己解决问题,不要凡事都依靠学校或家长,才能使他们

更早地成熟起来，更容易适应社会生活。

(二) 大学生注重自我管理，有利于提高自立能力

由于网络的发展，近年来经常有些正在读书的学生沉迷于网络不能自拔，影响自己正常的学习生活，以至于有辍学者、离家出走者，甚至有为得到去网吧上网所需要的钱而触犯法律者。这当中竟然有很多大学生，这不得不发人深思。大学生应当是已经具有自我管理能力的成年人，他们心智比较成熟，理应能够控制自己的行为。但是许多大学生依然无法摆脱网络的诱惑，特别是网络游戏的吸引，他们不能自我控制，终日逃课上网，夜不归宿，在游戏和聊天中挥霍自己的青春和父母的血汗。可见，大学生注重自我管理何等重要。

(三) 自我管理是知识经济时代的呼唤

在进入 21 世纪后，随着信息时代和知识经济时代的到来，在管理学领域也必将出现一场极其深刻的管理革命，而自我管理，或被称为没有管理的管理或无人管理正是这次变革中的重要趋势之一。管理的含义不再仅仅是管理者去"管人""教人"了，管理的一个重要内容应该是管好自己。管理的实质是全员参与管理，人人自己管理自己。管理的目标不仅是资源的分配和对被管理者的行为进行控制，更主要的是要调动他们的积极性、主动性，充分发挥他们的自治能力，最终达到使群体中每一个成员都能自己管理自己的目标。正如德鲁克所说，一切管理效果最终由大学生自我决定。

三、提高大学生自我管理能力的原则

(一) 目标原则

每个人都曾有一个愿望或梦想，也会有工作上的目标，但经过深思熟虑制订自己生涯规划的人并不多。生涯规划的实现，需要强有力的自我管理能力。有目标的人和没有目标的人是不一样的。在精神面貌、拼搏精神、承受能力、个人心态、人际关系、生活态度上均有明显的差别。大学生应及早确定生涯目标并坚定不移地为之奋斗，20 年后才不会后悔！

(二) 效率原则

浪费时间就等于浪费生命，这道理谁都懂。但是，我们每天至少有 1/3 的时间做着无效工作，在慢慢地浪费自己的时间和生命。所以，要分析、记录自己的时间，并本着提高效率的原则，合理安排自己的时间，在实践中尽可能地按计划贯彻执行。坚持下来，你会发现，你的时间充裕了，你的工作自如了，你的效率提高了，你的自信增强了。

（三）成果原则

自我管理也要坚持成果优先的原则。做任何工作，都要先考虑这项工作会产生什么样的效果，对目标的实现有什么样的效用。这是安排大学生自我管理工作顺序的一个重要原则。

（四）优势原则

充分利用自己的长处、优势积极开展工作，从而达到事半功倍的效果。这是自我管理的一个非常重要的原则。人无完人，你不可能消灭自己全部的缺点，只剩下优点。

（五）要事原则

工作要分清轻重缓急，重要的事情先做。在 ABC 法则中，我们把 A 类重要的工作放在首先要完成的位置。在自我管理中，A 类重要的工作就是与实现生涯规划密切相关的工作，要优先安排，下大力气努力做好。

（六）决策原则

①决策要果断。优柔寡断是自我管理的大忌，想好了就要迅速定下来。
②贯彻要坚决。不管遇到多大阻力，都要坚定不移地贯彻到底。
③落实要迅速。定下来的事就要迅速执行，抓住时机，努力工作。

四、提高大学生自我管理能力的内容

（一）自我定位

正确的自我定位，就是要明确自己的价值观，即要明确什么对自己更重要。价值观只要符合人类的基本道德规范和法律要求，并没有好与坏、对与错之分。

（二）目标管理

《中庸》曰："凡事预则立，不预则废。"拿破仑也曾说过："凡事都要有统一和决断，因此成功不站在自信的一方，而站在有计划的一方。"大学生要将自己的职业目标与人生目标有机地结合起来，并在个人发展（健康与能力）、事业经济（理财与事业）、兴趣爱好（休闲与心灵）、和谐关系（家庭与人脉）四个方面实现协调与平衡，体察生命的真谛，活出精彩的自己，发现自己的才能，追求自己的目标。

（三）时间管理

人生管理实质上就是时间管理，时间的稀缺性体现了生命的有限性。卓有成效的职业人要最终表现在时间管理上；表现在能否科学地分析时间、利用时间、管理时间、节约时间，进而在有限的时间里，创造自身职业价值的最大化。彼得·德鲁克说过："卓有成效的人懂得要使用好他的时间，他必须首先知道自己的时间实际上是怎样花掉的。"因此，做好时间管理的前提是对自己的时间进行科学的分析。

（四）沟通管理

有研究表明，70%以上的职场工作是在沟通中完成的，70%以上的职场问题是因为沟通不畅造成的，可见沟通对于大学生的重要意义。所以，大学生应该了解沟通的含义，掌握信息发送、接收的技巧，善于倾听并积极反馈，才能在与客户、上司、下属、同事等人际交往中争取主动，提高工作效率和效果。

（五）情绪管理

把自己的愤怒、恐惧、冲动，都当作是一种自我情绪来处理。不盲目地压抑，也不钻牛角尖，以尽量不和周围环境起冲突的方式来处理。碰到挫折、欲求不满时具有相当的耐力，不会乱发脾气、发牢骚，也不会随便责怪他人、自怜自艾。时时反省自己，等待时机，寻求解决问题的方法，避免消极情绪，或是能及时克服不安情绪。

（六）职业生涯管理

职业生涯管理是人生目标管理的核心内容，直接关系到职业人的成败。大学生必须在明确自己的职业倾向、评估职业环境的基础上，科学、理性地规划自己的职业未来，并以持续的行动将蓝图变为现实。

（七）人脉经营管理

"一个人能否成功，不在于你知道什么，而在于你认识谁。"对于个人来说，专业是利刃，人脉是秘密武器。如果只有专业知识，没有人脉，个人竞争力就是一分耕耘、一分收获，若加上人脉，个人竞争力将是一分耕耘、数倍收获。不少人总盼望着在关键时刻有"贵人相助"，那么，这些"贵人"在哪里？他们是谁？他们愿意帮助你吗？你如何行动才能争取到他们的帮助？所有这些都需要对人脉资源进行有效的规划、管理和经营。

案例讨论 8.2

齐刚的失败与成功

教师布置任务	
案例讨论任务描述	1. 学生熟悉相关知识。 2. 教师抽取相关案例问题组织学生进行研讨。 3. 将学生每5个人分成一个小组。小组选取自己所在小组参加研讨的问题（避免小组间重复），通过内部讨论形成小组观点。

续表

案例讨论任务描述	4. 每个小组选出一位代表陈述本组观点，其他小组可以对其进行提问，小组内其他成员也可以回答提出的问题；通过问题交流，将每一个需要研讨的问题都弄清楚。形成以下表格的书面内容。 5. 教师进行归纳分析，引导学生扎实掌握自我管理的理念和技能，提升学生工作积极性。 6. 根据各组在研讨过程中的表现，教师点评赋分。
案例问题	1. 齐刚第一次失败的根本原因是什么呢？ 2. 目标管理在我们的生活中有什么重要作用呢？ 3. 如何在生活中制定一个合理的目标呢？
案例分析	1. 齐刚看不到对岸，所以失去了具体、明确的目标。 2. 目标是我们工作和生活的方向。明确的目标会为我们的生活和工作引导方向，就像是航行中的船，如果没有方向，那么任何风向都是逆风。其实，人生也一样，如果我们的生活没有目标，我们去哪个方向都是逆行的。 3. 目标管理的一个基本的要素就是制定目标。一个好的目标有五要素，就是常说的 SMART 原则。SMART 是 5 个英文单词首字母的缩写。S 就是 Specific，即具体的。M 就是 Measurable，即可测量的。A 就是 Attainable，即可达到的。R 就是 Relevant，即相关的。T 就是 Time-based，即有时限的。 相应建议：人们应该在生活中明白目标的重要性，学会树立正确的目标。

齐刚的失败与成功

实施方式	研讨式
研讨结论	

续表

教师评语：					
班级		第　　组		组长签字	
教师签字				日期	

模块小结八

　　终身学习是指社会每个成员为适应社会发展和实现个体发展的需要，贯穿于人的一生的、持续的学习过程。即我们所常说的"活到老，学到老"或者"学无止境"。在特殊的社会、教育和生活背景下，终身学习理念得以产生，它具有终身性、全民性、广泛性等特点。终身教育和终身学习提出后，各国普遍重视并积极实践。终身学习启示我们树立终身教育思想，使学生学会学习，更重要的是培养学生养成主动的、不断探索的、自我更新的、学以致用的和优化知识的良好习惯。

　　大学生的自我管理，从广义的角度来理解，就是指大学生为了实现高等教育的培养目标及为满足社会发展对个人素质的要求，充分调动自身的主观能动性，卓有成效地整合利用自我资源（包括价值观、时间、心理、身体、行为和信息等），而开展的自我认识、自我计划、自我组织、自我控制和自我监督的一系列自我学习、自我发展的活动。从狭义的角度来看，自我管理、自我学习、自我教育、自我发展呈金字塔排列，自我管理是在塔的底部，它是开展其他活动的基础，其他活动都建立在有效的自我管理的基础之上。大学生自我管理的实质就是要根据内在和外在的条件进行自我的管理和约束，达到社会和个人预期的目标。

模块九　质量意识和环保理念

🏵 导入案例

完美的降落伞

这是一个发生在第二次世界大战中期、发生在美国空军和降落伞制造商之间的真实故事。在当时，降落伞的安全度不够完美，即使经过厂商努力的改善，降落伞制造商生产的降落伞的良品率已经达到了99.9%，应该说这个良品率即使现在许多企业也很难达到。但是美国空军却对此公司说No，他们要求所交降落伞的良品率必须达到100%。于是，降落伞制造商的总经理便专程去飞行大队商讨此事，看是否能够降低这个水准。厂商认为，能够达到这个程度已接近完美了，没有什么必要再改。当然美国空军一口回绝，认为品质没有折扣。后来，按军方要求改变了检查降落伞品质的方法。那就是从厂商前一周交货的降落伞中，随机挑出一个，让厂商负责人装备上身后，亲自从飞行中的机身跳下。这个方法实施后，不良率立刻变成零。

启示：提高质量，总是有方法。许多人做事时常有"差不多"的心态，对于领导或是客户所提出的要求，即使是合理的，也会觉得对方吹毛求疵而心生不满。认为差不多就行，但就是很多的差不多，产生了质量问题。要记住品质没有折扣。

⏰ 学习目标

1. 认知目标：熟记质量意识与现场管理的基本概念。理解质量意识与现场管理的主要内容。掌握环境与环境保护的基本概念。理解环境保护的重要意义。了解环境污染的问题和解决方法。掌握生态系统的概念。了解保护生态系统的措施。

2. 技能目标：能够结合生活实际，初步运用质量意识与现场管理的理论；能够逐渐养成良好的环保理念；能够分析身边环境的生态系统构成。

3. 情感目标：认同质量意识、环保理念、生态文明在生活生产中的重要作用。

单元 9.1　质量意识与现场管理（7S）

案例 9.1

学习领域	《质量意识和环保理念》——质量意识与现场管理（7S）		
案例名称	日资企业的五星级厕所	学时	2 课时
案例内容			

　　在日本企业，从总经理到各级干部，都会深入现场。日本人一到公司，就会去现场，最喜欢看现场 7S 搞得怎么样，而且到现场必定进厕所查看。日本人有一种意识，认为厕所的 7S 搞不好，生产现场的 5S 也无法搞好。

　　启示：深入现场是非常重要的方法，如上班第一时间去现场，发现问题就能及时指出，需要协调的及时协调，回到办公室可以更好地准备。总之，通过"七项主义"，能够更好地发现问题，推动问题的解决。

一、质量意识

（一）质量意识的概念

　　在 ISO 质量体系中，"质量"被理解为：一组固有特性满足明示的、通常隐含的或必须履行的需求或期望的程度。广义地讲，"质量"包括过程质量、产品质量、组织质量、体系质量及其组合的实体质量、人的质量等。一般说来，质量意识则是一个企业从领导决策层到每一个员工对质量和质量工作的认识和理解，这对质量行为起着极其重要的影响和制约作用。质量意识应该体现在每一位员工的岗位工作中，也应该体现在企业最高决策层的岗位工作中。质量意识是企业生存和发展的思想基础。

（二）质量意识的内容

　　质量意识是质量理念在员工思想中的表现形式，包括质量认知、质量态度和质量知识。

1. 质量认知

所谓对质量的认知，就是对事物质量属性的认识和了解。任何事物都有质量属性，这种属性只有通过接触事物的实践活动才能把握。人们总是先接触事物的数量属性，例如事物的大小、多少，然后才可能接触事物的质量属性。质量相对于数量，可能更难把握。通常情况下，数量可能是事物的现象，而质量可能涉及事物的本质。要认知事物的本质，没有一番艰苦的过程，往往是不行的。因此，对质量的认知过程可能比对数量的认知过程更长、也更难一些。

2. 质量态度

质量意识中最关键的是质量态度。质量态度是人们（职工）对产品质量、工作质量、服务质量相对稳定的心理倾向。态度通过意见和举止反映出来。意见是态度的言语表现，态度不仅反映在言语所表现的意见上，更主要是反映在不属于言语的行动上。行动上反映出来的态度往往才是真正的态度。

3. 质量知识

所谓质量知识，包括产品质量知识、质量管理知识、质量法制知识等等。一般说来，质量知识越丰富，对质量的认知也就越容易，对质量也越容易产生坚定的信念。

质量知识丰富，也能够提升员工的质量能力，从而使其产生成就感，增强对质量的感情。可以说，质量知识是员工质量意识形成的基础和条件，但是，质量知识的多少与质量意识的强弱并不一定成正比。实践表明，质量意识强的员工，学习积极性高，学得快，学得好；相反，质量意识差的员工，学习往往出现学习困难，学不好，记不牢。意识和态度对信息还具有"过滤"作用，这种作用甚至反映到实际操作中。

（三）质量意识的关键

在质量意识当中，人才是质量管理的第一要素，对质量管理的开展起到决定性的作用。尤其是具有质量管理专门知识、技能并在质量工作实践中，以自己在质量事业上的创造性劳动，对国家、行业、地区、企事业单位或其他组织的振兴和发展做出贡献的人，是十分关键的。

（四）质量意识的要素

目前，人们对质量管理有"三大要素"与"五大要素"之说。

1. 三大要素

"三大要素"是说质量管理的要素是：人、技术和管理。在这三大要素中，首先提到的是"人"。

2. 五大要素

"五大要素"是说质量管理由：人、机器、材料、方法与环境构成，在这五个要素中，"人"也是处于中心位置的。俗话说："谋事在人、事在人为。"谋质量这事也在人，要把质量这事做好更在于人，所以说人必须有质量意识，这也是对"人"的质量的要求。

（五）提升质量意识的措施

1. 上行下效

在一个企业中，只有当领导层开始重视质量时，员工才有可能重视质量。卓越企业的领导者在质量方面都有如下职责，包括建立质量管理委员会、进行质量战略规划、参与质量改进活动，向员工表达质量的重要性等。质量管理大师朱兰博士提出，21世纪是质量的世纪。我们看到，质量确实改变了人们的工作方式，它和公司的经营绩效息息相关。在大质量概念的指导下，质量目标不仅仅是产品的质量目标，也包括公司的经营绩效，企业高层管理者真正开始关心质量，用质量管理的理论方法来管理和经营企业。

2. 质量教育

质量改进会减少返工，提高效率。在一个组织推进持续改进活动时，很多员工了解这样确实会增加企业收入，使企业做大做强，从而创造更多的工作岗位；但同时他们也担心，减少错误或其他形式的浪费可能会减少工作职位。企业管理者在了解员工的想法后，可通过质量教育改变质量观念，当人们认为某件事情重要时，一定会尽全力把这件事做好。

3. 量化管理

对质量的测量不仅能为员工完成他们的工作提供一些重要的信息，还能让员工始终保持敏锐的质量管理意识。例如，某企业的插件工段会统计员工的插件错误率数据。当发现某位员工工作出现失误时，会立即反馈给他，并且把实际的不良品拿给他看；如果条件允许，甚至会让他自己动手修理。通过此种方式，使得员工能够随时知道他们工作失误的情况，并立即纠正，达到提高质量的目的。

4. 工作设计

可以通过工作设计使员工喜欢自己所从事的工作，从而愿意投入精力来改进工作质量；工作设计的另外一个主要目的是形成自我管理团队。它是针对团队的一种特殊的工作扩大化方式，这种团队有两个特点：每个工人都经过了严格的训练，具有多样的技能，能够进行工作互换；小组具有一定的作业自主权，具有安排生产计划和监督工作完成的权力。

5. 激励措施

奖励表彰是对员工出色工作表现的认可，通过这些认可手段，会极大地提高员工对质量工作的热情。

二、现场管理（7S）

（一）现场管理的基本概念

现场管理法简称 7S。7S 是整理（Seiri）、整顿（Seiton）、清扫（Seiso）、清洁（Seike）、素养（Shitsuke）、安全（Safety）和速度/节约（Speed/Saving）这 7 个词的缩写。因为这 7 个词日语和英文中的第一个字母都是 S，所以简称为 7S。开展以整理、整顿、清扫、清洁、素养、安全和节约为内容的活动，称为 7S 活动。

7S 活动起源于日本，并在日本企业中广泛推行。7S 活动的对象是现场的环境。7S 活动的核心和精髓是素养。如果没有职工队伍素养的相应提高，7S 活动就难以开展和坚持下去。

（二）现场管理的基本内容

1. 整理和整顿

整理的目的是：增加作业面积，使物流畅通、防止误用等。

整顿即把需要的人、事、物加以定量、定位。通过前一步整理后，对生产现场需要留下的物品进行科学合理的布置和摆放，以便用最快的速度取得所需之物，在最有效的规章、制度和最简捷的流程下完成作业。

整顿活动的目的是工作场所整洁明了、一目了然，减少取放物品的时间，提高工作效率，保持井井有条的工作秩序区。

2. 清扫和清洁

清扫和清洁即把工作场所打扫干净，设备异常时马上修理，使之恢复正常。生产现场在生产过程中会产生灰尘、油污、铁屑、垃圾等,从而使现场变脏。脏的现场会使设备精度降低,故障多发,影响产品质量,使安全事故防不胜防;脏的现场更会影响人们的工作情绪,使人不愿久留。因此,必须通过清扫活动来清除那些脏物,创建一个明快、舒畅的工作环境,其目的是使员工保持一个良好的工作情绪,并保证稳定产品的品质,最终达到企业生产零故障和零损耗。

整理、整顿、清扫之后要认真维护,使现场保持完美和最佳状态。清洁,是对前三项活动的坚持与深入,从而消除发生安全事故的根源。创造一个良好的工作环境,能使职工愉快地工作。

清洁活动的目的是:使整理、整顿和清扫工作成为一种惯例和制度,是标准化的基础,也是一个企业形成企业文化的开始。

3. 素养

素养即教养,努力提高人员的素养,养成严格遵守规章制度的习惯和作风,这是7S活动的核心。没有人员素质的提高,各项活动就不能顺利开展,开展了也坚持不了。所以,抓7S活动,要始终着眼于提高人的素质。

通过素养让员工成为一个遵守规章制度,并具有良好工作素养习惯的人。这也有利于清除隐患,排除险情,预防事故的发生;保障员工的人身安全,保证生产连续、安全、正常地进行,同时减少因安全事故而带来的经济损失。

4. 安全和节约

安全就是对时间、空间、能源等方面的合理利用,以发挥它们的最大效能,从而创造一个高效率的、物尽其用的工作场所。

节约是对整理工作的补充和指导。在我国,由于资源相对不足,更应该在企业中秉持勤俭节约的原则。

(三)现场管理的实施原则

1. 效率化原则、美观原则

效率化原则即便于操作者操作。因为一个新的手段如果不能给员工带来方便,就算是铁的纪律要求下也是不得人心的,不得人心者不得天下。所以,推行7S工作必须把是否可以提高工作效率作为先决条件。

随着时代的发展,客户不断追求精神上的满足。当你的产品做到不再只是产品,而是文化的代言人时,就能够征服更多的客户群。

2. 持久性原则与人性化原则

所谓持久性原则就是要求整顿这个环节,需要思考如何拿取更加人性化,更加

便于遵守和维持。维持不好的企业，你到现场一看，往往是人性化做得不够好、只站在制作者自己的立场看待问题而导致的。

这里所讲的人性化原则，其实就是说通过7S的实施推行，进一步提高人的素养。人是现场管理中诸要素的核心，在推行过程中，所制定的标准流程都是由人来完善，而所有步骤的进行也都充分考虑了人的因素。

（四）现场管理的效用

1. 亏损为零（7S 为最佳的推销员）

至少在行业内被称赞为最干净、整洁的工作场所；无缺陷、无不良、配合度好的声誉在客户之间口口相传，忠实的顾客越来越多；知名度很高，很多人慕名来参观；大家争着来这家公司工作；人们都以购买这家公司的产品为荣；整理、整顿、清扫、清洁和修养维持良好，并且成为习惯，以整洁为基础的工厂有很大的发展空间。

2. 不良为零（7S 是品质零缺陷的护航者）

产品按标准要求生产；检测仪器正确地使用和保养，是确保品质的前提；环境整洁有序，一眼就可以发现异常；干净整洁的生产现场，可以提高员工品质意识；机械设备正常使用保养，减少次品产生；员工知道要预防问题的发生而非仅是处理问题。

3. 浪费为零（7S 是节约能手）

7S能减少库存量，排除过剩生产，避免零件、半成品、成品在库过多；避免库房、货架、大棚过剩；避免卡板、台车、叉车等搬运工具过剩；避免购置不必要的机器、设备；避免"寻找""等待""避让"等动作引起的浪费；消除"拿起""放下""清点""搬运"等无附加价值动作；避免出现多余的文具、桌、椅等办公设备。

4. 故障为零（7S 是交货期的保证）

工厂无尘化、无碎屑、碎块和漏油，经常擦拭和保养，机械稼动率高；模具、工装夹具管理良好，调试、寻找时间减少；设备产能、人员效率稳定，综合效率可把握性高；每日进行使用点检，防患于未然。

5. 切换产品时间为零（7S 是高效率的前提）

模具、夹具、工具经过整顿，不需要过多的寻找时间；整洁规范的工厂机器正常运转，作业效率大幅上升；彻底的7S，让初学者和新人一看就懂，快速上岗。

6. 事故为零（7S是安全的软件设备）

整理、整顿后，通道和休息场所等不会被占用；物品放置、搬运方法和积载高度考虑了安全因素；工作场所宽敞、明亮，使物流一目了然；人车分流，道路通畅；"危险""注意"等警示明确；员工正确使用保护器具，不会违规作业；所有的设备都进行清洁、检修，能预先发现存在的问题，从而消除安全隐患；消防设施齐备，灭火器放置位置、逃生路线明确，万一发生火灾或地震时，员工生命安全有保障。

7. 投诉为零（7S是标准化的推动者）

人们能正确地执行各项规章制度；去任何岗位都能立即上岗作业；谁都明白工作该怎么做，怎样才算做好了；工作方便又舒适；每天都有所改善，有所进步。

8. 缺勤率为零（7S可以创造快乐的工作岗位）

一目了然的工作场所，没有浪费、勉强、不均衡等弊端；岗位明亮、干净，无灰尘、无垃圾的工作场所让人心情愉快，不会让人厌倦和烦恼；工作已成为一种乐趣，员工不会无故缺勤、旷工；7S能给人"只要大家努力，什么都能做到"的信念，让大家都亲自动手进行改善；在有活力的一流工场工作，员工都由衷感到自豪和骄傲。

活动训练 9.1

	提升质量意识，做好宿舍的现场管理
活动目的	能够将所学的理论应用在宿舍管理上，初步培养质量意识和现场管理（7S）的能力。
教师布置任务	
活动训练任务描述	1. 学生熟悉相关知识。 2. 将学生每5个人分成一个小组。 3. 请同学们结合宿舍的具体情况，按照质量意识和现场管理（7S）的基本理论，写出宿舍常用物品清单、目前宿舍管理存在的问题、按照7S管理理论进行宿舍管理的具体措施。 4. 每个小组选出一位代表陈述本组观点，其他小组可以对其进行提问，小组内其他成员也可以回答提出的问题；通过问题交流，将每一个需要研讨的问题都弄清楚。 5. 根据各组在研讨过程中的表现，教师点评赋分。
所需材料	笔、A4纸。

 9.1

提升质量意识,做好宿舍的现场管理

实施方式	研讨式		
研讨结论			
宿舍常用物品清单		目前宿舍管理存在的问题	按照 7S 管理理论进行宿舍管理的具体措施
教师评语:			

班级		第　　组		组长签字	
教师签字				日期	

单元 9.2　承担环保责任

学习领域	《质量意识和环保理念》——承担环保责任		
案例名称	不再向黄河排一滴污水	学时	2 课时
案例内容			

　　1985 年，大学毕业不久的刘崇喜离开机关办造纸厂，已经扭亏为盈的造纸厂却由于污染严重被曝光，勒令整改。在整改时他竟提出"不再向黄河排一滴污水"的豪言壮语，使数千职工大惊失色：投入数千万元建设的污水处理系统，每天向治污池投放药物就需 18 万元，他不是要把企业整死吗？经过长期调查研究后，刘崇喜走的是另一条生态治污的路子。他派出 500 台推土机，推平两万多座沙丘，采用方格麦秸秆治沙植树的方法。他规定职工每人每年必须种 500 棵树，并身先士卒，率领数千职工，睡在沙坡下，吃在风沙里，一棵一棵地种树。用了 7 年时间，投入 4.8 亿元，种树 50 万亩，修了 200 多千米的路，铺管道筑渠 20 千米，引黄河水流入林区，修了 5 个人工湖，使这个年降雨量 180 毫米而蒸发量却高达 1 900 多毫米的大沙漠，出现了绿树连绵的林区、水鸟成群的湖泊！

　　启示：案例中刘崇喜利用自己的环保理念，科技防污，为企业创造了可观的经济效益。通过案例我们可以发现，"绿水青山就是金山银山"，以环保理念为驱动力，人类可以利用科技实现环境与经济效益的协调统一发展。

一、环境和环境保护的基本概念

　　环境保护一般是指人类为解决现实或潜在的环境问题，协调人类与环境的关系，保护人类的生存环境、保障经济社会的可持续发展而采取的各种行动的总称。其方法和手段有工程技术的、行政管理的，也有经济的、宣传教育的等。

二、环境污染的分类

（一）按环境要素

　　大气污染、水体污染、土壤污染、噪声污染、农药污染、辐射污染、热污染。

(二) 按属性

显性污染、隐性污染。

(三) 按人类活动

工业环境污染、城市环境污染、农业环境污染。

(四) 按造成环境污染的性质来源

化学污染、生物污染、物理污染（噪声污染、放射性污染、电磁波污染等）、固体废物污染、液体废物污染、能源污染。

(五) 按污染区域

1. 陆地污染

垃圾的清理成了各大城市的重要问题，每天千万吨的垃圾中，很多是不能焚化或腐化的，如塑料、橡胶、玻璃等人类的第一号敌人。

2. 海洋污染

海洋污染主要是从油船与油井漏出来的原油，农田用的杀虫剂和化肥，工厂排出的污水，矿场流出的酸性溶液。它们使得大部分的海洋湖泊都受到污染，结果不但海洋生物受害，就是鸟类和人类也可能因吃了这些生物而中毒。

3. 空气污染

空气污染是指空气中污染物的浓度达到或超过了有害程度，导致破坏生态系统和人类的正常生存和发展，对人和生物造成危害。这是最为直接与严重的了，主要来自工厂、汽车、发电厂等放出的一氧化碳和硫化氢等，每天都有人因接触了这些污浊空气而染上呼吸器官或视觉器官的疾病。

4. 水污染

水污染是指水体因某种物质的介入，而导致其化学、物理、生物或者放射性污染等方面特性的改变，从而影响水的有效利用，危害人体健康或者破坏生态环境，造成水质恶化的现象。

5. 噪声污染

噪声污染是指所产生的环境噪声超过国家规定的环境噪声排放标准，并干扰他人正常工作、学习、生活的现象。

6. 放射性污染

放射性污染是指由于人类活动造成物料、人体、场所、环境介质表面或者内部出现超过国家标准的放射性物质或者射线。

三、环境污染源

环境污染源主要有以下几方面。
① 工厂排出的废烟、废气、废水、废渣和噪声。
② 人们生活中排出的废烟、废气、噪声、脏水、垃圾。
③ 交通工具（所有的燃油车辆、轮船、飞机等）排出的废气和噪声。
④ 大量使用化肥、杀虫剂、除草剂等化学物质的农田灌溉后流出的水。
⑤ 矿山废水、废渣。
⑥ 机器噪声、电磁辐射、二氧化碳污染。

四、环境污染的危害

（一）大气污染的危害

1. 对人体健康的危害

大气污染物对人体的危害是多方面的，表现为呼吸系统受损、生理机能障碍、消化系统紊乱、神经系统异常、智力下降、致癌、致残。人们把这个灾难的烟雾称为"杀人的烟雾"。大气中污染物的浓度很高时，会造成急性污染中毒，或使病状恶化，甚至在几天内夺去几千人的生命。其实，即使大气中污染物浓度不高，但人体成年累月呼吸这种污染了的空气，也会引起慢性支气管炎、支气管哮喘、肺气肿及肺癌等疾病。

2. 对植物的危害

大气污染物，尤其是二氧化硫、氟化物等对植物的危害是十分严重的。当污染物浓度很高时，会对植物产生急性危害，使植物叶表面产生伤斑或者直接使叶枯萎、脱落。当污染物浓度不高时，会对植物产生慢性危害，使植物叶片褪绿；或者表面上看不见什么危害症状，但植物的生理机能已受到了影响，造成植物产量下降，品质变坏。

3. 对天气气候的影响

大气污染物对天气和气候的影响是十分显著的，可以从以下几个方面加以说明。

(1) 减少到达地面的太阳辐射量

从工厂、发电站、汽车、家庭取暖设备向大气中排放的大量烟尘微粒，使空气变得非常浑浊，遮挡了阳光，使得到达地面的太阳辐射量减少。

(2) 增加大气降水量

从大工业城市排出来的微粒，其中有很多具有水汽凝结核的作用。

(3) 下酸雨

有时候，从天空落下的雨水中含有硫酸。这种酸雨是大气中的污染物二氧化硫经过氧化形成硫酸，随自然界的降水下落形成的；硫酸雨能使大片森林和农作物毁坏，能使纸品、纺织品、皮革制品等腐蚀破碎，能使金属的防锈涂料变质而降低保护作用，还会腐蚀、污染建筑物。

(4) 增高大气温度

在大工业城市上空，由于有大量废热排放到空中，因此，近地面空气的温度比四周郊区要高一些。这种现象在气象学中称作"热岛效应"。

(5) 对全球气候的影响

2010年以来，人们逐渐注意到大气污染对全球气候变化的影响问题。经过研究，人们认为在有可能引起气候变化的各种大气污染物质中，二氧化碳具有重大的作用。二氧化碳能吸收来自地面的长波辐射，使近地面层空气温度增高，这叫作"温室效应"。有的专家认为，大气中的二氧化碳含量增加，导致全球的气候异常，若干年后会使得南北极的冰川融化。

(二) 水体污染危害

(1) 对环境的危害

导致生物的减少或灭绝，造成各类环境资源的价值降低，破坏生态平衡。

(2) 对生产的危害

被污染的水由于达不到工业生产或农业灌溉的要求，而导致减产。

(3) 对人的危害

人如果饮用了污染水，会引起急性和慢性中毒、癌变、传染病及其他一些奇异病症。污染的水引起的感官恶化，会给人的生活造成不便，使人的情绪受到不良影响等。

(三) 噪声污染的危害

1. 噪声对听力的损伤

噪声对人体最直接的危害是损伤听力。人们在进入强噪声环境暴露一段时间后，会感到双耳难受，甚至会出现头痛等感觉。离开噪声环境到安静的场所休息一段时间，听力就会逐渐恢复正常。这种现象叫作暂时性听阈偏移，又称听觉疲劳。但是，如果人们长期在强噪声环境下工作，听觉疲劳不能得到及时恢复，且内耳器官会发生器质性病变，即形成永久性听阈偏移，又称噪声性耳聋。若人突然暴露于极其强烈的噪声环境中，听觉器官会发生急剧外伤，引起鼓膜破裂出血、迷路出血、螺旋器从基底膜急性剥离，可能使人耳完全失去听力，即出现爆震性耳聋。

2. 噪声能诱发多种疾病

因为噪声通过听觉器官作用于大脑中枢神经系统，以致影响到全身各个器官，故噪声除对人的听力造成损伤外，还会给人体其他系统带来危害。由于噪声的作用，会产生头痛、脑涨、耳鸣、失眠、全身疲乏无力以及记忆力减退等神经衰弱症状。长期在高噪声环境下工作的人比低噪声环境下工作的人，高血压、动脉硬化和冠心病的发病率要高 2～3 倍。可见噪声会导致心血管系统疾病。噪声也可导致消化系统功能紊乱，引起消化不良、食欲不振、恶心呕吐，使肠胃病和溃疡病发病率升高。此外，噪声对视觉器官、内分泌机能及胎儿的正常发育等方面也会产生一定影响。在高噪声中工作和生活的人们，一般健康水平逐年下降，对疾病的抵抗力减弱，可能诱发一些疾病，但也和个人的体质因素有关，不可一概而论。

3. 对生活工作的干扰

噪声对人的睡眠影响极大，人即使在睡眠中，听觉也要承受噪声的刺激。研究结果表明：连续噪声可以加快熟睡到轻睡的回转，使人多梦，并使熟睡的时间缩短；突然的噪声可以使人惊醒。一般来说，40 分贝连续噪声可使 10% 的人受到影响；70 分贝可影响 50% 的人；而突发的噪声在 40 分贝时，可使 10% 的人惊醒；到 60 分贝时，可使 70% 的人惊醒。噪声长期干扰睡眠会造成失眠、疲劳无力、记忆力衰退，以致产生神经衰弱症候群等。在高噪声环境里，这种病的发病率可达 50%～60% 以上。

（四）固体废弃物对环境的危害

固体废弃物对人类环境的危害表现在以下五个方面。

①侵占土地。固体废物产生以后，须占地堆放，堆积量越大，占地越多。据估算，每堆积 $1×10^4$ 吨废渣约需占地 1 亩。我国许多城市利用市郊设置垃圾堆场，也侵占了大量的农田。

②污染土壤。废物堆置，其中的有害组分容易污染土壤。如果直接利用来自医院、肉类联合厂、生物制品厂的废渣作为肥料施入农田，其中的病菌、寄生虫等就会污染土壤，人与污染的土壤直接接触或生吃此类土壤上种植的蔬菜、瓜果就会致病。

③污染水体。固体废物随天然降水或地表径流进入河流、湖泊，会造成水体污染。

④污染大气。一些有机固体废物在适宜的温度下被微生物分解，能释放出有害

气体。固体废物在运输和处理过程中也能产生有害气体和粉尘。

⑤影响环境卫生。我国工业固体废物的综合利用率很低,城市垃圾、粪便清运能力不高,严重影响城市容貌和环境卫生,对人的健康构成潜在威胁。

五、环境污染的典型治理方法

(一)清洁生产

1. 清洁生产的概念

清洁生产首先是使用低杂质的无毒或低毒的原材料,改革生产工艺或更新设备,研究和开发无公害、少污染的生产技术,发展绿色产品,减少单位产出的废弃物排出量。宏观调控产业结构,对消耗高、效益低、污染重的工业企业采取关、停、并、转、迁等调整措施。研制和使用能耗低或采用清洁能源的交通运输工具,逐步淘汰和限制使用落后的交通运输工具。

2. 清洁生产的内涵

清洁生产从本质上来说,就是对生产过程与产品采取整体预防的环境策略,减少或者消除它们对人类及环境的可能危害,同时充分满足人类需要、使社会经济效益最大化的一种生产模式。具体措施包括:不断改进设计;使用清洁的能源和原料;采用先进的工艺技术与设备;改善管理;综合利用;从源头削减污染,提高资源利用效率;减少或者避免生产、服务和产品使用过程中污染物的产生和排放。清洁生产是实施可持续发展的重要手段。

3. 清洁生产的基本内容

(1)过程

清洁生产的定义包含了两个清洁过程控制:生产全过程和产品周期全过程。

对生产过程而言,清洁生产包括节约原材料和能源,淘汰有毒有害的原材料,并在全部排放物和废物离开生产过程以前,尽最大可能减少它们的排放量和毒性。

清洁生产思考方法与之前的生产方法的不同之处在于:过去考虑对环境的影响时,把注意力集中在污染物产生之后如何处理,以减小对环境的危害;而清洁生产则是要求把污染物消除在它产生之前。

(2)目标

根据经济可持续发展对资源和环境的要求,清洁生产谋求两个目标:通过资源的综合利用、短缺资源的代用、二次能源的利用,节能、降耗、节水,合理利用自然资源,减缓资源的耗竭;减少废物和污染物的排放,促进工业产品的生产、消耗过程与环境相融,降低工业活动对人类和环境的风险。

· 216 ·

（二）合理利用能源与资源

加强工业生产管理，把环境保护纳入企业生产经营管理轨道。节能降耗，减少物料流失，回收利用可燃气体、余热、余压；工业三废要回收再生、交叉利用，建立闭合生产流程，实现生产过程的机械化、自动化、密闭化；提高设备运行完好率，防止跑、冒、滴、漏和事故排放；改进燃煤技术，提高燃烧效率，低硫优质煤优先供给民用，积极开发采用无污染、少污染的能源；改革燃料构成，逐步实现燃气化和电气化，扩大联片或集中供热。

（三）噪声的处理

1. 降低声源噪声

工业、交通运输业可以选用低噪声的生产设备和改进生产工艺，或者改变噪声源的运动方式（如用阻尼、隔振等措施降低固体发声体的振动）。

2. 在传播途径上降低噪声

控制噪声的传播，改变声源已经发出的噪声传播途径，如采用吸音、隔音、音屏障、隔振等措施，以及合理规划城市和建筑布局等。

3. 受音者或受音器官的噪声防护

在声源和传播途径上无法采取措施，或采取的声学措施仍不能达到预期效果时，就需要对受音者或受音器官采取防护措施，如长期职业性噪声暴露的工人可以戴耳塞、耳罩或头盔等护耳器。

4. 废弃物处理

对暂无综合利用价值的工业三废要进行净化处理，如采用废气净化和除尘技术来控制烟尘、废气，达到国家排放标准，就能排放。城市生活垃圾、人畜粪便、污水等应集中进行无害化处理，医院污水可能含多种病原微生物、放射性废物，必须经专门的消毒处理方可排放。

对生活中的垃圾进行分类

活动目的	能够利用环境保护的知识进行日常生活中的垃圾分类，促进自己养成良好的环境保护理念。
	教师布置任务

续表

活动训练任务描述	1. 学生熟悉相关知识。 2. 将学生每 5 个人分成一个小组。 3. 结合所学的环境保护相关知识，对现在上课的教室和教室所在楼道中的垃圾进行回收，并统计好哪些是可回收的、哪些是不可回收的，列举详细清单。 4. 每个小组选出一位代表陈述本组观点，其他小组可以对其进行提问，小组内其他成员也可以回答提出的问题；通过问题交流，将每一个需要研讨的问题都弄清楚。 5. 根据各组在活动过程中的表现和结论，教师点评赋分。
所需材料	塑料袋、笔、A4 纸。

对生活中的垃圾进行分类

实施方式	实践式、研讨式		
研讨结论			
可回收垃圾清单	不可回收垃圾清单		处理建议
教师评语：			
班级		第　　组	组长签字
教师签字			日期

218

模块九

质量意识和环保理念

单元9.3 树立生态文明意识

案例9.3

学习领域	《质量意识和环保理念》——树立生态文明意识		
案例名称	华盛顿州的金鱼灾	学时	2课时
案例内容			

2015年7月,被告人李××根据被告人卓×的指使携带两个行李箱,乘坐飞机抵达广州白云机场口岸,并选择无申报通道入境,未向海关申报任何物品。海关关员经查验,从李××携带的行李箱内查获乌龟259只。经鉴定,上述乌龟分别为地龟科池龟属黑池龟12只、地龟科小棱背龟属印度泛棱背龟247只,均属于受《濒危野生动植物种国际贸易公约》附录Ⅰ保护的珍贵动物,价值共计647.5万元。

启示:本案的审理和判决对于教育警示社会公众树生态、法律意识,自觉保护生态环境尤其是野生动植物资源,具有较好的示范作用。

一、生态和生态系统

生态一词,现在通常是指生物的生活状态。指生物在一定的自然环境下生存和发展的状态,也指生物的生理特性和生活习性。

生态系统(Ecosystem)指由生物群落与无机环境构成的统一整体。生态系统的范围可大可小,相互交错,最大的生态系统是生物圈。

二、生态系统的组成成分

生态系统的组成成分:非生物的物质和能量、生产者、消费者、分解者。其中生产者为主要成分。不同的生态系统有:森林生态系统、草原生态系统、海洋生态系统、淡水生态系统(分为湖泊生态系统、池塘生态系统、河流生态系统等)、农田生态系统、冻原生态系统、湿地生态系统、城市生态系统。

发现校园的生态系统

活动目的	能够利用所学的理论，发现校园的生态系统，找到保护校园生态的措施，帮助学生树立正确的生态文明意识。
教师布置任务	
活动训练任务描述	1. 学生熟悉相关知识。 2. 将学生每5个人分成一个小组。 3. 请同学们用手机拍摄一张学院的风景或角落照片，分析风景或角落里的生态系统的构成（生产者、消费者、分解者），说明可能影响这个生态系统良性循环的物品或者做法。 4. 每个小组选出一位代表陈述本组观点，其他小组可以对其进行提问，小组内其他成员也可以回答提出的问题；通过问题交流，将每一个需要研讨的问题都弄清楚。 5. 根据各组在研讨过程中的表现，教师点评赋分。
所需材料	手机（拍照）、笔、A4纸。

发现校园的生态系统

实施方式	实践式、研讨式
研讨结论	

分析发现的生态系统的构成	可能影响生态系统的物品或做法	认为保护该生态系统的措施

续表

教师评语：					
班级		第　　组		组长签字	
教师签字				日期	

模块小结九

　　正确的质量意识和环保理念是一名员工职业素养的重要体现，将正确的质量意识和环保理念应用到日常生活和实际工作中，将为职业的可持续发展提供重要保障。本模块的重点为以下内容。

　　1. 重点介绍质量意识的基本理论、提升质量意识的具体做法；现场管理（7S）的主要内容和作用。通过对所在宿舍进行现场管理的活动训练，要求树立正确的质量意识。

　　2. 重点介绍环境和环境保护的基本概念、环境污染的危害和治理环境污染的主要措施。通过生活中垃圾分类的活动训练，要求勇于承担环保责任。

　　3. 重点介绍生态和生态系统的基本概念、我国生态环境的概况和现状以及保护生态系统的对策，通过发现校园生态系统的活动训练，要求树立生态文明意识。

模块十　职场法律和劳动权益

导入案例

如何与用人单位约定试用期

张肃是某高校法学专业的学生，平时学习刻苦，成绩优异。2018 年张肃就要毕业了，为了丰富自己的简历、拥有更多的工作经验，于是他春节返校后，就在学校周边的一家外企实习。张肃平时有空才去上班，工作时间和工作内容不定。公司则每月支付给张肃 1 500 元的生活费。

经过 3 个月的实习，张肃觉得该家公司的发展前景和实力都不错，就想留在这家公司继续工作。公司也看到了张肃的能力，有意要留下张肃。于是，经过沟通和协商，公司决定和张肃签订为期 3 年的劳动合同，工作岗位是法务，月薪 4 500 元，并约定张肃的试用期为 2 个月，试用期工资为 3 800 元。张肃不明白，为什么自己在公司已经实习 3 个月了，还要约定试用期呢？

启示： 同学们可能在实际生活当中也遇到过这样的问题，但是往往因为缺乏相应的法律知识和常识、维护自身合法权益的意识，导致事情最后不了了之。所以，学习一些劳动方面的法律知识，对于我们在职场中维护自身合法权益是十分必要的。

学习目标

1. 认知目标：记清《劳动法》《劳动合同法》以及其他关于劳动者权利与义务方面法律法规的相关规定和基本概念；明确企业在劳动关系中应当承担的责任与义务，知晓劳动关系能否合法、有效的影响因素；学会运用法律手段应对、解决当学生作为劳动者时在职场中所要面对的相关法律问题。

2. 技能目标：能够清醒地规避不法企业在招聘活动时布下的陷阱，分辨虚假招聘信息，知悉在签订劳动合同时所要注意的事项，合理地遵守运用企业的考勤制度。

3. 情感目标：培养学生学习相关法律法规知识的兴趣和良好的职业道德。

单元 10.1　劳动合同和劳动争议

案例 10.1

学习领域	《职场法律和劳动权益》——劳动合同和劳动争议		
案例名称	需不需签劳动合同，怎样解决劳动争议？	学时	2 课时

案例内容

2019年4月，17周岁的小军刚刚参加完省里统一组织的高职院校单独招生考试，一想到离9月份正式进入大学校园还有很长一段时间，于是去某宾馆应聘，工作岗位是锅炉房司炉，希望勤工俭学一段时间，为家里减轻一些负担。之后被这家宾馆录用了（该宾馆在此之前已向所在地的劳动行政部门办理了用工登记）。因为小军的身份还是学生，在宾馆岗位上究竟能做多长时间自己也不确定，于是宾馆方面就把他划入了临时工的行列，也没有签订相应的劳动合同。

于是，小军向宾馆有关领导要求增加人手或给自己调换工作岗位。而宾馆的有关负责人却以招聘启事中明确约定了小军的工作岗位为由拒绝了小军的要求。因此，双方产生了争议。到了8月份，小军实在难以忍受如此高强度的劳动，向宾馆提出辞职，并要求结算相应的工资，但宾馆却以工作不满一个月为由拒绝给小军结算工资，小军该怎么办呢？

一、劳动合同概述

(一) 劳动合同的概念

根据《中华人民共和国劳动法》（以下简称《劳动法》）第十六条第一款规定，劳动合同是劳动者与用工单位之间确立劳动关系、明确双方权利和义务的协议。

根据这个协议，劳动者加入企业、个体经济组织、事业组织、国家机关、社会团体等用人单位，成为该单位的一员，承担一定的工种、岗位或职务工作，并遵守所在单位的内部劳动规则和其他规章制度；用人单位应及时安排被录用的劳动者工作，按照劳动者提供劳动的数量和质量支付劳动报酬，并且根据劳动法律、法规规定和劳动合同的约定提供必要的劳动条件，保证劳动者享有劳动保护及社会保险、福利等权利和待遇。建立劳动关系时应当订立劳动合同，并且，订立和变更劳动合同，应当遵循平等自愿、协商一致的原则，不得违反法律、行政法规的规定。劳动合同依法订立即具有法律约束力，当事人必须履行劳动合同规定的义务。

(二) 劳动合同的必备条款内容

劳动合同是员工与单位之间劳动关系权利和义务的约定，也是劳动关系的最直接证据。合同是缔约人之间自由意志的表现，但与其他领域的合同不同，当事人在订立劳动合同时的自由度较低，因为我国法律对于劳动合同的订立时间、订立形式存档、合同内容等方面有严格的规定，企业在订立劳动合同时必须严格遵守法律的强制性规定。

我国《劳动法》第十九条规定，劳动合同应当以书面形式订立，并具备以下条款。

(1) 劳动合同期限
(2) 工作内容
(3) 劳动保护和劳动条件
(4) 劳动报酬
(5) 劳动纪律
(6) 劳动合同终止的条件
(7) 违反劳动合同的责任

我国《劳动合同法》第十七条又对劳动合同的内容做了进一步的规定，劳动合同应当具备以下条款。

(1) 用人单位的名称、住所和法定代表人或者主要负责人
(2) 劳动者的姓名、住址和居民身份证或者其他有效身份证件号码
(3) 劳动合同期限

（4）工作内容和工作地点

（5）工作时间和休息休假

（6）劳动报酬

（7）社会保险

（8）劳动保护、劳动条件和职业危害防护

（9）法律、法规规定应当纳入劳动合同的其他事项

与此同时，相关的法律法规又对签订劳动合同的用人单位和劳动者，也就是劳动合同关系的主体的范围和资格加以规定。劳动合同的当事人必须具有合法的主体资格。作为用人单位必须是依法成立的企业、个体经济组织、国家机关、事业组织和社会团体，只有这样的用人单位才有权签订劳动合同。另一方当事人劳动者也必须具备一定的资格、条件，最重要的就是达到法定的就业年龄，必须是年满十六周岁，国家严禁用人单位招用未满十六周岁的未成年人。文艺、体育以及特种工艺单位招用未满十六周岁的未成年人，必须依照国家有关规定，履行审批手续，并保障接受义务教育的权利。用人单位不能招用童工（十六周岁以下），也就是说劳动者必须是达到法定就业年龄且具有劳动行为能力的人。

（三）劳动合同的期限

1. 劳动合同的订立时间

根据《劳动合同法》第十条、第六十九条的规定，全日制劳动者与用人单位建立劳动关系，应当订立书面的劳动合同。订立书面劳动合同是用人单位的职责，非劳动者自身原因未签订书面劳动合同超过一定时间将会承担一定的法律后果。非全日制劳动者与用人单位之间建立劳动关系可以订立口头协议，但劳动争议中举证责任一般在用人单位方，因此即使是非全日制用工也应当订立书面劳动合同，以明确双方权利义务，防止争议。

通常劳动合同应当在建立劳动关系之日，即开始用工当日签署。但是我国《劳动合同法》并没有强制要求必须在用工同时签署书面劳动合同，而是规定了一个月的宽限期。即最迟应当在用工之日起一个月内订立书面劳动合同。但为了保护劳动者自身合法权益，建议劳动者应及时、明确地要求用人单位在建立劳动关系之日起签署劳动合同，如果已经开始实际工作而暂时未签署书面劳动合同，那么员工的合法权益在这段"空档期"中缺少必要和完备的保障。

在现实中，如果用人单位由于种种理由，与劳动者形成了劳动关系，却未与其订立相应的劳动合同，试图逃避应当履行的劳动合同义务，甚至任意解除劳动关系，给劳动者的合法权益造成了极大的损害。因此，我国《劳动合同法》针对这种情况，规定了两项"罚则"，来遏制用人单位这种不法行为的发生。

第一条罚则是"支付双倍工资"。用人单位自用工之日起超过一个月不满一年未与劳动者订立书面劳动合同的，应当向劳动者每月支付二倍的工资，并应当与劳动者签订书面劳动合同（《劳动合同法》第八十二条）。

第二个罚则是"自动订立无固定期合同"。用人单位自用工之日起满一年仍然不与劳动者订立书面劳动合同的，视为用人单位与劳动者已订立无固定期限劳动合同（《劳动合同法》第十四条）。

需要注意的是，"双倍工资"与"视为无固定期限劳动合同"两个法律后果并不叠加适用。换而言之，劳动者自劳动关系确立之日起一个月的次日至满一年的前一日期间可以向用人单位主张双倍工资（即十一个月的双倍工资），自劳动关系确立满一年的当日，用人单位与劳动者之间的劳动关系视为已经订立了无固定期限劳动合同，此时劳动者就不能再主张双倍工资了。

2. 劳动合同的期限种类

（1）固定期限劳动合同

《劳动合同法》第十三条规定："固定期限劳动合同，是指用人单位与劳动者约定合同终止时间的劳动合同。用人单位与劳动者协商一致，可以订立固定期限劳动合同。"固定期限劳动合同中明确规定了合同效力的起始和终止的时间，劳动合同期限届满，劳动关系即告终止。固定期限劳动合同期限将届满时，如果双方协商一致，还可以续订劳动合同，延长期限。固定期限的劳动合同可以是较短时间的，如半年、一年、两年，也可以是较长时间的，如五年、十年，甚至更长时间，但不管时间长短，劳动合同的起始和终止日期都是固定的。具体期限由当事人双方自由协商确定。

固定期限的劳动合同适用范围广，应变能力强，既能保持劳动关系的相对稳定，又能促进劳动力的合理流动，使资源配置合理化、效益化，是现实中运用较多的一种劳动合同。对于那些长年性工作，要求保持连续性、稳定性的工作，技术性强的工作，适宜签订较为长期的固定期限劳动合同。对于一般性、季节性、临时性、用工灵活、职业危害较大的工作职位，适宜签订较为短期的固定期限劳动合同。需要注意的是，劳动合同期限不满三个月的，依照《劳动合同法》规定，该情形不得约定试用期。

（2）无固定期限劳动合同

我国《劳动合同法》第十四条规定："无固定期限劳动合同，是指用人单位与劳动者约定无确定终止时间的劳动合同。"无确定终止时间，是指劳动合同没有一个确切的终止时间，劳动合同的期限长短不能确定，但并不是劳动合同永不终止，也不是永不能解除劳动合同，只要没有出现法律规定的合同终止条件或者解除条件，双方当事人就要继续履行劳动合同规定的义务。一旦出现了法律规定劳动合同终止条件或者解除条件，无固定期限劳动合同也同样能够终止或解除。

订立无固定期限劳动合同可分为三种原因。

第一，用人单位和员工协商一致而订立无固定期限劳动合同。

订立劳动合同应当遵循平等自愿、协商一致的原则。只要企业与员工协商一致，没有采取胁迫、欺诈、隐瞒事实等非法手段，符合法律的有关规定，就可以订立无固定期限劳动合同。

第二，根据我国《劳动法》第二十条、《劳动合同法》第十四条的规定，出现法定情形时，员工提出或者同意续订劳动合同的，应当订立无固定期限劳动合同，具体包括：

——员工已在该用人单位连续工作满十年的。

法律做这样的规定，主要是为了维持劳动关系的稳定。如果一个员工在该用人单位工作了十年，就能说明他已经能够胜任这份工作，而用人单位的这个工作职位也确实需要保持人员的相对稳定。在这种情况下，如果员工愿意，用人单位应当与员工订立无固定期限劳动合同，维持较长的劳动关系。

——用人单位初次实行劳动合同制度或者国有企业改制重新订立劳动合同时，员工在该用人单位连续工作满十年且距法定退休年龄不足十年的。

——用人单位与员工已经连续订立两次固定期限劳动合同，并且员工没有下列情形之一的：

①在试用期间被证明不符合录用条件的。

②严重违反用人单位的规章制度的。

③严重失职，营私舞弊，给用人单位造成重大损害的。

④员工同时与其他用人单位建立劳动关系，对完成本单位的工作任务造成严重影响，或者经用人单位提出，拒不改正的。

⑤以欺诈胁迫的手段或者乘人之危，使单位在违背真实意思的情况下订立或者变更劳动合同的，并致使劳动合同无效。

⑥员工被依法追究刑事责任的。

⑦劳动者患病或者非因工负伤，在规定的医疗期满后不能从事原工作，也不能从事由用人单位另行安排的工作的。

⑧劳动者不能胜任工作，经过培训或者调整工作岗位，仍不能胜任工作的。

需要指出的是：用人单位自用工之日起满一年不与劳动者订立书面劳动合同的，视为用人单位自用工满一年的当日起与劳动者已订立无固定期限劳动合同。

3. 以完成一定工作任务为期限的劳动合同

我国《劳动合同法》第十五条规定："以完成一定工作任务为期限的劳动合同，是指用人单位与劳动者约定以某项工作的完成为合同期限的劳动合同。用人单位与

劳动者协商一致，可以订立以完成一定工作任务为期限的劳动合同。"

以完成一定的工作任务为期限的劳动合同，是以某一项工作或任务的实际起始日期和终止日期来确定合同有效期的一种合同形式，约定任务完成后合同自行终止。一般在以下几种情况下，用人单位与员工可以签订以完成一定工作任务为期限的劳动合同。

（1）以完成单项工作任务为期限的劳动合同
（2）以专案承包方式完成承包任务的劳动合同
（3）因季节原因临时用工的劳动合同
（4）其他双方约定的以完成一定工作任务为期限的劳动合同

以完成一定工作任务为期限的劳动合同与其他种类的劳动合同一样，在加班费、社保、支付经济补偿金、赔偿金方面并无法律规定上的差别，但也存在一定的特殊性。首先，以完成一定工作任务为期限的劳动合同按照《劳动合同法》第十九条规定，不得约定试用期。其次，以完成一定工作任务为期限的劳动合同签订数次不会转化为无固定期限劳动合同，不会受到无固定期限劳动合同的约束。

（四）用人单位和劳动者的相关信息

劳动合同中包含用人单位的名称、住所和法定代表人或者主要负责人信息，是对劳动者知情权的一种保护，其中就包括用人单位的名称、住所地以及法定代表人或主要负责人的信息，属于劳动合同的必要条款。

劳动合同中必须包含劳动者的姓名、住址和居民身份证或者其他有效身份证件号码，是为了明确劳动合同中劳动者一方的主体资格，确定劳动合同的当事人。需要注意的是，用人单位对劳动者的用工处理都需要对劳动者进行送达，并承担已向劳动者送达的举证责任，所以劳动合同中需要明确劳动者的通信地址。员工作为接收通知的一方，如果收到通知而不予回复，则可能在法律上丧失或者视为放弃某些权益。现实中劳动者的实际住址与身份证件上的住址很可能不一致，建议在劳动合同中要明确以下三点：①劳动者的实际通信地址；②如果实际通信地址发生变更，劳动者有义务及时书面通知单位，否则因此导致的一切后果和责任由劳动者自负；③所有发往约定通信地址的信件，都视为已送达员工。

（五）工作内容与工作地点

工作内容一般是指劳动者的工作岗位、任务、职责，是用人单位使用劳动者的目的，也是劳动者通过自己的劳动取得劳动报酬的缘由。劳动合同中的工作内容条款应当规定得明确具体，便于遵照执行。如果劳动合同没有约定工作内容或约定的工作内容不明确，用人单位则可以自由支配劳动者，随意调整劳动者的工作岗位，难以发挥劳动者所长，也很难确定劳动者的劳动量和劳动报酬，造成劳动关系的极不稳定，因此约定和明确工作内容是必不可少的。另外，工作岗位约定要掌握技巧，太宽泛或者太严苛均会引起劳动争议。

工作地点是指劳动合同的履行地，是劳动者从事劳动合同中所规定的工作内容的地点。工作地点关系到劳动者的工作环境、生活环境以及劳动者的就业选择，劳动者有权在与用人单位建立劳动关系时知悉自己的工作地点。同时，劳动地点也是劳动争议法定优先的司法管辖地，因此明确约定工作地点有利于准确确定劳动争议的管辖地。

（六）工作时间与休息休假

工作时间是指劳动者在用人单位中必须用来完成其所担负的工作任务的时间。《劳动法》中的工作时间包括工作时间的长短、工作时间方式的确定，如是八小时工作制还是六小时工作制，是日班还是夜班，是正常工时还是实行不定时工作制，或者是综合计算工时制。工作时间上的不同，对劳动者的就业选择、劳动报酬等均有影响，故其属于劳动合同的必要条款。

休息休假是指用人单位的劳动者按规定不必进行工作，自行支配的时间。休息休假的权利是每个国家的公民都应享受的权利，用人单位与劳动者约定休息休假事项时应当遵守《劳动法》及相关法律法规的规定。

（七）劳动报酬

劳动报酬是指员工与企业确定劳动关系后，因提供了劳动而取得的报酬。劳动报酬是满足员工生活需要的主要来源，也是员工付出劳动后应该得到的回报。因此，劳动报酬是劳动合同中必不可少的内容。劳动报酬主要包括以下几个方面。

①企业工资水准、工资分配制度、工资标准和工资分配形式。②工资支付办法。③加班加点工资及津贴、补贴标准和奖金分配办法。④工资调整办法。⑤试用期及病事假等期间的工资待遇。⑥特殊情况下员工工资支付办法。⑦其他劳动报酬，如奖金的分配办法。

（八）社会保险

社会保险是政府通过立法强制实施，由劳动者和用人单位或社区以及国家三方面共同筹资，帮助员工及其亲属在遭遇年老疾病、工伤、生育、失业等风险时，防止收入的中断、减少和丧失，以保障其基本生活需求的社会保障制度。

在我国，社会保险是社会保障体系的重要组成部分之一，其在整个社会保障体系中居于核心地位。另外，社会保险是一种缴费性的社会保障，资金主要是用人单位和劳动者本人缴纳，政府财政给予补贴并承担最终的责任。

劳动者只有履行了法定的缴费义务，并在符合法定条件的情况下，才能享受相

应的社会保险待遇。在我国，社会保险包括养老保险、医疗保险、失业保险、工伤保险、生育保险五种。

（九）劳动保护、劳动条件、职业危害防护

1. 劳动保护

是指企业为了防止劳动过程中的安全事故，采取各种措施来保障员工的生命安全和健康。在劳动生产过程中，存在各种不安全、不卫生因素，如不采取措施加以保护，将会发生工伤事故。如矿非作业可能发生瓦斯爆炸、水火灾害等事故，建筑施工可能发生高空坠落、物体打击等。所有这些都会危害员工的安全、健康，妨碍工作的正常进行。国家为了保障员工身体安全和生命健康，通过制定相应的法律和行政法规、规章，规定劳动保护。企业也应根据自身的具体情况，规定相应的劳动保护制度，以保证员工的健康和安全。

2. 劳动条件

主要是指企业为方便员工顺利完成劳动合同约定的工作任务，为员工提供必要的物质和技术条件，如必要的劳动工具、机械设备、工作场地、劳动经费、辅助人员、技术资料、工具书以及其他一些必不可少的物质、技术条件和其他工作条件。

3. 职业危害防护

是指企业的员工在职业活动中，因接触职业性有害因素如粉尘、放射性物质和其他有毒、有害物质等而对生命健康所引起的危害。《职业病防治法》中还规定了企业在职业病防护中的义务：

①用人单位应当为劳动者创造符合国家职业卫生标准和卫生要求的工作环境和条件，并采取措施保障员工获得职业卫生保护。

②应当建立、健全职业病防治责任制，加强对职业病防治的管理，提高职业病防治水准，对本单位产生的职业病危害承担责任。

③用人单位必须采用有效的职业病防护设施，并为劳动者提供个人使用的职业病防护用品。

④用人单位的主要负责人和职业卫生管理人员应当接受职业卫生培训，遵守职业病防治法律、法规，依法组织本单位的职业病防治工作。用人单位应当对劳动者进行上岗前的职业卫生培训和在岗期间的定期职业卫生培训，普及职业卫生知识，督促劳动者遵守职业病防治法律、法规、规章和操作规程，指导劳动者正确使用职业病防护设备和个人使用的职业病防护用品。

二、劳动争议

（一）劳动争议的概念

劳动争议，也称劳动纠纷，是指劳动关系的当事人之间因执行劳动法律、法规和履行劳动合同而发生的纠纷，即劳动者与所在单位之间因劳动关系中的权利义务而发生的纠纷。劳动争议的范围，在不同的国家有不同的规定。根据我国《劳动争议调解仲裁法》第二条的规定，劳动争议的范围如下。

（1）因确认劳动关系发生的争议
（2）因订立、履行、变更、解除和终止劳动合同发生的争议
（3）因除名、辞退和辞职、离职发生的争议
（4）因工作时间、休息休假、社会保险、福利、培训以及劳动保护发生的争议
（5）因劳动报酬、工伤医疗费、经济补偿或者赔偿金等发生的争议
（6）法律、法规规定的其他劳动争议

但并非劳动者和用人单位之间发生的一切争议都是"劳动争议"。根据《最高人民法院关于审理劳动争议案件适用法律若干问题的解释（二）》第七条的规定，下列纠纷不属于劳动争议。

（1）劳动者请求社会保险经办机构发放社会保险金的纠纷
（2）劳动者与用人单位因住房制度改革产生的公有住房转让纠纷
（3）劳动者对劳动能力鉴定委员会的伤残等级鉴定结论或者对职业病诊断鉴定委员会的职业病诊断鉴定结论的异议纠纷
（4）家庭或者个人与家政服务人员之间的纠纷
（5）个体工匠与帮工、学徒之间的纠纷
（6）农村承包经营户与受雇人之间的纠纷

（二）劳动争议的处理

劳动争议当事人可自愿选择协商或调解，仲裁是劳动争议处理的前置程序。

1. 协商与和解

协商，是指发生劳动争议的双方当事人在尊重事实、依据法律、充分考虑双方利益的情况下，通过谈判、磋商，在双方达成共识的基础上解决纠纷的形式。协商的前提是双方自愿，协商的基础是取得一致。对协商后达成的协议，争议双方可以执行，也可以不执行，不执行协商协议的叫协商不成。协商和解是建立在双方自愿基础上的，不是处理劳动争议的必经程序。不愿协商的，可以申请调解，也可以直接申请仲裁。协商解决争议的特点在于既省时、便利、节省费用，又能及时解决争

议,防止损失的扩大,能最大限度维持用人单位与劳动者之间的良好劳资关系,是解决劳动争议最先选择的途径。

2. 调解程序

用人单位与劳动者双方自行协商不成的或协商达不成一致意见的,任何一方可以向用人单位所在地劳动争议调解组织申请调解。调解程序是自愿的,只有双方当事人都同意申请调解,调解组织才能受理该案件,当事人可以不经过调解而直接申请仲裁。另外,工会与用人单位因履行集体合同发生争议,不适用调解程序,当事人应直接申请仲裁。

根据我国《劳动争议调解仲裁法》第十条规定,劳动争议调解组织分为三种。①企业劳动争议调解委员会。企业劳动争议调解委员会由职工代表和企业代表组成。职工代表由工会成员担任或者由全体职工推举产生,企业代表由企业负责人指定。企业劳动争议调解委员会主任由工会成员或者双方推举的人员担任。②依法设立的基层人民调解组织。③在乡镇、街道设立的具有劳动争议调解职能的组织。

根据我国《劳动争议调解仲裁法》第十二条、第十三条、第十四条及第十五条规定,劳动争议的调解程序如下。

(1) 调解申请

劳动争议的双方当事人以口头或书面的形式向劳动争议调解组织提出的调解请求,劳动争议调解组织只有在收到当事人的调解申请后,才能受理并行使调解。需要注意的是,调解并非是解决劳动争议的必经阶段,双方当事人可以申请调解,也可以申请仲裁。

(2) 调解受理

劳动争议调解组织在收到调解申请后,经过审查,听取双方当事人对事实和理由的陈述,做好笔录并签名或盖章,决定是否接受案件申请。调解申请可以是双方当事人共同提出,也可以是一方提出,但必须是在双方合意的情况下。调解委员会受理时主要就三项内容进行审查:一是调解申请人的资格;二是争议案件是否属劳动争议;三是争议案件是否属调解委员会受理的范围。调解委员会在对案件进行审查后,就可以做出是否受理的决定并及时将决定通知双方当事人。

(3) 进行调查

案件受理后,调解委员会的首要任务是进行调查工作。调查的内容主要包括:双方当事人争议的事实及对调解申请提出的意见和依据;调查争议所涉及的其他有关人员、单位和部门及其对争议的态度和看法;查看和翻阅有关劳动法规以及争议双方订立的劳动合同或集体合同等。

(4) 实施调解

实施调解是指通过召开调解会议对争议双方的分歧进行调解。调解会议一般由调解委员会主任主持，参加人员是争议双方当事人或其代表，其他有关部门或个人也可以参加。实施调解有两种结果。一是调解达成协议，依法制作调解协议书；二是调解不成或调解达不成协议，做好记录并制作调解处理意见书，提出对争议的有关处理意见。

经调解达成协议的，劳动争议调解组织制作一式三份的调解协议书，协议书应写明双方当事人的姓名（单位、法定代表人）、职务、争议事项、调解结果及其他需说明的事项，并由双方当事人签名或盖章，经调解员签名并加盖调解组织印章后生效。自劳动争议调解组织收到调解申请之日起十五日内未达成调解协议的，当事人可以依法申请仲裁。

（5）调解执行

调解协议达成后，争议双方当事人都应按达成的调解协议书内容自觉地执行。调解协议书是双方当事人经过协商，自愿处分其实体权利和诉讼权利的一种文书形式。《最高人民法院关于审理涉及人民调解协议的民事案件的若干规定》第四、第五条分别规定了调解协议有效的条件和无效的情形。具备以下条件的调解协议有效：一是当事人具有完全民事行为能力；二是意思表示真实；三是不违反法律、行政法规的强制性规定或者社会公共利益。

3. 劳动仲裁

仲裁，是指由双方当事人协议将争议提交具有公认地位的第三者，由该第三者对争议的是非曲直进行评判并做出裁决的一种解决争议的方法。仲裁异于诉讼和审判，仲裁需要双方自愿，也异于强制调解，是一种特殊调解，是自愿型公断，区别于诉讼等强制型公断。仲裁活动和法院的审判活动一样，关乎当事人的实体权益，是解决民事争议的方式之一。

而劳动争议仲裁是指经劳动争议当事人申请，由劳动争议仲裁委员会对劳动争议当事人因劳动权利、义务等问题产生的争议进行评价、调解和裁决的一种处理劳动争议的方式。劳动争议仲裁区别于劳动争议调解的主要一点是，劳动争议仲裁的处理结果具有强制执行力。

（1）劳动仲裁的受理范围

根据《劳动争议调解仲裁法》的规定，劳动仲裁委员会受理下列发生在用人单位与劳动者之间的劳动争议。

①因确认劳动关系发生的争议。

②因订立、履行、变更、解除和终止劳动合同发生的争议。

③因除名、辞退和辞职、离职发生的争议。

④因工作时间、休息休假、社会保险、福利、培训以及劳动保护发生的争议。

⑤因劳动报酬、工伤医疗费、经济补偿或者赔偿金等发生的争议。

⑥法律、法规规定的其他劳动争议。

除上述几种一般情况属于劳动争议受案范围以外，还有几项特殊的规定：

①事业单位实行聘用制的工作人员与本单位发生劳动争议的，除法律、行政法规或者国务院另有规定的以外，应当属于劳动仲裁受理范围。

②因履行集体合同发生的争议，属于劳动仲裁受理范围。

除了上述情形外，都不属于劳动仲裁受理范围。此外，《最高人民法院关于审理劳动争议案件适用法律若干问题的解释（二）》第三条规定，劳动者以用人单位的工资欠条为证据直接向人民法院起诉，诉讼请求不涉及劳动关系其他争议的，视为拖欠劳动报酬争议，按照普通民事纠纷受理。根据此条文的规定，对于用人单位拖欠的工资，如果用人单位已经写下欠条的，这种情况下劳动者可以直接向法院起诉，不需要劳动仲裁前置程序。

用人单位针对员工提起的劳动仲裁，应当在应诉前审查该纠纷是否属于劳动争议。如纠纷不属于劳动争议，应当在答辩期内向劳动争议仲裁委员会提出异议。

（2）劳动仲裁的特点

①先裁后审，程序简便。

劳动争议的解决实行仲裁前置，依据法律的规定，劳动争议的当事人在提起劳动诉讼前需要申请劳动仲裁，对劳动仲裁不服的，才能提起劳动诉讼。未经仲裁程序的劳动争议案件，法院不予受理（《最高院关于审理劳动争议案件适用法律若干问题的解释（二）》第三条的规定除外）。劳动争议仲裁不像民事诉讼程序那样复杂，无论是申诉、受理，还是审理、裁决都相对比较简单，且实行一裁终裁制。当事人不服裁决，可以向人民法院起诉，人民法院实行二审终审制度。

②裁决具有法律约束力。

劳动争议当事人应及时履行仲裁裁决，如果当事人不起诉又不履行仲裁裁决，在仲裁结果生效后，享有权利的当事人可以依法申请人民法院强制执行。裁决的法律约束力还体现在裁决一经生效，非依法定程序，任何人不得变更，否则应承担法律责任。

③受理范围限于权利争议。

目前，我国劳动争议仲裁机构仅受理劳动者和用人单位之间在履行劳动合同过程中所发生的权利争议，不受理集体协商中所产生的利益争议。与一些国家的权利争议由法院审理，利益争议由仲裁裁决受案范围有很大区别。

（3）劳动仲裁的时效

劳动仲裁的时效是指当事人因劳动争议纠纷要求保护其合法权利必须在法定的期限内向劳动争议仲裁委员会提出仲裁申请，否则法律规定消灭其申请仲裁权利的一种时效制度。

①一般时效。

2008年5月1日后受理的劳动争议案件，应当按照《劳动争议仲裁法》第27条的规定，时效为一年，仲裁时效期间从当事人知道或者应当知道其权利被侵害之日起计算。

2008年5月1日前受理的劳动争议案件，应当按照《劳动法》第82条的规定，时效为六十日，仲裁时效期间从劳动争议发生之日起计算。

②特殊时效。

考虑到用人单位与劳动者之间劳动关系的特殊性，《劳动争议调解仲裁法》规定了一般时效的例外情形，即劳动关系存续期间因拖欠劳动报酬发生争议的，劳动者申请仲裁不受一年时效的限制。待劳动关系解除或终止后，自劳动合同解除或终止之日起计算一年的普通时效。

③时效中断。

劳动争议的时效中断是指在劳动争议时效进行期间，因发生一定的法定事由致使已经经过的时效期间归于无效，待时效中断事由消除后，诉讼时效期间重新起算的时效制度。

《劳动争议调解仲裁法》规定了三种时效中断的法定事由，分别是：

当事人一方向对方主张权利，如劳动者向用人单位讨要被拖欠的工资或者经济补偿。

向有关部门请求权利救济。如劳动者向劳动监察部门或者工会反映用人单位违法要求加班，请求保护休息权利；也可以向劳动争议调解组织申请调解。

对方当事人同意履行义务。如劳动者向用人单位讨要被拖欠的工资，用人单位答应支付，或用人单位要求未满服务期离职的劳动者支付违约金，劳动者答应支付等。

④时效中止。

劳动争议的时效中止是指仲裁时效进行中的某一阶段，因发生法定事由致使权利人不能行使请求权，暂停计算仲裁时效，待阻碍时效进行的事由消除后，继续进行仲裁时效期间的计算的时效制度。时效中止的法定事由主要包括以下两种情形：

不可抗力，即不能预见、不能避免并且不能克服的客观情况，如发生特大自然灾害、地震等。

其他正当理由，即除不可抗力之外的阻碍权利人行使请求权的客观事实。如权利人为无民事行为能力人或限制民事行为能力人而无法定代理人，或其法定代理人死亡或丧失民事行为能力等。

（4）劳动仲裁的管辖

①级别管辖。

各级劳动争议仲裁委员会虽存在一定的级别管辖关系，但没有直接的隶属关系。

各地划分级别管辖的一般原则是，劳动争议案件一般由基层的劳动争议仲裁委员会管辖，特殊和重大的劳动争议案件的级别管辖由省人民政府规定。各地一般都规定，省级劳动争议仲裁委员会和设区的市的劳动争议仲裁委员会，负责处理外商投资用人单位的劳动争议和在本省有重大影响的劳动争议。有的地方还将用人单位划分为中央用人单位、省属用人单位和市属用人单位等，依此确定不同级别劳动争议仲裁委员会的管辖权。

②地域管辖。

劳动争议仲裁委员会负责管辖本区域内发生的劳动争议。劳动争议由劳动合同履行地或者用人单位所在地的劳动争议仲裁委员会管辖。

根据《劳动人事争议仲裁办案规则》第八条的规定，劳动合同履行地为劳动者实际工作场所，用人单位所在地为用人单位注册、登记地或者主要办事机构所在地。用人单位未经注册、登记的，其出资人、开办单位或者主管部门所在地为用人单位所在地。双方当事人分别向劳动合同履行地和用人单位所在地的仲裁委员会申请仲裁的，由劳动合同履行地的仲裁委员会管辖。有多个劳动合同履行地的，由最先受理的仲裁委员会管辖。劳动合同履行地不明确的，由用人单位所在地的仲裁委员会管辖。

③移送管辖。

仲裁委员会发现已受理案件不属于其管辖范围的，应当移送至有管辖权的仲裁委员会并书面通知当事人。对于移送案件，受移送的仲裁委员会应当依法受理。受移送的仲裁委员会认为移送的案件按照规定不属于其管辖，或者仲裁委员会之间因管辖争议协商不成的，应当报请共同的上一级仲裁委员会主管部门指定管辖。

④指定管辖。

对于被移送的劳动争议案件，受移送的仲裁委员会认为移送的案件按照规定不属于其管辖，或者仲裁委员会之间因管辖争议协商不成的，应当报请共同的上一级仲裁委员会主管部门指定管辖。

⑤管辖权异议。

劳动仲裁的管辖权异议是指劳动仲裁委员会受理后，当事人对该仲裁委员会对该案件无权管辖的意见及主张。用人单位或劳动者如对劳动仲裁受理的仲裁委员会的管辖权存在异议的，应当在答辩期届满前以书面的形式提交管辖异议申请书，当事人逾期提出不影响仲裁程序的进行；当事人因此对仲裁裁决不服的，可以依法向人民法院起诉或者申请撤销。当事人提出管辖权异议后，仲裁委员会应当进行审查，异议成立的，裁定移送至有管辖权的仲裁委；异议不成立的，裁定驳回。

（5）劳动仲裁的程序

劳动争议的程序分为申请、审查与受理、申请送达与答辩、提交证据、开庭审理、裁决生效与异议、裁决执行七个主要阶段。仲裁庭裁决劳动争议案件，应当自劳动争议仲裁委员会受理仲裁申请之日起四十五日内结束。案情复杂需要延期的，经劳动争议仲裁委员会主任批准，可以延期并书面通知当事人，但是延长期限不得超过十五日。如果仲裁庭逾期未做出裁决，用人单位与劳动者可以就劳动争议事项直接向人民法院提起诉讼。

案例讨论 10.1

需不需签劳动合同，怎样解决劳动争议？

	教师布置任务
案例讨论任务描述	1. 学生熟悉《劳动法》相关知识。 2. 教师抽取相关案例问题组织学生进行研讨。 3. 将学生每5个人分成一个小组。小组选取自己所在小组参加研讨的问题（避免小组间重复），通过内部讨论形成小组观点。 4. 每个小组选出一位代表陈述本组观点，其他小组可以对其进行提问，小组内其他成员也可以回答提出的问题；通过问题交流，将每一个需要研讨的问题都弄清楚。形成以下表格的书面内容。 5. 教师进行归纳分析，引导学生扎实掌握劳动法律、法规，学会用法律的武器维护自身的合法权益。 6. 根据各组在研讨过程中的表现，教师点评赋分。
案例问题	1. 小军可以在锅炉房司炉这个岗位工作吗？ 2. 小军有权利向用人单位提出调岗的要求吗？用人单位可以拒绝吗？ 3. 小军和用人单位需不需要签订劳动合同？为什么？ 4. 怎样解决劳动争议？
案例分析	1. 不可以，因为小军是未成年工，根据《劳动法》和《未成年工特殊保护规定》，用人单位不得安排未成年从事锅炉房司炉的工作。 2. 小军有权利提出调岗要求，用人单位应当满足其要求，否则用人单位可能承担责令整改、被罚款甚至赔偿的法律责任。 3. 小军与用人单位约定每天工作8小时，工资按月结算，属于用人单位的全日制用工，应当签订书面的劳动合同。 4. 根据我国《劳动法》《劳动合同法》等法律法规的相关规定，我国劳动争议处理实行"一调、一裁、两审"的处理体制，劳动争议发生后，小军与用人单位可以协商解决；不愿协商，协商不成或者达成和解协议后不履行的，可以向调解组织申请调解；不愿调解、调解不成或者达成调解协议后不履行的，应当向劳动争议仲裁委员会申请仲裁；对仲裁裁决不服的，除另有规定的外，可以向人民法院提起诉讼。

需不需签劳动合同，怎样解决劳动争议？

实施方式	研讨式		
研讨结论			
教师评语：			
班级		第　　组	组长签字
教师签字			日期

单元 10.2 考勤管理

案例 10.2

学习领域	《职场法律和劳动权益》——考勤管理		
案例名称	职工未主动提出年休假申请，能否视同自动放弃？	学时	2 课时

案例内容

2014 年 7 月初，职工杨某大学建筑工程专业毕业，任职市区某建筑公司工程监督科，签订了两年期劳动合同。入职后，杨某奔波在公司散布全国各地的建筑项目部。两年来，公司没有安排杨某休年休假，杨某害怕给公司留下不好的印象，也没敢主动提休假的事。杨某天南海北地跑，他相恋五年多的女友早就不乐意了。2014 年 6 月，女友给杨某下了最后通牒，要么离开她，要么离开公司另谋高就。爱情面前，杨某只有举手投降。2014 年 6 月，合同到期前一个月，杨某主动向公司打辞职报告，公司倒也爽快，很快批准了他的辞职申请。2014 年 7 月，杨某与公司办理交接手续时，与人力资源部就年休假报酬问题发生争议。杨某提出，自己来公司两年，从未休过一天年休假，要求公司按照规定支付这两年未休的 10 天年休假工资。公司当即拒绝了杨某的要求，理由是根据公司"休假必须提交申请，否则不予批准或按旷工处理"的规定，年休假工资，并非公司不给，主要是杨某在工作期间从未向公司提出年休假申请。既然没有申请，那就视同杨某主动放弃年休假，过期作废，当然也就没有事后补偿一说了。双方各执一词，根本说不到一块去。那么，杨某的要求和公司的解释，究竟哪一方的说法才符合法律的规定呢？

一、考勤管理

（一）工时制度

用人单位制定考勤制度，首先要确定自己施行的是何种工时制度。工时制度，即工作时间制度。我国目前有三种工作时间制度，即标准工时制、综合计算工时制和不定时工时制。

职业素养训练

1. 标准工时制

标准工时制是我国运用最为广泛的一种工制度。根据《中华人民共和国劳动法》和《国务院关于职工工作时间的规定》的规定在标准工时制下,劳动者每天工作的最长工时为 8 小时,周最长工时为 40 小时。除此之外,标准工时制还有以下几点要求。

①用人单位应保证劳动者每周至少休息 1 日。

②因生产经营需要,经与工会和劳动者协商,一般每天延长工作时间不得超过 1 小时。

③特殊原因每天延长工作时间不得超过 3 小时。

④每月延长工作时间不得超过 36 小时。

显然,根据标准工时制的规定,工作时间比较固定,且延长工作时间有明确严格的限制条件。

2. 综合计算工时制

综合计算工时制是指采用以周、月、季、年为周期综合计算工作时间的工时制度,但其平均日工作时间和平均周工作时间应与法定标准工作时间相同,即平均每日工作不超过 8 小时,平均每周工作不超过 40 小时。

综合计算工时制只能适用于以下员工。

①因工作性质需连续作业的。

②生产经营受季节及自然条件限制的。

③受外界因素影响,生产任务不均衡的。

④因职工家庭距工作地点较远,采用集中工作、集中休息的。

⑤实行轮班作业的。

⑥可以定期集中安排休息、休假的。

虽然施行综合计算工时制的职工每日的工作时间可以超过 8 小时,每周的工作时间可以超过 40 小时,但是其平均日工作时间同样不能超过 8 小时,平均周工作时间同样不能超过 40 小时。如果综合计算工时周期内总的实际工作时间超过了综合计算工时周期内的标准工作时间,视为加班,用人单位应当支付职工加班费。

3. 不定时工时制

不定时工时制是指因用人单位生产特点、工作特殊需要或因职责范围的关系,无法按标准工作时间安排工作或因工作时间不固定,需要机动作业的职工所采用的弹性工时制度。不定时工作制仅适用于以下人员。

①高级管理人员。

②外勤、推销人员。

③长途运输人员。

④长驻外埠的人员。

⑤非生产性值班人员。

⑥可以自主决定工作、休息时间的特殊工作岗位的其他人员。

三种工时制度的对比如表 10-1 所示。

表 10-1　三种工时制度的对比表

	标准工时制	综合计算工时制	不定时工时制
工作时间	每日不超过 8 小时，每周不超过 40 小时	以周、月、季度或年为周期计算工作时间；日平均工作时间不超过 8 小时，周平均工作时间不超过 40 小时	弹性工作，劳动定额或其他考核标准，保障职工休息权利
内部民主协商和公示	需要	需要	需要
政府报批	不需要	需要	需要
加班费	标准工作时间外工作需要支付加班费	计算周期内实际工作时间超过标准工作时间的，需要支付加班费	不支付

（二）工时制度的制定颁布

企业应当根据自身需要，选择适合本企业的工时制度。既可以是一种工时制度，也可以是两种或三种工时制度的结合。施行综合计算工时制和不定时工作制必须履行必要的法定报批程序，不能由用人单位任意决定。工时制度的制定颁布程序包括以下几点。

1. 民主协商

工时制度属于《劳动合同法》第四条规定的直接涉及劳动者切身利益的规章制度，根据法律规定，企业实行综合计算工时制或不定时工作制，应当经职工代表大会或者全体职工讨论，与工会或者职工代表平等协商。

2. 公示

企业最终应将综合计算工时制或不定时工作制的有关规章制度向员工公示。

3. 申报

企业实行综合计算工时制和不定时工作制，应向企业营业执照注册地的区、县人力资源和社会保障局申报，按要求报送有关资料。

4. 审批

人力资源和社会保障局进行审批。

(三) 加班制度

加班是指用人单位依法安排劳动者在标准工作时间以外工作。用人单位需要向加班职工支付加班工资。合法的加班具备以下特征。

第一，加班是在标准工作时间外工作。对于标准工时制的职工而言，所谓标准工作时间就是8小时工作日，所谓超出标准工作时间的情况包括：

①在工作日工作超过8小时工作。

②在休息日工作（休息日是指周六、周日或者政府为重大节日调休的休息日）。

③在法定休假日工作（法定休假日是指国庆节、劳动节、春节等法定节日，但不包括与节日连休的休息日）。

对于综合计算工时制的职工而言，所谓标准工作时间是指计算周期内的标准工作时间，所谓加班是指计算周期内实际总工作时间超过了周期内总标准工作时间。

第二，用人单位需要支付高于标准工资的加班工资。

第三，加班需经过用人单位同意或者安排和员工同意才可以进行。

第四，应报人力资源和社会保障局进行审批。

	职工未主动提出年休假申请，能否视同自动放弃？
活动目的	让学生熟悉并学会用《劳动法》关于职工休假方面的相关规定，维护自身的合法权益
教师布置任务	
活动训练任务描述	1. 学生熟悉劳动法相关知识。 2. 教师抽取相关案例问题组织学生进行研讨。 3. 将学生每5个人分成一个小组。小组选取自己所在小组参加研讨的问题（避免小组间重复），通过内部讨论形成小组观点。 4. 每个小组选出一位代表陈述本组观点，其他小组可以对其进行提问，小组内其他成员也可以回答提出的问题；通过问题交流，将每一个需要研讨的问题都弄清楚。填写下面的案例结论单。 5. 教师进行归纳分析，引导学生扎实掌握劳动法律、法规，学会用法律的武器维护自身的合法权益。 6. 根据各组在研讨过程中的表现，教师点评赋分。
案例问题	1. 职工未主动提出年休假申请，能否视同自动放弃？ 2. 用人单位能否以此为由拒绝支付年休假待遇？

续表

案例分析	1. 不能视同放弃。根据《职工带薪年休假条例》第5条第1款规定:"单位根据生产、工作的具体情况,并考虑职工本人意愿,统筹安排职工年休假。"可见,年休假的安排,用人单位起主导作用,由用人单位根据生产、工作情况统筹安排,同时在条件允许的情况下考虑职工意愿。《企业职工带薪年休假实施办法》第10条第2款规定:"用人单位安排职工休年休假,但是职工因本人原因且书面提出不休年休假的,用人单位可以只支付其正常工作期间的工资收入。"因此,单位要免除支付职工未休年休假的额外工资,必须拿出两方面的书面证明材料:一是单位对职工年休假已做出了安排,二是职工不休年休假是职工本人原因。 对于用人单位提出的职工未"请"则不能"休"的问题,是用人单位混淆了公假和私假的请假程度。休假必"请",主要是针对劳动者的私假而言,如婚假、事假、病假、丧假等,职工不"请",单位哪里会知道职工有休假需要？而对于元旦、春节等公假,显然不"请"即可如期而休。那么,对于带薪年休假,根据"单位根据生产、工作的具体情况,并考虑职工本人意愿,统筹安排职工年休假"这一法律规定,我们可以看出,统筹安排职工的年休假是用人单位的法定义务。也就是说,休年休假是由用人单位主动安排的,是用人单位的强制法定义务,而非必须由职工主动提出休年休假申请才能启动。即使职工没有提出休年休假的申请,用人单位也应当主动安排,而不能视为职工自动放弃。除非用人单位安排职工休年休假,职工因个人原因提出不休年休假,才可以视为职工自行放弃。在这种情况下,双方还应该通过书面形式确认,否则,发生纠纷时,用人单位会因提供不出已安排职工休假而职工不愿休的证据而承担相应的法律责任。 2. 不能。公司对杨某的答复是没有法律依据的。杨某不存在不能享受年休假的法定情形。公司以杨某未提出年休假申请为由拒绝支付其未休年休假期间的劳动报酬,于法无据,应予纠正。

活动结论10.2

职工未主动提出年休假申请,能否视同自动放弃？

实施方式	研讨式
研讨结论	

续表

教师评语：				
班级		第　　组	组长签字	
教师签字			日期	

 模块小结十

> 《劳动法》是以劳动关系及与劳动关系密切联系的关系为调整对象，是我国法律体系中的一个独立部门，它在我国法学体系中占有重要地位，是在市场经济条件下，任何专业的大学生应该掌握的一门基本的法律知识。《劳动法》的基本理念是为了维护劳动者的合法权益。任何专业的大学生毕业后就业，或者是一名普通劳动者，或者是用人单位的一名管理者，不管工作岗位如何，都应当依法劳动、依法管理。通过学习本模块内容，旨在帮助学生熟悉劳动法律、法规，能够运用劳动法专业知识解决劳动关系中的实际问题，明确在劳动关系中自己的权利与义务，能运用劳动法律知识维护自身的权利，做一个知法、守法、懂法的好公民。

模块十一　职场情绪管理和情商培养

导入案例

坏脾气的男孩

有一个男孩脾气很坏，于是他的父亲就给了他一袋钉子，并且告诉他，当他想发脾气的时候，就钉一根钉子在后院的围墙上。第一天，这个男孩钉下了40根钉子。慢慢地，男孩可以控制他的情绪，不再乱发脾气，所以每天钉下的钉子也跟着减少了，他发现控制自己的脾气比钉下那些钉子来得容易一些。

终于，父亲告诉他现在开始每当他能控制自己脾气的时候，就拔出一根钉子。一天天过去了，最后男孩告诉他的父亲，他终于把所有的钉子都拔出来了。于是，父亲牵着他的手来到后院，告诉他说："孩子，你做得很好。但看看那些围墙上的坑坑洞洞，围墙将永远不能恢复从前的样子了。当你生气时所说的话就像这些钉子一样，会留下很难弥补的疤痕，有些是难以磨灭的呀。"从此，男孩终于懂得管理情绪的重要性了。

学习目标

1. 认知目标：叙述情绪、情绪管理和情商的相关概念，描述如何进行情绪管理的方法，提高情商的途径和职场情商的培养。

2. 技能目标：能够进行情绪调节，掌握情绪的自我管理、提高情商和培养职场情商的方法。

3. 情感目标：建立融洽的社会关系与工作关系，提升幸福指数与工作满意度，提高工作绩效与职业竞争力。

单元 11.1　职场情绪管理

案例 11.1

学习领域	《情绪管理和情商培养》——职场情绪管理		
案例名称	一只苍蝇可以打败一个世界冠军	学时	2 课时
案例内容			

　　1965 年 9 月 7 日，世界台球冠军争夺赛在纽约举行。路易斯·福克斯的得分遥遥领先，只要再得几分就能稳拿冠军。就在这时他发现一只苍蝇又落在主球上。他挥挥手赶走了。

　　可是他伏身击球时苍蝇又飞回来了，他起身驱赶，但苍蝇好像在跟他作对，他一回身，苍蝇就又落在主球上，周围的观众发现了这个现象，开始哈哈大笑。

　　他的情绪坏到了极点，终于失去了理智，愤怒地用球杆去击打苍蝇，结果碰到了主球，裁判判他击到了球，于是他失去了一轮机会。他因此方寸大乱，连连失利，对手约翰·迪瑞越战越勇，最后获得了冠军。

　　第二天人们发现了路易斯的尸体，他投河自杀了。一只小小的苍蝇，竟然打垮了大名鼎鼎的世界冠军。

一、情绪的基本含义

（一）情绪的有关概念

1. 情绪概念

　　人类在认识外界事物时，会产生喜与悲、乐与苦、爱与恨等主观体验。我们把人对客观事物的态度体验及相应的行为反应，称为情绪。

　　情绪的构成包括三种层面：认知层面上的主观体验、生理层面上的生理唤醒、表达层面上的外部行为。当情绪产生时，这三种层面共同活动，构成一个完整的情绪体验过程。生活中每一种情绪都有其功能：情绪在人际沟通中，起着非常重要的调节作用；情绪可以传递信息，也可以相互影响和传播。

情绪活动是无时不在、无处不在的,人人皆有情绪。在现实生活中,我们的行为经常是伴随着情绪反应,所以我们有时会因愤怒而不能自己,以致冲动、急躁、焦虑和抑郁等。

2. 情绪的三种状态

依据情绪发生的强度、速度、紧张度、持续性等指标,可将情绪分为心境、激情和应激。

(1) 心境

心境是一种具有感染性的、比较平稳而持久的情绪状态。当人处于某种心境时,会以同样的情绪体验看待周围事物。如人伤感时,会见花落泪,对月伤怀。心境体现了"忧者见之则忧,喜者见之则喜"的弥散性特点。平稳的心境可持续几个小时、几周或几个月,甚至一年以上。

(2) 激情

激情是一种爆发快、强烈而短暂的情绪体验。如在突如其来的外在刺激作用下,人会产生勃然大怒、暴跳如雷、欣喜若狂等情绪反应。在这样的激情状态下,人的外部行为表现比较明显,生理的唤醒程度也较高,因而很容易失去理智,甚至做出不顾一切的鲁莽行为。因此,在激情状态下要注意调控自己的情绪,以避免冲动性行为。

(3) 应激

应激是指在意外的紧急情况下所产生的适应性反应。当人面临危险或突发事件时,人的身心会处于高度紧张状态,引发一系列生理反应,如肌肉紧张、心跳加快、呼吸变快、血压升高、血糖增高等。例如,当遭遇歹徒抢劫时,人就可能会产生上述的生理反应,从而积聚力量以进行反抗。但应激的状态不能维持过久,因为这样很消耗人的体力和心理能量。若长时间处于应激状态,可能导致适应性疾病的发生。

(二) 情绪的表达

1. 面部表情

人的面部表情最为丰富,它通过眼部肌肉、颜面肌肉和口部肌肉的运动来表现人的各种情绪状态。

2. 姿势表情

通过四肢与躯体的变化来表现人的各种情绪状态,可分为身体表情和手势表情。

(1) 身体表情

高兴时"手舞足蹈",悔恨时"顿足捶胸",恐惧时"手足无措"。

(2) 手势表情

单独使用，表达开始、停止、同意、反对等情绪。

3. 声调表情

通过音调、音速与音响的变化来表现各种情绪状态。如高兴时语调激昂，节奏轻快；悲哀时语调低沉，节奏缓慢，声音断续且高低差别很少；愤怒时语言生硬，态度凶狠。

（三）当代大学生的情绪特点

青春期的大学生，由于大多为独生子女，正处于身心发展的特殊期，表现出特定群体的情绪特点。

1. 冲动性、多样性

表现在对某一种情绪的体验特别强烈、富有激情。随着大学生自我意识的发展，对各种事物都比较敏感，再加上精力旺盛，因此情绪一旦爆发就比较难控制。虽然，与中学生相比，大学生对自我情绪具有一定的理智性和控制能力，但在激情状态下，还是会表现出容易感情用事的特点。

随着自我意识的不断发展，各种新需要的强度不断增加，使大学生具有多样性的自我情感，如自尊、自卑、自负等。

2. 矛盾性、易于心境化

大学生情绪的外在表现和内心体验并不总是一致的，在某些场合和特定问题上，有些大学生会隐藏、掩饰和抑制自己的真实情感，表现得含蓄、内隐。但与成年人相比，大学生的情绪仍带有明显的波动性，有时情绪激动，有时平静如水，有时积极高昂，有时消极颓废。同学关系的好坏或学习成绩的优劣，都能引起情绪的波动。

尽管情绪状态有所缓和，但这种情绪状态易于延长，其余波还会持续相当长的时间。

二、情绪管理

（一）情绪管理的概念

情绪管理是对个体和群体的情绪进行控制和调节的过程。情绪管理是通过研究人们对自身情绪和他人情绪的认识、协调、引导、互动和控制，对情绪智力的挖掘和培植，从而避免、缓解不良情绪的产生、发展，确保个体和群体保持良好的情绪状态。

(二)大学生需要情绪管理

有效的情绪管理是学业成功的关键。学习取决于认知、情感和动机的相互作用，特别是良好的情绪是学生学习过程中认知活动顺利开展的有力保证。情绪影响学生的学习动机，当一个学生处于一种积极的情绪状态时，就会变得乐于学习、善于学习，对学习产生浓厚的兴趣。可以说，良好的学业情绪是提高大学生学习兴趣的中间变量，而缺乏学习兴趣恰恰是目前影响大学生进一步发展的"瓶颈"。在倡导终生学习的今天，培养大学生良好的学业情绪，进而使其主动对学习产生兴趣更显得重要。

1. 焦虑

焦虑是个体主观上预料将会由某种不良后果产生的不安，是紧张、害怕、担忧混合的情绪体验。焦虑作为一种情绪感受，可以通过身体特征体现出来，如肌肉紧张、出汗、嘴唇干裂和眩晕等。焦虑是大学生常见的情绪状态，当他们在学习、工作、生活各方面遭遇挫折或担心需要付出巨大努力的事情来临时，便会产生这种感觉。焦虑对大学生的影响是复杂的，既可以成为大学生成才的内驱力，起促进作用，也可以起阻碍作用。实验证明，中等焦虑能使学生维持适度的紧张状态，使注意力高度集中，促进学习。但过度焦虑则会对学生带来不良的影响。被过高的焦虑困扰的大学生，常常会感到内心极度紧张不安、惶恐害怕、心神不定、思维混乱、注意力不能集中，甚至记忆力下降，同时还容易产生头痛、失眠、食欲不振、胃肠不适等不良生理反应。

2. 愤怒

愤怒是由于客观事物与人的主观愿望相违背，或因愿望无法实现时，人们内心产生的一种激烈的情绪反应。心理学研究表明，当愤怒发生时，可能导致人体心跳加快、心律失常、血压升高等躯体性疾病，同时还会使人的自制力减弱甚至丧失、思维受阻、行为冲动，甚至干出一些事后后悔不已的蠢事，造成不可挽回的损失。处于精力充沛、血气方刚的青年时期的大学生，在情绪、情感发展上往往容易产生好激动、易动怒的特点。如有的大学生因一句刺耳的话或一件不顺心的小事而暴跳如雷；有的因人际协调受阻而怒不可遏、恶语伤人；有的因别人的观点或意见与自己相左而恼羞成怒；有的因一时的成功、得意而忘乎所以；有的因暂时的挫折或失败而悲观失望，痛不欲生。

3. 抑郁

抑郁症状不单指各种感觉，还指情绪、认知与行为特征。抑郁最明显的症状是

压抑的心情，表现为仿佛掉入了一个无底洞或黑洞之中，正被淹没或窒息。其他感觉包括容易发火、愤怒或负罪感。抑郁常常伴随着焦虑，对所有活动失去信心和兴趣，渴望一个人独居。抑郁也伴随着个体思维方式的转变，这些认知改变可以是一般性的，如注意力不集中、记忆力衰退或者很难做出决定，思考中可能有更多的心境转变，消极地看待世界、自我和未来。因此，抑郁的人很难回忆起美好的记忆，不适当地责备自己，认为他人更消极地看待自己，对未来感到悲观。抑郁是一种持续时间较长的低落、消沉的情绪体验，它常常与苦闷、不满、烦恼、困惑等情绪交织在一起。

4. 嫉妒

嫉妒是指他人在某些方面胜过自己而引起的不快甚至是痛苦的情绪体验，是自尊心的一种异常表现，在大学生中普遍存在。嫉妒的具体表现为：当看到他人学识能力、品行荣誉甚至穿着打扮超过自己时内心产生的不平、痛苦、愤怒等感觉；当别人身陷不幸或处于困境时则幸灾乐祸，甚至落井下石，在人后恶语中伤、诽谤。

（三）提升情绪管理能力

认知情绪是指当某种情绪产生时，能准确地觉察并判断出自己的情绪，同时又能找到情绪产生的原因。情绪的自我认识能力是情绪表达能力、情绪自我调控能力、移情能力以及社会交往能力的基础，也是决定一个人情绪智力高低的关键因素。

1. 认知情绪的方法

（1）情绪记录法

你不妨抽出 1~2 天或一个星期，有意识地留意并记录自己的情绪变化过程。可以以情绪类型、时间、地点、环境、人物、过程、原因、影响等项目为自己列一个情绪记录表，连续记录自己的情绪状况。回过头来看看记录，你会有新的感受。

（2）情绪反思法

可以利用你的情绪记录表反思自己的情绪，也可以在一段情绪过程之后反思自己的情绪反应是否得当，为什么会有这样的情绪？产生这种情绪的原因是什么？有什么消极影响？今后应该如何避免类似情绪的发生？如何控制类似不良情绪的蔓延？

（3）情绪恳谈法

通过与你的家人、上司、下属、朋友等恳谈，征求他们对你情绪管理的看法和意见，借助他人的眼光认识自己的情绪状况。

（4）情绪测试法

借助专业情绪测试软件工具，或咨询专业人士，获取有关自我情绪认知与管理的方法及建议。

2. 调控自我情绪

现实中情绪分为两种：消极的和积极的。情绪是我们对外面世界正常的心理反应，但是我们不能成为情绪的奴隶，不能让那些消极的心境左右我们的生活。情绪调控的方法有以下几点。

（1）转移注意力

注意力转移法就是把注意力从引起不良情绪反应的刺激情境中，转移到其他事物上去或去从事其他活动的自我调节方法。当出现情绪不佳的情况时，要把注意力转移到使自己感兴趣的事上去，如：散散步，看看电影，读读书，打打球，下盘棋，找朋友聊天，换换环境等。这样有助于使情绪平静下来，在活动中寻找到新的快乐。

（2）合理情绪疗法

合理情绪疗法即 ABCDE 理论。一般人总习惯于把自己的不良情绪归结于环境条件，但 ABCDE 理论认为，情绪不是由某一诱发性事件 A（Activating Event）直接引起来的，而是由经历这一事件的个体对这一事件的解释和评价 B（Belief）引起的，而解释和评价则源于人们的信念，就是个体对事件的情绪和行为反应的结果 C（Consequence）。ABCDE 理论的独特之处在强调 B 的重要作用，认为 A 只是造成 C 的间接原因，B 才是情绪和行为反应的直接原因。一旦不合理的信念导致不良的情绪反应，个体就应当努力认清自己不合理的信念，并善于用新的信念取代原有的信念，这就是所谓的 D（Disputing），即用一个合理的信念驳斥、对抗不合理信念的过程，借以改变原有信念。驳斥成功，便能产生有效的治疗效果 E（Effect），使来访者在认知、情绪和行动上均有所改善。

（3）合理宣泄

合理宣泄主要有倾诉法、呼吸调节法、大哭一场等。

①倾诉法。向老师、家长或最信得过的朋友倾诉，一吐为快。把心中的不快、郁闷、愤怒、困惑等消极情绪，一股脑倒出来，会使你从心理上轻松起来。

②呼吸调节法。当自己觉得很不开心的时候，闭上眼睛，深吸气，然后把气慢慢放出来，再深吸气……如此持续几个循环。你会发现自己的呼吸变得平稳，整个人也平静下来了！

③大哭一场。在你感到特别痛苦悲伤时，不妨痛痛快快地大哭一场。哭能有效地释放积聚的紧张，能调节心理失衡。痛哭是消极情绪积累到一定程度的大爆发，好比盛夏的暴雨，越是倾盆而下，天晴得也就越快。

（4）音乐疗法

不同的音乐可以使人的生理产生不同的反应，如心率和脉搏的速度、血压、皮肤电位反应、肌肉电位和运动反应、内分泌和体内生化物质（肾上腺素、去甲肾上

腺素、内啡肽、免疫球蛋白）以及脑电波等。不同音乐家音乐的功能如下。

- 维瓦尔第：为充满紧张压力的喧嚣尘世带来宁静和美好，帮助消化。
- 巴赫：催眠和抚平哀伤，用音乐帮助入眠。
- 海顿：镇静、疗伤和止痛。
- 莫扎特：治疗抑郁症、慢性疲劳、镇静、头疼、学习障碍。
- 贝多芬：使人振奋。
- 肖邦：教你表达爱情，抒发浪漫情怀。
- 舒曼：用音乐让你的左脑休息。
- 克拉拉：用音乐抚平暴戾。
- 勃拉姆斯：快乐、充实、不孤单。
- 拉赫玛尼诺夫：走出人生的瓶颈，再造灵感。
- 柏辽兹：教你幻想。
- 柴可夫斯基：优美的芭蕾胎教。
- 普罗科菲耶夫：用音乐讲故事，开发婴儿智能。
- 舒伯特：再造病童春天。
- 斯梅塔纳：开启自闭儿童的心智。
- 帕格尼尼：超级技艺防老化。
- 拉威尔：使病人残而不废。
- 门德尔松：温馨，使人得到安宁。
- 韦伯：调节血压，治疗心脏病。
- 施特劳斯：圆舞曲瘦身。
- 德彪西：改变脑波，放松身心。
- 穆索尔斯基：戒烟戒酒。
- 格什温：放松止痛，蓝色的手术室。

（5）情绪食谱

多吃牛奶、蛋、水果，补充蛋白质与钙质，增强耐力与意志力；多吃莲藕、莲子、小麦、甘草、红枣、龙眼等，有养心安神的作用，对焦虑、抑郁很有帮助；核桃、鱼类等含有较多磷质，也能帮人们消除抑郁。维生素B有助于改善情绪，这样的食品有全麦面包、蔬菜、鸡蛋等。

3. 情绪激励能力

情绪的自我激励能力是指引导或推动自己去达到预定目的的情绪倾向的能力。它是一个人为服从自己的某种目标而产生、调动与指挥自己情绪的能力。

（1）自我激励的有效方法

抓住空当，磨炼你的热情，每天花一点时间在自己最喜欢的事情上，那会让你更容易找回对工作的热情。

写下让你感到骄傲的努力,准备一张小卡片,每天至少写下三件让你感到骄傲的事情。这里指的不是你今天又接到一笔多大的生意,而是你付出百分之百的努力准备的简报,即使最后提案并没有通过,也应该写下来鼓励自己。

准备一个"奖状"公布栏,在家里找一个你每天最常经过的一面墙,挂上一个小小公布栏,把所有能够展现自我价值的奖励都贴在上面。每天经过看一眼,就能吸收它们带给你的正面能量,当然也要记得每个月更新。

专注于如何解决问题,停止任何负面的、责备自己的想法,专注于如何解决问题。或许在电话或计算机旁贴一个禁止标志,可以提醒自己不要陷入负面的思考中。

4. 情绪的协调能力

情绪的协调能力是指人际交往中善于调节与控制自己与他人的情绪反应,并推动他人能够产生自己所期望的反应的能力,是能否处理好人际关系、能否被社会接纳与欢迎的基础。

情绪的协调能力包含四种技能。一是对自己与他人情绪情感的组织能力。二是对他人情绪的分析能力。三是与他人建立良好的人际关系的能力。出现情绪问题时,能够通过一定的方法与途径来协调并解决问题。四是对自己与他人情绪情感的协调能力。

案例讨论 11.1

世界冠军被谁打败了?

教师布置任务	
案例讨论 任务描述	1. 学生熟悉上述案例单。 2. 教师布置任务: 任务1:打败世界冠军的是谁?是苍蝇吗? 任务2:提升情绪管理能力的方法还有哪些? 将学生每5个人分成一个小组,进行小组讨论,通过内部讨论形成小组观点。填写下面的案例结论单。 4. 教师进行归纳分析,引导学生提升情绪管理能力。 5. 根据各组在研讨过程中的表现,教师点评赋分。
案例分析	本来可以一笑了之的事情,竟导致自杀的结局,主要原因是情绪管理能力不足。

世界冠军被谁打败了?

实施方式	研讨式			
研讨结论				
教师评语:				
班级		第 组	组长签字	
教师签字			日期	

单元 11.2　情 商 培 养

学习领域	《情绪管理和情商培养》——情商培养		
案例名称	情商培养	学时	2 课时
案例内容			

小王的困惑——智商与情商哪个更重要？

　　小王是一名刚刚毕业进入职场的大学生。在公司里，他是个人人羡慕的角色。大学刚毕业就当上了"总秘"（总经理秘书之简称），成了离老板最近的人。"你的工作最接近高层，最容易得到老板的欢心，也最容易高升。"同事们的说法让他着实兴奋了一阵。

　　小王是在一个比较优越的环境下长大的，爸爸是一家企业的领导，妈妈是机关干部。因为父母的关系，身边的人对他都是客客气气的。从小学到大学，小王在别人的赞扬声中长大，不懂得什么是"迎合"；向来是别人逗他说话，他自己却不知道如何在交谈中寻找话题……

　　正因如此，进入公司一个月后，小王开始为如何与领导相处犯难了。不管怎样下决心，有很多话他都说不出口，哪怕是一些很正常的话，在小王看来，那都是在讨好老板。一开始老板还对小王问长问短，而小王除了有问必答外，也绝不多说什么。渐渐地，小王发现老板不太和他搭讪了，即使说话，也局限在工作范围内。工作才刚刚开始，小王和老板的关系就陷入僵局，为此小王很迷茫，压力很大，每天上班都心不在焉。

一、情商的基本含义

（一）情商的概念

1. 情商概念

　　情商（Emotional Quotient，EQ）主要反映一个人感受、理解、运用、表达、控制和调节自己情感的能力，以及处理自己与他人之间情感关系的能力。情商的高低反映着情感品质的差异。情商对于人的成功起着比智商更加重要的作用。真正让 EQ

一词走出心理学的学术圈，成为人们日常生活用语的心理学家是哈佛大学的高曼教授（Daniel Goleman）。他在 1995 年出版的《EQ》一书（Emotional Intelligence），登上了世界各国的畅销书排行榜，在全世界掀起了一股 EQ 热潮。

关于情绪能力的"软糖实验"

美国心理学家瓦尔特于 20 世纪 60 年代在斯坦福大学的一所幼儿园做了一个著名实验。实验人员把一组 4 岁儿童分别领入空荡荡的大房间，在一张桌子上放着非常显眼的东西——软糖。这些孩子进来前，实验人员告诉过他们，允许你走出房间之前吃掉这颗软糖，但如果你能坚持在走出房间前不吃这颗糖，就会有奖励，能再得到一块软糖。

结果当然是两种情况都有。专家们把坚持下来得到第二块糖的孩子归为一组，没有坚持下来只吃一块糖的孩子归为另一组，并对这两组孩子进行了 14 年的追踪研究。结果发现，那些向往未来而能克制眼前诱惑的孩子，在学业、品质、行为、操守方面，与另一组相比有显著优越的表现。

情商的要素之一就是人的自控能力，从某种意义上讲，情商表现的是人们通过控制自己的情绪来提高生活品质的能力，即如何激活自己的潜能，如何克制自己的情绪冲动，如何使自己始终对未来充满希望，等等。

2. 情商的内容

高曼针对职场人士的工作表现，提出了他的工作 EQ 架构。经过不断地测试和修正，目前高曼的工作 EQ 内容共有 4 大项包括 18 小项。

（1）自我情绪觉察能力

①意识到自己情绪的变化：解读自己的情绪，体会到情绪的影响。

②精确的自我评估：了解自己的优点以及不足之处。

③自信：掌控自身的价值及能力。

（2）自我情绪管理能力

①情绪自制力：能够克制冲动及矛盾的情绪。

②坦诚：展现出诚实及正直，值得信赖。

③适应力：弹性强，可以适应变动的环境或克服障碍。

④成就动机：具备提升能力的强烈动机，追求卓越的表现。

⑤冲劲：随时准备采取行动，抓住机会。

（3）人际关系觉察能力

①同理心：感受到其他人的情绪，了解别人的观点，积极关心他人。

②团体意识：解读团体中的趋势、决策网络及政治运作。

③服务：体会到客户及其他服务对象的需求，并有能力加以满足。

（4）人际关系管理能力

①领导能力：以独到的愿景来引导及激励他人。

②影响力：能说服他人接受自己的想法。

③发展其他人的能力：透过回馈及教导来提升别人的能力。

④引发改变：能激发新的做法。

⑤冲突管理：减少相左意见，协调出共识之能力。

⑥建立联系：培养及维持人脉。

⑦团队能力：与他人合作之能力，懂得团队运作模式。

这18项能力有谁能完全达到？答案是不可能有人完全做到。事实上，一个人只要能在这18项EQ能力中，有5~6项EQ能力特别突出，而且是平均分布在四大项能力中的话，那他在职场上的表现，就会非常亮眼了。不过，这18项指标为我们指明了作为一个职场人的努力方向和目标。

3. 情商的核心内容

情商有18项内容，都比较重要，其中5项是情商的核心内容。

（1）自我认知能力（自我觉察）

认知情绪的本质是EQ的基石，这种随时认知感觉的能力，对了解自己非常重要。不了解自身真实感受的人必然沦为感觉的奴隶，反之，掌握感觉才能成为生活的主宰，面对婚姻或工作等人生大事能知如何抉择。

（2）自我控制能力（情绪控制力）

情绪管理必须建立在自我认知的基础上。如何自我安慰，摆脱焦虑、灰暗或不安，这方面能力匮乏的人常需与低落的情绪交战，掌握自控能力的人则很快能走出生命的低潮，重新出发。

（3）自我激励能力（自我发展）

自我激励或发挥创造力，将情绪专注于某一目标是绝对必要的，成就任何事情都要有情感的自制力——克制冲动与延迟满足。保持高度热忱是一切成就的动力。一般而言，能自我激励的人做任何事的效率都比较高。

（4）认知他人的能力（同理心）

同理心也是基本的人际交往技巧，同样建立在自我认知的基础上。具有同理心的人较能从细微的信息觉察他人的需求，这种人特别适合于从事医护、教学、销售与管理的工作。

（5）人际关系管理的能力（领导与影响力）

人际关系就是管理他人情绪的艺术。一个人的人缘、领导能力、人际和谐程度都与这项能力有关，充分掌握这项能力者常是社会上的佼佼者。

(二) 提高情商的途径

1. 学会划定恰当的心理界限

你也许认为与他人界限不明是一件好事，这样一来大家能随心所欲地相处，而且相互之间也不用激烈地讨价还价。这听起来似乎有点道理，但它的不利之处在于，别人经常伤害了你的感情而你却不自知。

其实仔细观察周遭你不难发现，界限能力差的人易于患上病态恐惧症，他们不会与侵犯者对抗，而更愿意向第三者倾诉。如果我们是那个侵犯了别人心理界限的人，发现事实的真相后，我们会感觉到自己的无知。同时我们也会感到受了伤害，因为我们既为自己的过错而自责，又对一个第三者卷进来对我们评头论足而感到愤慨。

界限清晰对大家都有好处。你必须明白什么是别人可以和不可以对你做的。当别人侵犯了你的心理界限，告诉他，以求得改正。如果总是划不清心理界限，那么你就需要提高自己的认知水平。

2. 学会尽快平静下来

找一个适合自己的方法，在感觉快要失去理智时使自己平静下来，从而使血液留在大脑里，做出理智的行动。

控制情绪爆发有诸多策略，其中一个就是关注心律，把它作为衡量情绪的精确尺子。当心跳快至每分钟100次以上时，调节一下情绪至关重要。因为这种速率下，身体分泌出比平时多得多的肾上腺素，此种情况下我们会失去理智，敏感而好斗。

这时你可以选用以下方法来平静心情。方法一深呼吸，直至冷静下来。慢慢地、深深地吸气，让气充满整个肺部。把一只手放在腹部，确保你的呼吸方法正确。方法二自言自语。比如对自己说："我正在冷静。"或者说："一切都会过去的。"还有些人采用水疗法。如洗个热水浴，可能会让你的怒气和焦虑随浴液的泡沫一起消失。

3. 克制抱怨，行动起来

抱怨会消耗体力而又不会有任何结果，对问题的解决毫无用处，又很少会使我们感到好受一点。几乎所有的人都发现，如果对有同情心的第三方倾诉委屈，而他会跟着一起生气的话，我们会感觉好受一些，可最终你还要重新面对原有的局面。

但是如果你不抱怨呢，你会感受到巨大的心理压力。压力有时并不是个坏东西，是的，它也许会让你感觉不舒服，但同时也是促使你改变的力量。一旦压力减轻，人就容易维持现状。然而，如果压力没有在抱怨中流失，它就会堆积起来，到达一个极限，迫使你采取行动改变现状。因此，当你准备向一个同情你的朋友抱怨时，先自问一下：我是想减轻压力保持现状呢，还是想让压力持续下去促使我改变这一切呢？如果是前者，那就通过抱怨把压力赶走吧。每个人都有发牢骚的时候，它会让我们暂时好受一些。但如果情况确实需要改变的话，下定决心切实行动起来吧！

4. 扫除一切浪费精力的事物

一切浪费精力的事物都是不利于我们提高情商的因素。精力是微妙的，我们可以体会到它明显的变化，如听到好消息时，肾上腺素会激增，而听到坏消息时，会感到精疲力竭。

现实中我们通常不会留意精力细微地消耗，但它是一直存在的，那些每次接触之后都会感到精力被分散了的事物就是要被扫除的。和朋友相处也存在这一情况，有些是精力的吸血鬼，他们只会吸取你的精力。这时有两个选择：一是正视这个问题，建立心理界限继续与他们谨慎交往；另一个是减少与这种人交往，去除缓慢浪费精力的东西，解脱出来以集中精力提高我们的情商。

5. 榜样的力量

以身边出色人物为榜样。虽然我们风格迥异，我也不可能以她的方式完成她所做的事，但我会模仿她做的一些事，以我的方式来完成。你会在追赶他们的过程中自然地提高自己的情商。

6. "反面教材"的学习

我们的周围有很多牢骚满腹、横行霸道、装腔作势的人，这些难以相处的人就是我们提高情商的帮手。你可以从多嘴多舌的人身上学会沉默，从脾气暴躁的人身上学会忍耐，从恶人身上学到善良，而且你不用对这些老师感激涕零。

7. 尝试完全不同的方式

每个人都会有自己偏爱的生活方式。然而，突破常规、尝试截然相反的行动会更有助于我们的成长。如果你总是在聚会中热衷于做中心人物，这次改改吧，试着让那些平日毫不起眼的人出出风头。如果你总是被动地等待别人和你搭讪，不妨主动上前向对方问个好。

二、职业情商的培养

（一）心态修炼

职业情商对职业情绪的要求就是保持积极的工作心态。积极的工作心态表现在工作状态积极。每天精神饱满地来上班，与同事见面主动打招呼并且展现出愉快的

心情。如果上班过程中，你都是一副无精打采的面孔，说起话来有气无力且没有任何感情色彩，这样的你永远得不到上级的赏识，也不会给你的同事留下好感。

（二）思维方式修炼

要学会掌控工作中消极的情绪。掌控情绪意味着掌握情绪和控制情绪两个层次，而不是单纯的自我控制。因为控制情绪说起来容易，做起来往往很难，甚至遇到使自己情绪反应激烈的问题时，根本就忘了控制自己。要驾驭自己的情绪，还必须要从改变思维方式入手改变对事物的情绪，以积极的思维方式看待问题，使消极的情绪自动转化为积极的情绪，从而实现自我控制情绪。

（三）行为修炼

良好的工作心态和思维方式都要体现在工作行为上。同时，对于自己的工作行为必须要把握以下两条基本的行动准则，即工作行为要以目标为导向，工作行为要以结果为导向。

（四）习惯修炼

通过心态、思维方式、行为的修炼培养出良好的职业习惯，是提升职业情商和实现职业突破发展的主要途径。要想成功，就必须有成功者的习惯。改变不良习惯的关键，是突破自己的舒适区。突破舒适区，就是要有意识地和不同性格的人打交道，看似很简单的事情，其实职场中大部分的人都难以做到。一旦你尝试和另一种不同性格的人交往，看似是一个小小的突破，却对提升你的职场情商有很大帮助，从根本上改善你的职场人际关系。

职业情商是个人在职业上实现突破发展的关键因素。提高情商的途径与智商不同，智商可以通过学习和积累而得到提高，而提高情商需要的是修炼，既要修习，更要锻炼和磨炼，需要长期坚持，通过心态、思维、行为、习惯的四项修炼，完全可以改进和完善自己的情商素质，从而使自己在工作中如鱼得水，为自己的职业发展创造更多机遇。

情绪自画像

| 活动目的 | 1. 加深对情绪等有关概念的理解。
2. 理解并掌握情商的核心概念。 |

续表

活动训练任务描述	教师布置任务
	1. 教师布置任务：每人用一张纸，用最喜欢的颜色笔，给自己画一个"像"，要求把最能代表自己内在的东西画出来，可以是抽象的、形象的、写实的、动物的、植物的什么都可以。 2. 教师点评：在这世界上，你是独一无二的一个，生下来是什么，这是上帝给你的礼物；你将成为什么，这是你给上帝的礼物。上帝给你的礼物，我们无法选择，你给上帝的礼物——你将成为什么样的人，全由你自己创作，主动权在你自己，那就是：认识自我、悦纳自我、激励自我、控制自我、完善自我、超越自我。这才是走向成功和卓越的自我。
所需材料	手机（拍照）、笔、A4纸

活动结论11.2

情绪自画像

实施方式	实践式、研讨式
研讨结论	
教师评语：	
班级		第 组		组长签字	
教师签字				日期	

 模块小结十一

　　人生不如意十之八九，生活在竞争激烈的现代社会，每个人都承受着各色的压力。大学生需要走进社会，面对突如其来的压力，如何认知自我情绪的变化，及时进行情绪调控，如何培养自己的职场情商，就是本模块要解决的问题。本模块的重点为以下内容。

　　1. 重点介绍情绪和情绪管理的相关概念、大学生的情绪特点；常见的困扰大学生的不良情绪，情绪管理途径和方法。通过案例任务，要求分析是谁打败了世界冠军，以巩固所学知识。

　　2. 重点介绍情商的相关概念与核心内容、提高情商的途径和职场情商的培养，让大学生了解在未来职场中情商的重要性，如何有效培养、提升自身职场情商以应对未来职场的竞争。

模块十二　职场安全和职业健康

导入案例

天津港"8·12"瑞海公司危险品仓库特别重大火灾爆炸事故

2015年8月12日22时51分46秒,位于天津市滨海新区的瑞海公司危险品仓库运抵区起火,23时34分06秒发生第一次爆炸,31秒后发生第二次更剧烈的爆炸。两次爆炸分别形成一个直径15米、深1.1米的月牙形小爆坑和一个直径97米、深2.7米的圆形大爆坑。事故中心区面积约为54万平方米,以大爆坑为爆炸中心,150米范围内的建筑被摧毁;堆场内大量普通集装箱和罐式集装箱被掀翻、解体、炸飞,形成由南至北的3座巨大堆垛;参与救援的消防车、警车和位于爆炸中心附近的7 641辆商品汽车和现场灭火的30辆消防车全部损毁,邻近中心区的4 787辆汽车受损。

启示: 危险化学品事故处置能力不足,不当处置造成了损失扩大。从全国范围来看,专业危险化学品应急救援队伍和装备不足,无法满足处置种类众多、危险特性各异的危险化学品事故的需要。因此,危险化学品企业自身要加强应急预案演练,确保具备初起火灾的扑救能力。

学习目标

1. 认知目标:了解劳动禁忌,过度脑力劳动对身心健康的影响;理解生产性粉尘、工业毒物、工业噪声、高温作业的基本概念、含义、分类及其在作业环境中对人体健康的主要危害。熟悉职场中预防身体损伤和缓解疲劳的方法。

2. 技能目标:能够利用生产型粉尘、噪声、高温作业、中毒等的防护措施,掌握相关知识保护自身和公共安全。

3. 情感目标:自觉营造良好的工作环境,培养积极的工作态度,养成良好的工作方式,增强职场安全意识,树立科学、全面的身心健康意识。

单元 12.1　认知劳动禁忌

案例 12.1

学习领域	《职场安全和职业健康》——了解劳动禁忌		
案例名称	张某的悲剧对我们哪些启示？	学时	2 课时
案例内容			

过度劳累的悲剧

2015年3月24日一早，深圳36岁的程序员张某被发现猝死在公司租住的酒店马桶上。这件事经过《南方都市报》报道，在网上引起广泛关注。张某的法医学死亡证明书显示，张某符合猝死特征。而当日凌晨1点他还发出了最后一封工作邮件。死前一天，他曾对妈妈说："我太累了。"张某是清华大学毕业的计算机硕士，生前就职于一家通信公司，负责项目的软件开发。张某妻子闫女士说，张某经常加班到凌晨，有时甚至到早上五六点钟，第二天上午又照常上班。闫女士认为，张某猝死与长时间连续加班有关，"他为了这个项目把自己活活累死了"。其考勤显示他连续5天凌晨打卡。

一、体力劳动禁忌

（一）引起体力劳动身体损伤的原因

 1. 长期重复一定姿势

在工作时长期重复一定姿势，会导致个别器官或系统过度紧张而引起疾患。

①长期从事站姿作业或坐姿作业，特别是站立负重作业。如搬运工，长期站立负重，单调的弯腰动作，用力不当容易使腰背肌群持续紧张，产生疲劳，造成骶棘肌损伤，通常称腰肌劳损。

②长期站立或行走的职业。由于长时间站立，使下肢及腰背肌肉长期紧张，造成下肢血液回流的障碍，容易导致下肢静脉曲张。

③长期从事手指、手掌快速运动或前臂用力的工作的劳动者，如打字员、检验工等，损伤主要发生在肌腱，引发腱鞘炎，出现疼痛，动作时发出摩擦声。

④长期从事强迫体位作业的劳动者，如油漆工、电工、缝纫工、驾驶员等。由于长期处于强迫体位，迫使肌群呈紧张状态，出现肌肉群疼痛，伴有神经血管疼痛。

⑤长期从事程序开发、精密仪器加工、焊接工等工作，容易用眼过度，造成视觉疲劳，出现眼睛充血、眼痛、流泪、视力下降等。

⑥长期从事坐姿作业，会使腹压增高，引起消化不良等疾病；另外，长期处于久坐久站的固定姿态，会使盆腔内血液淤积而导致痔疮。

2. 不良劳动环境条件

如高温、寒冷、潮湿、光线不足、通道狭窄等，增加了劳动者的劳动负荷、提高了劳动强度，容易产生疲劳和损伤。

3. 劳动组织和劳动制度安排不合理

劳动时间过长，劳动强度过大，休息时间不够，轮班制度不合理等，也容易形成过度疲劳，造成身体损伤。

4. 劳动者身体素质不强

劳动者身体状况不适应所安排的劳动的强度。

（二）预防体力劳动身体损伤的措施

1. 采取合理的工作姿势

改善作业平台和劳动工具，使之符合人体解剖学特点，加强劳动者作业训练，使劳动者能够采取正确的工作姿势和方式，尽量避免不良作业姿势，避免和减少负重作业，使身体各部位处于自然状态、减轻身体承受的压力。

2. 改善劳动或工作环境

科学合理设计劳动环境，控制劳动环境中各种有害因素，创造良好的劳动环境条件，如适宜的温度、湿度、光照、空间等，既有利于劳动者的健康，又能够提高劳动效率。

3. 优化劳动组织和劳动制度

通过有效的工效学调查分析，合理组织劳动，根据个体选择适当的工作，对劳动者的劳动定额要适当，既不太低，也不能过高，太低影响劳动效率，过高则容易损害人体健康。安排适当的工间休息和轮班制度。

4. 适当运动锻炼增强身体素质

体力劳动者往往长时间重复一个劳动动作，容易使用力部位劳损，而其他部位得不到锻炼，造成机体的不协调，或者劳动者身体素质不能适应现有劳动强度。这些可以通过适当的运动来使身体各部位得到锻炼，提高身体素质，消除疲劳。

（三）女职工劳动禁忌

1. 国家禁止安排女职工从事的劳动

①矿山井下作业以及人工锻打、重体力人工装卸冷藏、强烈振动的工作。
②森林业伐木、归楞及流放作业。
③国家标准规定的Ⅳ级体力劳动强度的作业。
④建筑业脚手架的组装和拆除作业，以及电力、电信行业的高处架线作业。
⑤单人连续负重量（指每小时负重次数在六次以上）每次超过20千克，间接负重量每次超过25千克的作业。
⑥女职工在月经、怀孕、哺乳期间禁忌从事的其他劳动。

2. 女职工在月经期间实行特殊保护

女职工在月经期间，所在单位不得安排其从事高空、低温和冷水、野外露天和国家规定的第Ⅲ级体力劳动强度的劳动；从事以上工作的女性在经期应尽可能调整其从事适宜的工作，如不能调整，根据工作和身体情况，给予经期假1~2天，不影响考勤。

3. 已婚待孕女职工禁忌从事的劳动范围

已婚待孕女职工禁忌从事铅、汞、苯、镉等作业场所属于《有毒作业分级》标准第Ⅲ、Ⅳ级的作业。

4. 怀孕女职工特殊的劳动保护

女职工怀孕期间，所在单位不得安排从事国家规定的第Ⅲ级体力劳动强度和孕妇禁忌从事的劳动，不得在正常劳动日以外延长劳动时间；对不能承受原劳动的，应根据医务部门证明，予以减轻劳动量或安排其他劳动；工程部门从事野外勘测工作及施工一线的女职工，应安排适当的工作。

5. 怀孕的女职工禁忌从事的劳动

①作业场所空气中铅及其化合物、汞及其化合物、苯、镉、铍、砷、氰化合物、氮氧化物、一氧化碳、二硫化碳、氯、己内酰胺、氯丁二烯、氯乙烯、环氧乙烷、

苯胺、甲醛等有毒物质浓度超过国家卫生标准的作业。

②制药行业中从事抗癌药物及乙烯雌酚生产的作业。

③作业场所放射性物质超过国家相关规定中规定剂量的作业。

④人力进行的土方和石方的作业。

⑤伴有全身强烈振动的作业，如风钻、捣固机、锻造等作业，以及拖拉机驾驶等。

⑥工作中需要频繁弯腰、攀高、下蹲的作业，如焊接作业。

⑦《高处作业分级》标准所规定的高处作业。

二、脑力劳动禁忌

（一）过度脑力劳动对身心健康的影响

过度脑力劳动产生疲劳的信号是心理疲劳的感觉，这种疲劳感表现为对工作的抵触，疲劳信号告诉我们身体需要休息了，需要进行调整和恢复，应该停止工作。在一般情况下，脑力劳动过度会对人体的身心健康造成较大的危害，主要包括以下两个方面。

1. 生理健康失常

长期过度脑力劳动，使大脑缺血、缺氧，神经衰弱，从而导致注意力不集中、记忆力下降，思维欠敏捷，反应迟钝；睡眠规律不正常，白天瞌睡，大脑昏昏沉沉，夜晚卧床后，大脑却兴奋起来，难以入眠，乱梦纷纭，甚至持续到天亮，醒后大脑疲劳不缓解，精神不振。

2. 心理健康失常

由于上述生理功能的失衡，造成心理活动失衡，出现忧虑、紧张、抑郁、烦躁、消极、敏感、多疑、易怒、自卑、自责等不良情绪，表面上强打精神，内心充满困惑和痛苦、无奈和彷徨，继而对工作、学习丧失兴趣，产生厌倦感，甚至产生轻生念头。

（二）从事脑力劳动时缓解疲劳的方法

1. 科学用脑，适时活动

科学地使用大脑，设法提高用脑效率。大脑左半球具有主管语言、数学、抽象思维的功能，因此脑力劳动者主要使用的是左脑半球。当过度用脑感到头脑不清醒、头痛、昏昏欲睡时，可适当做一些轻松愉快的文娱活动，使左脑半球得到休息，缓解疲劳。

2. 合理膳食，加强营养

注意饮食营养的搭配。含蛋白质、脂肪和丰富的 B 族维生素食物，如豆腐、牛奶、鱼肉类食物可防止疲劳过早出现，多吃水果、蔬菜和适量饮水也有助于消除疲劳。

3. 充足睡眠，放松身心

规律生活，养成良好的作息习惯。每天要留有足够的休息时间，保证每天 8 小时的睡眠时间，以消除身心疲劳，恢复精力和体力。

4. 坚持锻炼，适量运动

通过跑步、打球、打拳、骑车、爬山等有氧运动，增强心肺功能，加快血液循环，提高大脑供氧量，促进睡眠。

5. 头部按摩，缓解疲劳

当用脑过度、头昏脑涨时，可用梳子或手指，梳理头部皮肤，或通过对头部穴位的按摩，适当刺激体表，促进血液循环，改善大脑疲劳的症状。

三、加强锻炼，健康人生

（一）健康的含义

1948 年世界卫生组织（WHO）对健康的定义是：健康不仅为疾病或赢弱之消除，而系体格、精神与社会之完全健康状态。1989 年又重新确定义为：健康不仅是没有疾病，而且包括躯体健康、心理健康、社会适应良好和道德健康。

1. 躯体健康

这一般是指人体生理的健康。

2. 心理健康

①具备健康的心理的人，人格是完整的，自我感觉是良好的。情绪是稳定的，积极情绪多于消极情绪，有较好的自控能力，能保持心理上的平衡。有自尊、自爱、自信心以及有自知之明。

②一个人在自己所处的环境中，有充分的安全感，且能保持正常的人际关系，能受到别人的欢迎和信任。

③健康的人对未来有明确的生活目标，能切合实际地、不断地进取，有理想和事业的追求。

3. 社会适应良好

这是指一个人的心理活动和行为，能适应当时复杂的环境变化，为他人所理解，为大家所接受。

4. 道德健康

最主要的是指不损害他人利益来满足自己的需要，有辨别真伪、善恶、荣辱、美丑等是非观念的能力，能按社会公认规范的准则约束、支配自己的行为，能为人的幸福做贡献。

（二）运动锻炼的意义

生命在于运动，通过科学的运动锻炼强身健体、愉快心情，促进身心和谐发展，达到增进健康的目的。

①运动锻炼能够促进人体的生长发育，增强人体的运动能力，促进内脏器官特别是心、肺功能的改善和提高。

②运动锻炼能够改善人的中枢神经系统功能，增强人的免疫力，提高人体的适应能力，防治疾病，延缓衰老。

③运动锻炼使人心情舒畅、精神愉快、充满活力，克服焦虑、烦躁、厌恶和恐惧等心理障碍，稳定心理情绪，抑制负面心理情绪。

④运动锻炼能促进人际关系和谐发展，通过参与运动，加强了人与人之间的接触，有效地促进了人际关系的良好发展。

⑤运动锻炼有助于培养人的沉着果断、机智灵活、勇敢顽强、吃苦耐劳的优良品质和团结友爱的集体主义精神。

⑥运动锻炼有助于调整好人的情绪状态，中等强度的活动量能够有效地缓解或消除身心疲劳。

案例结论12.1

张某的悲剧中对我们哪些启示？

	教师布置任务
案例讨论任务描述	1. 学生熟悉相关知识。 2. 教师抽取相关案例问题组织学生进行研讨。 3. 将学生每5个人分成一个小组。小组选取自己所在小组参加研讨的问题（避免小组间重复），通过内部讨论形成小组观点。 4. 每个小组选出一名代表陈述本组观点，其他小组可以对其进行提问，小组内其他成员也可以回答提出的问题；通过问题交流，将每一个需要研讨的问题都弄清楚。形成以下表格的书面内容。 5. 教师进行归纳分析，引导学生扎实掌握体力、脑力劳动禁忌，掌握预防身体出现损伤的方法，提升职场工作幸福指数。 6. 根据各组在研讨过程中的表现，教师点评赋分

续表

案例问题	1. 导致张某发生猝死的原因有哪些？ 2. 你如何看待张某这样的青年白领由于过度学习和工作而猝死的事件？ 3. 在学习和工作之余，我们应该怎样坚持体育锻炼呢？试着给自己制订一份健身计划
案例分析	现代社会由于生活、工作压力越来越大，人的精神常常处于高度紧张、焦虑、恐惧等压抑状态。在脑力劳动时，脑组织需要消耗氧气和葡萄糖，并且脑的代谢较其他器官高，尤其是紧张的脑力劳动，其消耗会更高，容易出现缺氧和缺血，使心率加快，血压升高，脑部充血，严重者甚至会诱发心脑血管疾病，造成猝死。 　　相应建议：青年人要奋斗，更要健康。平衡好学习、工作与健康生活之间的关系，做到张弛有度，学会科学用脑，合理安排膳食，保证充足睡眠，适时放松身心，坚持运动锻炼，增强健康意识

案例结论 12.1

张某的悲剧中对我们哪些启示？

实施方式	研讨式
研讨结论	
教师评语：	

班级		第 组		组长签字	
教师签字				日期	

· 270 ·

单元 12.2　认知职业危害

案例 12.2

学习领域	《职场适应和文化融合》——认识职业危害		
案例名称	河南张某为何患上了职业病——尘肺病？福建仓山外来务工者的悲剧如何避免？	学时	2 课时
案例内容			

职业危害的苦果

案例 A　河南省新密市刘寨村村民张某，2004 年 8 月至 2007 年 10 月在郑州某耐磨材料有限公司打工，做过杂工、破碎工，其间接触到大量粉尘。2007 年 8 月，由于在法定职业病诊断机构无法获得"尘肺病"的诊断，他被逼无奈，最后要求"开胸验肺"来证明自己确实患上了尘肺病。2009 年 9 月 16 日，张某证实自己已获得郑州某耐磨材料有限公司各种赔偿共计 615 000 元。

案例 B　据《福州日报》2013 年 7 月 5 日报道：福州市发布当年首个高温橙色预警的当天，最高气温超过 36℃。仓山一建筑工地在中午高温时段仍安排工人露天作业，某外来务工者由于持续几个小时无防护露天作业而重度中暑，最终经医院抢救无效死亡。

一、生产性粉尘的危害与控制

（一）生产性粉尘的概念和来源

能够长时间呈浮游状态存在于空气中的固体微粒叫作粉尘。生产性粉尘是指生产过程中形成的，并能长时间飘浮在空气中的固体颗粒。生产性粉尘的来源十分广泛，大体上可以分为以下两类。①固体物质的机械加工或粉碎所形成的尘粒，小者可为超细微的粒子，大者用眼睛即可看到。②物质的燃烧或冶金过程所形成的固体颗粒，其所形成的尘粒直径多在 1 微米以下，如木材、油、煤或其他燃料燃烧时所产生的烟尘。

(二) 生产性粉尘的分类

1. 按粉尘组成成分的化学特性和含量分类

(1) 无机性粉尘

包括金属性粉尘,如铝、铁、铅等金属及其化合物(氧化物)粉尘;非金属的矿物粉尘,如石英、石棉、滑石等;人工合成无机粉尘,如水泥、玻璃纤维、耐火材料等。

(2) 有机性粉尘

包括植物性粉尘,如木尘、烟草、棉、麻等;动物性粉尘,如畜毛、羽毛、骨质等;人工有机粉尘,如有机染料、农药、人造有机纤维等。

(3) 混合型粉尘

在生产环境中,大多数情况下存在的是两种或两种以上的物质混合组成的粉尘。

2. 按粉尘颗粒在空气中的停留时间分类

(1) 飘尘

空气动力学中把直径小于或等于 10 微米的微小颗粒称为飘尘。飘尘在空气中呈浮游状态,分布极为广泛。

(2) 降尘

空气动力学中把直径大于 10 微米,在重力作用下容易降落的颗粒状物质称为降尘。

3. 按粉尘粒子在呼吸道的沉积部位分类

(1) 非吸入性粉尘

一般认为,空气动力学中直径大于 15 微米的粒子,因其被吸入呼吸道的机会非常少,称为非吸入性粉尘。

(2) 可吸入性粉尘

空气动力学中直径小于或等于 15 微米的粒子可以吸入呼吸道,进入胸腔,称为可吸入性粉尘。

(3) 呼吸性粉尘

空气动力学中直径小于 5 微米的粒子可以达到呼吸道深部和肺泡区,进入气体交换区域,称之为呼吸性粉尘。

(三) 粉尘对人体健康的危害

1. 粉尘进入人体的途径

粉尘可以通过呼吸道、眼睛、皮肤等进入人体,其中以呼吸道为主要途径。被人体吸入呼吸道的粉尘，绝大部分随后又被呼出。如果没有阻力，吸入的粉尘会经过气管、主支气管、细支气管后进入气体交换区域的呼吸性细支气管、肺泡管和肺泡，并在进入的过程中产生毒副作用，影响气体交换。

人体对吸入的粉尘具备有效的防御和清除机制，一般认为有以下三道防线：①鼻腔、喉、气管、支气管树的阻留作用。②呼吸道上皮黏液纤毛系统的排除作用。③肺泡巨噬细胞的吞噬作用。肺组织通过上述各种防御功能，可以将进入肺内97%～99%的粉尘排出体外，而阻留在肺内的只有1%～3%。

2. 粉尘危害的表现形式

（1）对呼吸系统的危害

粉尘对呼吸系统的危害包括尘肺、粉尘沉着症、呼吸系统炎症和呼吸系统肿瘤等疾病。其中，尘肺是由于长期吸入生产性粉尘而引起的以肺组织纤维化为主的全身性疾病。

（2）局部作用

粉尘作用于呼吸道黏膜，可导致呼吸道抵御功能下降。皮肤长期接触粉尘可导致阻塞性皮脂炎、粉刺、毛囊炎、脓皮病。金属粉尘还可引起角膜损伤、混浊。沥青粉尘可引起光感性皮炎。

（3）中毒作用

含有有毒物质的粉尘，如含铅、砷、锰等的粉尘等经呼吸道进入机体后，会导致机体中毒。

3. 典型的尘肺病——矽肺

矽肺，是指在生产环境中长期吸入游离二氧化硅含量较高的粉尘所引起的以肺纤维化为主的全身性疾病。

（四）生产性粉尘的控制原则

1. 粉尘危害防护管理原则

（1）一级预防

综合防尘、定期检测、健康检查、宣传教育、加强维护。

（2）二级预防

建立专门的防尘机构、制定各项规章制度，新接尘员工健康检查、在岗接尘员工定期检查和及时调岗。

（3）三级预防

对已经确诊为尘肺病的员工及时调离原工作岗位，安排合理治疗，保证患者享

受合理的社会保险待遇。

2. 控制粉尘危害的主要技术措施

（1）改革工艺工程，革新生产设备

这是消除粉尘危害的主要措施，如使用遥控操纵控制、隔室监控等。

（2）湿式作业

比如，采用喷雾洒水的方式防止粉尘飞扬，降低环境粉尘浓度等简单易行的措施。

（3）通风除尘措施

对于不能采取湿式作业的场所，可以使用密闭抽风除尘的方法，抽出的空气经过除尘器净化处理后排入大气。根据除尘器的主要机理，可将其分为机械式除尘器、过滤式除尘器、湿式除尘器、静电除尘器等。

（4）个体防护措施

这是对技术防尘措施的主要补充，在作业现场防、降尘措施难以使尘生浓度降至国家卫生标准所要求的水平时，必须使用个人防护用品。个人防尘防护用品主要包括：防尘口罩、送风口罩、防尘眼镜、防尘安全帽、防尘服、防尘鞋等。

（5）卫生保健和健康监护

从事粉尘作业的工人必须进行就业前及定期健康检查，脱离粉尘作业时还应做脱尘作业检查。

（6）作业场所粉尘的监测

监测作业场所空气中粉尘浓度、粉尘中游离二氧化硅含量以及粉尘分散度等基本情况对及时了解作业场所的粉尘危害程度、研究尘肺病发病规律以及指导尘肺防治有重要意义。

二、工业毒物的危害与控制

（一）工业毒物与职业中毒

工业毒物是指在工业生产过程中所使用或生产的毒物，比如，化工生产中所使用的原材料，生产过程中的产品、中间产品、副产品，"三废"排放物中的毒物等。

毒物侵入人体后与人体组织发生化学或物理化学作用，并在一定条件下破坏人体的正常生理机能，引起某些器官和系统发生暂时性或永久性的病变，这种病变就称之为中毒。职业中毒应该具备三个要素：生产过程中、工业毒物和中毒。

(二) 工业毒物按物理状态的分类

1. 气体

常温常压下呈气态的物质,如常见的一氧化碳、氯气、氨气、二氧化硫等。

2. 蒸气

液体蒸发、固体升华而形成的气体。前者如煤、汽油蒸气等,后者如熔磷时的磷蒸气等。

3. 烟雾

烟指的是悬浮在空气中的固体微粒,直径一般小1微米。有机物加热或燃烧以及金属冶炼时都可能产生烟尘。

雾指的是悬浮于空气中的液体微粒,多为蒸气冷凝或液体喷射所形成,如铬电镀时产生的铬酸雾,喷漆作业时产生的漆雾等。

4. 粉尘

悬浮于空气中的固体微粒,其直径一般大于1微米,多在固体物料的机械粉碎和研磨以及粉状物料的加工、包装、储运过程中产生。

(三) 常见工业毒物及其危害

1. 铅 (Pb)

蓝灰色金属,熔点327℃,沸点1 740℃,加热至400℃~500℃时可产生大量铅蒸气。铅及其化合物主要从呼吸道进入人体,其次为消化道。工业生产中以慢性中毒为主,初期感觉乏力,肌肉、关节酸痛,继之可出现腹隐痛、神经衰弱等症状,严重者可出现腹绞痛、贫血、肌无力和末梢神经炎等症状。铅的无机化合物为可能人类致癌物,铅为可疑人类致癌物。

2. 苯 (C_6H_6)

一种有特殊香味的无色透明液体,闪点为-15℃~10℃,爆炸极限范围为1.3%~9.5%,易蒸发,微溶于水,易溶于乙醚、乙醇、丙酮等有机溶剂。生产过程中的苯主要经过呼吸道进入人体,经皮肤仅能进入少量。急性苯中毒是由于短时间内吸入大量苯蒸气引起,初期有黏膜刺激,随后可出现兴奋或酒醉状态以及头痛、头晕等现象。慢性苯中毒主要损害神经系统和造血系统,导致神经衰弱综合征,如头晕、记忆力减退等。在造血系统引起的典型症状为白血病和再生障碍性贫血。苯为确定人类致癌物。

3. 硫化氢（H_2S）

具有腐蛋臭味儿的可燃气体，爆炸极限范围4.3%~45.5%，易溶于水和醇类物质，能和大部分金属发生化学反应而具有腐蚀性。硫化氢是毒性比较剧烈的窒息性毒物，工业生产中主要经呼吸道进入人体。浓度低时，硫化氢主要表现为刺激作用，此外，其会阻碍机体细胞利用氧，导致"内窒息"。硫化氢对神经系统具有特殊的毒性作用，患者可在数秒钟内停止呼吸而死亡。

4. 氯气（Cl_2）

具有强烈刺激性气味的黄绿色气体，可溶于水和碱液，易溶于二硫化碳和四氯化碳等有机溶剂。氯气主要损害上呼吸道及支气管的黏膜，可导致支气管痉挛、支气管炎和支气管周围炎，吸入高浓度氯气时，可作用于肺泡引起肺水肿。

（四）防毒的基本措施

1. 防毒技术措施

（1）技术革新，强化预防

通过改革工艺，改进设备，改变作业方法或生产工序等，实现不用或少用、不产生或少产生有毒物质的目的，以无毒低毒的物料代替有毒高毒的物料，保证生产过程的密闭，防止有毒物质从生产过程散发、外逸等。

（2）通风排毒，净化回收

有时因生产条件限制，无法使设备密闭化，就应采取通风措施，使现场的有毒物质排除出去使之达不到危害人体的浓度。但是对于工作现场排出的有毒物质，也不能直接排入大气，必要时应净化回收使其变为无毒排放或予以回收。

2. 防毒管理教育措施

（1）有毒作业环境管理

组织管理措施、定期作业环境监测、严格执行"三同时"方针、及时识别作业场所出现的新有毒物质。

（2）有毒作业管理

主要是针对劳动者个人进行的管理，对其进行个别指导，使之学会正确的作业方法，改变不正常操作姿势和动作，保持正常工作状态。

（3）健康管理

对劳动者进行个人卫生指导、定期对从事有毒作业的劳动者做健康检查、对新员工入厂进行体格检查、按期给从事有毒作业人员发放保健费及保健食品。

3. 个体防护措施

根据有毒物质进入人体的三条途径：呼吸道、皮肤、消化道，相应地采取各种有效措施保护劳动者个人。

（1）呼吸防护

正确使用呼吸防护器是防止有毒物质从呼吸道进入人体引起职业中毒的重要措施之一。防毒呼吸器材主要包括两类：过滤式防毒呼吸器和隔离式防毒呼吸器。

（2）皮肤防护

皮肤防护主要依靠个人防护用品，如工作服、工作帽、工作鞋、手套、口罩、眼镜等，这些防护用品可以避免有毒物质与人体皮肤接触。对于外露的皮肤，则需涂上皮肤防护剂。

（3）消化道防护

防止有毒物质从消化道进入人体，最主要的是搞好个人卫生。

三、噪声的危害与控制

（一）噪声的分类

按照声源产生方式，工业噪声可以分为以下三种类型。

1. 空气动力性噪声

由气体振动产生。当气体中存在涡流或发生压力突变时引起的气体扰动，如通风机、鼓风机、空压机、高压气体放空时所产生的噪声。

2. 机械性噪声

由机械撞击、摩擦、转动而产生，如破碎机、球磨机、电锯、机床等发出的噪声。

3. 电磁性噪声

由于磁场脉动、电源频率脉动引起电器部件震动而产生，如发电机、变压器、继电器产生的噪声。

（二）噪声的危害

1. 噪声危害的表现形式

（1）影响休息和工作

人们休息时，要求环境噪声小于45分贝，若大于63.8分贝，就很难入睡。噪声分散人的注意力，使人容易疲劳，反应迟钝，影响工作效率，还会使工作出差错。

（2）损伤听觉器官

长期在强噪声下工作，容易引起听觉疲劳，导致听力下降，若长年累月在强噪声的反复作用下，耳器官会发生器质性病变，出现噪声性耳聋。

（3）引起心血管系统病症

噪声可以使交感神经紧张，表现为心跳加快，心律不齐，血压波动，心电图测试阳性增高。

（4）对神经系统的影响

噪声引起神经衰弱症候群，如头痛、头晕、失眠、多梦、记忆力减退等。

此外，噪声还能引起胃功能紊乱，视力降低，并且噪声的存在容易导致工伤事故的发生。

2. 噪声性耳聋

噪声性耳聋，是指长期接触噪声刺激所引起的缓慢进行的听力损失，称为感音性耳聋，又称慢性声损伤。

噪声性耳聋属于国家法定职业病的范畴，其早期表现为听觉疲劳，离开噪声环境后可以逐渐恢复，久之则难以恢复。下列症状可以作为噪声性耳聋的诊断依据。

①听力下降但无其他致病因素，有明确噪声暴露史。

②耳鸣，由间断性转为持久性。

③听音失真，能听见说话但不能完全理解。

④耳部检查外耳道、鼓膜正常。

⑤纯音测试呈感音神经性。

（三）工业噪声的控制

1. 噪声源的控制

包括减小声源强度和合理布局两种方法。

（1）减小声源强度

减小声源强度是指用无声的或低噪声的工艺和设备代替高噪声的工艺和设备，提高设备的加工精度和安装技术，使发声体变为不发声体等，这是控制噪声的根本途径。

（2）合理布局

合理布局是指把高噪声的设备和低噪声的设备分开，把操作室、休息间、办公室与嘈杂的生产环境分开，把生活区与厂区分开，加强城市绿化建设等。

2. 声音传播途径的控制

（1）吸声

如果用吸声材料装饰在房间的表面上，或者在房间悬挂吸声体，那么房间噪声就会降低，这种控制噪声的方法叫作吸声。常用的吸声材料有玻璃棉、泡沫塑料、毛毯、聚酰胺纤维、矿渣棉、吸声砖、加气混凝土、木丝板、甘蔗板等。

（2）隔声

把发声的机器封闭在一个小的空间内，或把需要安静的场所设置在一个封闭小空间里，使它与周围的环境隔离起来，这种方法叫隔声。典型的隔声设备有隔声罩、隔声间和隔声屏。隔声要选用传声损失（平均隔声量）大的隔声材料，重而密实的材料（如钢板、砖墙、混凝土等）是好的隔声材料。

（3）消声

消声是运用消声器来削弱声能的过程。消声器是指一种允许气流通过而阻止或减弱声音传播的装置，是降低空气动力性噪声的主要技术措施，一般消声器安装在风机进口和排气管道上。目前采用的消声器有阻性消声器、抗性消声器、阻抗复合消声器和微孔板消声器四种类型。

（4）隔振与阻尼

为了防止机器通过基础将振动传给其他建筑物，而将机器噪声辐射出去，通常采用的办法是防止机器与基础及其他结构件的刚性连接，此种方法称为隔振。阻尼，是在用金属板制成的机罩、风管、风筒上涂一层阻尼材料，防止因振动的传递导致板材剧烈地振动而辐射较强的噪声。

3. 个人防护

在用以上方法难以解决的高噪声场合，佩戴个人防护用品，则是保护工人听觉器官不受损害的重要措施。常用的防噪声用品有软橡胶（或软塑料）耳塞、防声棉耳塞、耳罩和头盔等，可根据实际情况进行选用。

四、高温作业的危害与控制

（一）高温作业的概念和分类

（1）高温强辐射作业

气温高、热辐射强度大，而相对湿度较低，形成干热环境。

（2）高温高湿作业

气温、湿度均显著高于可接受的程度，但是热辐射强度不大。

(3) 夏季露天作业

受太阳直接辐射及地表和周围物体二次辐射源的附加热作用,与热辐射联合作业环境。

(二) 高温作业的危害

1. 使劳动者作业能力下降

高温作业人员受环境热负荷的影响,随着温度的上升而作业能力不断下降。据调查显示,环境温度达到28℃时,人的反应速度、运算能力等功能都显著下降;35℃时仅为一般情况的70%;而极重体力劳动作业能力,在30℃时只有正常情况下的50%~70%。

2. 对劳动者身体造成伤害

高温作业直接表现为体温和皮肤表面温度升高,对人体内水和电解质平衡与代谢的影响表现为大量水盐损失可导致循环衰竭等。对循环系统、消化系统、神经系统、泌尿系统等产生影响,高温条件下劳动会加重心脏负担,对循环系统构成挑战,有可能导致热衰竭;可能导致食欲减退和消化不良,胃肠道疾病增多;高温作业时,中枢神经系统受到抑制,使得作业人员的注意力、肌肉工作能力、动作准确性和协调性以及反应速度降低,易发生工伤事故。高温作业时,大量的水分经汗腺排出,经肾脏排出的水分大大减少,如不及时补充水分,可使尿液浓缩,肾脏负担加重,可能导致肾功能降低甚至衰竭。

3. 易导致高温中暑

中暑是高温环境下发生的急性疾病。在高温作业过程中发生的中暑属于法定职业病范畴。

(三) 高温作业的防护措施

(1) 教育管理措施
加强领导、做好宣传教育、制定合理的劳动休息制度。
(2) 降温技术措施
做好高温作业厂房的平面布置、加强通风、采取正确的隔热措施。
(3) 防暑保健措施
开展预防性体检、合理安排作业时间、供应饮料和营养品,加强个人防护。

河南张某为何患上了职业病——尘肺病？
福建仓山外来务工者的悲剧如何避免？

	教师布置任务
案例讨论任务描述	1. 学生熟悉职业危害相关知识。 2. 教师抽取相关案例问题组织学生进行研讨。 3. 将学生每5个人分成一个小组。小组选取自己所在小组参加研讨的问题（避免小组间重复），通过内部讨论形成小组观点。 4. 每个小组选出一位代表陈述本组观点，其他小组可以对其进行提问，小组内其他成员也可以回答提出的问题；通过问题交流，将每一个需要研讨的问题都弄清楚。形成以下表格的书面内容。 5. 教师进行归纳分析，引导学生掌握职业危害的相关知识，增强职业健康意识。 6. 根据各组在研讨过程中的表现，教师点评赋分。
案例问题	1. 如何加强个体防护和卫生保健才能降低粉尘对身体的伤害？ 2. 福建仓山外来务工者的悲剧如何避免？ 3. 谈谈你所知道的其他职业危害。
案例分析	案例A分析　①郑州某耐磨材料有限公司是一家耐火材料生产厂家，存在固体物质的机械加工、粉碎等过程，会产生大量混合性无机粉尘；②粉尘可以通过呼吸道和皮肤、眼睛进入人体，对呼吸系统损害最为严重；③尘肺是由于长期吸入生产性粉尘而引起的以肺组织纤维化为主的全身性疾病，它是职业性疾病中影响面最广、危害最严重的一类疾病。 案例B分析　①该高温作业类型属于夏季露天作业；②根据《防暑降温措施管理办法》，日最高气温达到35℃以上（含35℃）、37℃以下时，用人单位应当采取换班轮休等方式，缩短劳动者连续作业时间，并且不得安排室外露天作业劳动者加班。该施工企业违反了《防暑降温措施管理办法》的规定，最终导致了事故的发生。 相应建议：在生产过程中，可能会接触到各种各样的职业性危害因素，作为劳动者要加强个体防护措施，作为企业要加强作业环境管理，建立休息室，配备卫生设施，强化作业管理，重视健康管理，建立健康检查制度，做好健康检查的事后处理。

河南张某为何患上了职业病——尘肺病？
福建仓山外来务工者的悲剧如何避免？

实施方式	研讨式
研讨结论	

281

续表

教师评语：

班级		第　　组		组长签字	
教师签字				日期	

模块小结十二

　　本模块共分劳动禁忌、职业危害两个部分。通过真实的案例展示了在职场中经常会遇到的隐患、危害、安全和身心健康问题，让学生有一种身临其境的感觉。通过学习了解劳动禁忌和过度脑力劳动对身心健康的影响，理解职业中毒、生产性粉尘的基本概念和含义，认识到如果缺乏科学的防护措施，工业毒物、工业噪声、高温作业、生产性粉尘等对身体会造成危害，甚至危及生命，如果不掌握相应的安全知识和技能就可能害人害己，造成悲剧事故。本模块旨在提高学生职场安全意识，面对高强度压力时能自我安慰、自我放松，在作业场所能够正确辨识职业危害因素，做到自我管理、自我保护；防止职业病侵害，强化工作质量意识，养成良好的工作习惯，提高避灾自救能力，保持健康、快乐的工作状态。

模块十三　塑造工匠精神

导入案例

焊接火箭"心脏"的金牌"大国工匠"——高凤林

高凤林，河北人，中央电视台《大国工匠》节目推荐的第一人。1980年从技校毕业后，高凤林在中国航天科技集团公司从事火箭发动机焊接工作至今，为我国130多枚火箭焊接过"心脏"——氢氧发动机喷管，占到我国火箭发射总数近四成。

工作之初，高凤林虚心向老师傅求教焊接技巧，苦练基本功，不怕吃苦、无惧劳累、善于观察、勇于钻研。高凤林的技艺突飞猛进、日臻成熟。

20世纪90年代，在长征三号甲运载火箭新型大推力氢氧发动机，大喷管的焊接中，高凤林心无旁骛、挥汗如雨，连续昼夜奋战一个多月，攻克了烧穿和焊漏两大难关，成功完成焊接任务。

当公司真空退火炉发生炉丝熔断时，高凤林主动要求钻炉抢险，忍着闷热和缺氧的窒息感，三进三出，成功焊好了炉丝使真空炉恢复运转。

工作之余，高凤林对知识的渴求也愈加强烈，他克服种种困难进修了大学学历，不断改进工艺措施，不断创造新工艺方法，创造性地将知识与技术运用到科研生产实践中，使焊接设备自动化控制和应用技术达到了国际先进水平，破解了无数新型号发动机及重要产品的焊接修复难题。成为火箭发动机焊接专业领域的"技能大师"和"大国工匠"。

高凤林始终坚持以国为重、扎根一线、勇于登攀、甘于奉献，工作30多年来，先后获得全国劳动模范、全国道德模范、航天技术能手、全国十大能工巧匠等荣誉，当选2018年度"大国工匠年度人物"，2019年荣获全国"最美职工""最美奋斗者"等称号。

高凤林是新时代众多技术工人的代表和缩影，这些普通的劳动者不是进名牌大学、拿耀眼文凭，而是默默坚守、孜孜以求、坚守初心、执着专注、精益求精、不断创新，在平凡岗位上追求职业技能的完美和极致，最终成为"国宝级"金牌技师和技能工匠，他们用实际行动诠释了新时代的"工匠精神"，体现了不平凡的人生价值。

启示：

1. 新时代的技术工人，不能再像以前那样只是简单地付出体力劳动，而是肩负传承民族文化，要锤炼技艺、精益求精、专注质量、敬业奉献、勇于创新，敢于站在新技术的前沿向世界先进技术发起挑战。

2. 中国实现制造业强国目标需要"工匠精神"。"工匠精神"是一种努力将产品品质由 99% 提高到 99.99% 的极致精神，哪怕再小的细节，也要全神贯注、全力以赴、追求卓越、力达完美。

学习目标

1. 认知目标：熟悉"工匠精神"的基本内容，描述大国工匠具备的特征；理解"新时代工匠精神"的内涵、特征以及对职业院校学生成才发展的现实指导意义。

2. 技能目标：学会分析大国工匠职业生涯中工匠精神的养成（塑造）方法；能够分析高职院校学生培养工匠精神的影响因素；学会制定适合自身发展特点的"新时代工匠精神"培养方法，并提出具体实施（践行）方案。

3. 情感目标：对大国工匠怀有崇高的敬意；认同新时代工匠精神对职业发展和育人成才的积极作用；自发培养工匠精神、做新时代技能工匠。

单元 13.1　新时代的工匠精神

案例 13.1

学习领域	《塑造工匠精神》——新时代的工匠精神		
案例名称	匠人匠心张雪松——提升"中国速度"的唐山高铁工匠	学时	2 课时
案例内容			

匠人匠心张雪松——提升"中国速度"的唐山高铁工匠

张雪松，中共党员，中国中车唐山机车车辆有限公司铝合金厂高级技师。1992 年，技

模块十三

塑造工匠精神

案例 13.1

续表

案例内容
校毕业的他成为唐车公司的一名职工，工作中勤学苦练、打磨技艺，业余时间始终坚持学习专业知识，进修了机电一体化专业的大专课程，并把技能大赛当成提升自己技艺的平台。2009 年张雪松成为河北省钳工和数控装调维修工双料技术状元，成为掌握数控知识技能的新时代产业工人。 　　2005 年，中车唐山公司与德国西门子公司合作研发时速 350 千米动车组制造技术，张雪松作为铝合金车体铆钳班长，面临的第一个难题就是提高铝合金车体焊接精度。他带领技术攻关团队，历经上千次试验，制作出焊接夹具、装配定位板、反变形工装卡具等，形成了一系列工艺文件和操作指导书，保障了首列 CRH3 "和谐号" 动车组在唐山顺利下线。 　　为解决问题、保证生产，张雪松先后完成 30 多项设备、工装的技术改造，修复加工中心高速专用进口刀具 30 余把，修复进口数显伸缩尺 300 余次，多次解除生产线的停工状态，保证了动车组车体的正常生产。他还为铝合金车体生产线 30 多台进口大型数控设备建立完善的系统周期保养体系，所有数控设备的保养指标都做了量化处理，大大减少了数控设备的故障率。 　　工作 27 年来，张雪松始终坚持学习钻研，在高速动车组生产中不断攻克技术难关，完成技术创新 109 项，制作工装卡具 66 套，形成工艺文件和操作指导书 72 项，摸索技术参数、形成 "自主核心技术"。工作中，他注重发挥团队的力量，甘为人梯、乐于助人，将工作中的心得和绝活都毫无保留地分享给工友。如今，铆钳班的 16 名员工已全部成长为动车组生产制造的技术骨干。此外，在校企合作、导师带徒交流活动中，张雪松还担任了唐山工业职业技术学院等高职院校的兼职教师，编写教学课件和培训教材，搭建精品课程平台，让更多的青年受益成为新时代技术工人，成长为技能工匠。 　　张雪松努力践行着 "工匠精神"，凭着对党和国家、企业的忠诚，以及对工作的热爱，勤奋求实、兢兢业业做好自己的本职工作，先后荣获全国道德模范、全国劳动模范、全国优秀共产党员、中国青年五四奖章等荣誉，成为中国中车首席技能专家，是用匠人技艺和科技创新提升 "中国速度" 的高铁工匠。

一、工匠概述

（一）工匠的起源和分类

在人类起源初期，为了生存，人类首先要采集生活资料，包括采集野果、捕获森林中的野兽、水中的鱼，然后进一步配置和采集农作物和果实，这是工匠的雏形。

在古代，有手艺的劳动者，称之为 "匠"，他们在劳动中所表现的才能，则被称之为 "技"。匠，乃罕见之人才；技，乃稀有之能力。

工匠即手艺工人、从事手艺的人，一般指有工艺专长的匠人。专注于某一领域、

针对这一领域的产品研发或加工过程全身心投入,精益求精、一丝不苟地完成整个工序的每一个环节,可称其为工匠。

工匠一般分为:厨师、画匠、木匠、铁匠、石匠、泥水匠、裁缝、剃头匠、屠宰匠、骟匠、染匠等。

(二)工匠的历史演化

距今 7 000~8 000 年前的原始社会末期,人类出现了第一次社会大分工,手工业从农业分离出来,此后逐渐出现了专门从事手工业生产的工匠,按照现代产业的分类,工匠参与的活动领域属于第二产业和第三产业。

1. 自然矿物资源开采中的工匠工作

自然矿物资源开采主要是针对自然资源的开采,包括对煤炭的采掘、金属矿物和非金属矿物的开采,对石油和天然气的开采(也可以部分地包括农、林、牧、渔的自然性捕捞、采集)。

在这一领域中工匠工作的主要特点有以下几点。

①在自然矿物资源开采活动中,工匠工作必须直接面对天然、自然环境。

②在自然矿物资源开采活动中,工匠工作需要面对不确定性和风险。

③在自然矿物资源开采活动中,需要相对众多的人力资源,使用巨大、笨重的工具,并依靠工匠由重复和熟练得来的经验实现目标。

④在自然矿物资源开采活动中,在相当长的历史时期内开采工作使用的工具多数重而大,使用手段也相对粗笨、简单。

⑤在自然矿物资源开采活动中,基础设施建设是一项必不可少的工作,不同开采环境对于基础设施建设提出了不同的要求。

⑥随着人类开采工作的不断推进,开采工作呈现出一种难度不断加大、成本日趋提高的趋势。

⑦在自然矿物资源开采活动中,开采工作会受到相应的社会关系和社会文化因素的制约、影响,同时也会造成新的社会环境、新的工匠从业机会。

2. 工业加工行业中的工匠工作

人类通过开采或其他手段从大自然获得资源后,就需要对所获得的初级产品进行加工。加工工作是持续进行的,初加工、精加工到具体产品的生产与制作都可以成为加工,通过加工天然自然逐步成为人工自然的形式。在这一领域中工匠工作的主要特点有以下几点。

①工业加工行业工匠工作的出现,标志着人类文明的进步和人类创造人工自然水平的提高。

②工业加工行业工匠工作是以资源开采为基础的。

③工业加工行业工匠工作在人类改造自然过程中是比较典型的创造性工作。

④工业加工行业工匠由于在工作之初就需要按照客户要求的质量要求进行操作,伴随着加工过程的进展和深化,质量越来越被工匠重视,重视质量的意识逐步成为形成工匠精神的重要组成部分。

⑤加工业的进展往往变现为工匠所掌握的工艺的高级化和复杂化,大体上有从机械加工过渡到物理化学加工,以及从分离加工到合成加工的规律性。

⑥加工业的产品很多,但每个行业都会产生出具有代表性的产品,这种产品通常是一种最大量、最重要、最典型的产品。

3. 服务业中的工匠精神

服务是无形产品和有型产品的有机结合,是指履行职责和义务,为他人做事,并使他人从中受益的一种有偿或无偿的活动,不以实物形式而以提供劳动的形式满足他人某种特殊需要,是一种过程或行为,它不像商品交易那样会发生所有权的转让,消费者能带走的是由服务所带来的体验。

在这一领域中工匠工作的主要特点有以下几点。

①无形性。服务本质上是无形的,不能被触摸,不能被品尝,不能被嗅到,不能被看到,需要通过服务在过程中体验。

②不可存储性。服务一经生产就必须被消费掉。

③不可分离性。服务的生产和消费通常是同时进行的。

④品质差异性。不同服务者提供的服务品质存在一定的差异性。

⑤不可量化感知性。消费者在享受服务前无法预知服务质量,服务后通常很难立即感受到服务带来的利益,也难以对服务质量做出及时客观准确的评价。

(三) 中国古代工匠代表人物

1. 鲁班(中国建筑鼻祖、木匠鼻祖)

鲁班,人称公输盘、公输般、班输,春秋时期鲁国人,出生于世代工匠的家庭,他被工匠特别是建筑业工匠尊称为"祖师"。最早记载鲁班事迹的是《墨子》,在《礼记·檀弓》《风俗通义》《水经注》《述异记》《酉阳杂俎》以及一些笔记和方志中也有著录。据说,古代兵器如云梯、钩强;木工师傅们用的手工工具如锯子、钻、刨子、铲子、曲尺,划线用的墨斗;农业机具石磨,其他如机封、伞、锁钥都是鲁班发明的。而每一件工具的发明,都是鲁班在生产实践中得到启发,经过反复研究、试验得来。

2. 蔡伦

蔡伦，东汉桂阳郡人。汉明帝永平末年入宫给事，章和二年（公元88年），蔡伦因有功于太后而升为中常侍，蔡伦又以位尊九卿之身兼任尚方令。蔡伦总结以往人们的造纸经验革新造纸工艺，终于制成了"蔡侯纸"。元兴元年（公元105年）奏报朝廷，汉和帝下令推广他的造纸法。蔡伦的造纸术被列为中国古代"四大发明"，对人类文化的传播和世界文明的进步做出了杰出的贡献，千百年来备受人们的尊崇。被纸工奉为造纸鼻祖、"纸神"。麦克·哈特的《影响人类历史进程的100名人排行榜》中，蔡伦排在第七位。美国《时代》周刊公布的"有史以来的最佳发明家"中蔡伦上榜。

3. 马钧

马钧，字德衡，扶风（今陕西扶风）人，生活在汉朝末年，是中国古代科技史上最负盛名的机械发明家之一。马钧年幼时家境贫寒，自己又有口吃的毛病，所以不擅言谈却精于巧思，后来在魏国担任给事中的官职。指南车制成后，他又奉诏制木偶百戏，称"水转百戏"。接着马钧又改造了织绫机，提高工效四五倍。马钧还改良了用于农业灌溉的工具龙骨水车（翻车），此后，马钧还改制了诸葛连弩，对科学发展和技术进步做出了贡献。主要成就有新式织绫机、指南车、龙骨水车、水转百戏等。

4. 祖冲之

祖冲之，字文远。出生于建康（今南京），祖籍范阳郡遒县（今河北涞水县），中国南北朝时期杰出的数学家、天文学家。祖冲之一生钻研自然科学，其主要贡献在数学、天文历法和机械制造三方面。他在刘徽开创的探索圆周率的精确方法的基础上，首次将"圆周率"精算到小数第七位，即在3.141 592 6和3.141 592 7之间，他提出的"祖率"对数学的研究有重大贡献。直到16世纪，阿拉伯数学家阿尔·卡西才打破了这一纪录。由他撰写的《大明历》是当时最科学最进步的历法，对后世的天文研究提供了正确的方法。其主要著作有《安边论》《缀术》《述异记》《历议》等。

5. 毕昇

毕昇，出生于北宋淮南路蕲州蕲水县，在宋仁宗庆历年间发明活字印刷术。毕昇活字印刷术的发明，是印刷史上的一次伟大革命，是中国古代四大发明之一，它为中国文化经济的发展开辟了广阔的道路，为推动世界文明的发展做出了重大贡献。

6. 黄道婆（宋末元初棉纺织专家）

黄道婆，又名黄婆或黄母，松江府乌泥泾镇（今上海市徐汇区华泾镇）人。宋末元初著名的棉纺织家、技术改革家。由于传授先进的纺织技术以及推广先进的纺织工具，而受到百姓的敬仰。在清代的时候，被尊为布业的始祖。

二、工匠精神

（一）工匠

工匠的特点有以下几点。

1. 工匠具备较强的专业特性

优秀的工匠们都具有较为专业的理论知识和专业技能，能在所从事的领域内有所见地、有所建树，能够利用技能生产或创造产品，最终获取价值。

2. 工匠具备坚定的职业追求

优秀的工匠们对每一道制作工序都很严谨，一丝不苟。他们工作时不投机取巧，必须确保每个部件的质量，对产品采用严格的检测标准，不达到要求绝不轻易交货。他们注重品质、精益求精、善于创新；对细节有很高的要求，追求完美和极致，不惜花费时间和精力，孜孜不倦，反复改进；对制作精品有着执着的坚持和追求，用产品质量和品质体现自己职业追求。

3. 工匠应该具备较高的职业素养

优秀的工匠们无私且敬业。他们具有可持续发展的能力，具有创新能力和超越自我的能力，有社会人文关怀，据此构成了工匠的职业态度和职业素养。以职业素养引领工匠职业态度和职业技能提升，成为行业持续发展和不断创新的动力。

（二）工匠精神

在历史的发展和文化的传承中，工匠形成了自己的精神境界，具有了独特的精神层面的界定。工匠自身的技能、技艺和技术是"工匠精神"的物质载体和最根本的职业生涯的追求。

工匠精神是一种职业精神，它是职业道德、职业能力、职业品质的体现，是从业者的一种职业价值取向和行为表现；它是一种在设计上追求独具匠心、质量上追求精益求精、技艺上追求尽善尽美、服务上追求用户至上的精神。

工匠精神是指不仅要具有高超的技艺和精湛的技能，而且还蕴涵着严谨细致、

专注执着、精益求精、淡泊名利、敬业守信、勇于创新的工作态度,以及对职业的认同感、责任感、使命感、自豪感等可贵品质。

(三) 新时代工匠精神

1. 新时代工匠精神来源

2015年《政府工作报告》中首次提出实施"中国制造2025",坚持创新驱动、智能转型、强化基础、绿色发展,加快从制造大国转向制造强国。通过努力实现中国制造向中国创造、中国速度向中国质量、中国产品向中国品牌三大转变,推动中国到2025年基本实现工业化,迈入制造强国行列。

2015年11月,李克强总理先后就经济形势召开了第三次专家和企业负责人座谈会,他提出,中国经济升级发展根本靠改革创新;企业是市场主体,也是创新主体,要继续实施创新驱动战略,抓住国家推出"中国制造2025";面向市场,贴近需求,着力提升核心竞争力和品牌塑造能力面向市场,贴近需求,着力提升核心竞争力和品牌塑造能力。

2016年3月5日,李克强总理在《政府工作报告》中说,鼓励企业开展个性化定制、柔性化生产,培育精益求精的工匠精神。

李克强在介绍2017年重点工作任务时表示,2017年要全面提升质量水平。广泛开展质量提升行动,加强全面质量管理,健全优胜劣汰质量竞争机制。质量之魂,存于匠心。要大力弘扬工匠精神,厚植工匠文化,恪尽职业操守,崇尚精益求精,培育众多"中国工匠",打造更多享誉世界的"中国品牌",推动中国经济发展进入质量时代。

工匠精神是工匠对产品精雕细琢,追求完美和极致的精神理念。工匠精神是善于用创新的精神对产品精雕细琢、反复打磨,体现出最大价值,创造出最完美的产品品质;工匠精神中也包含了一丝不苟、踏实敬业的工作态度,它是一种技能,更是一种精神品质。此后,不仅制造行业,各行各业都提倡工匠精神。任何行业、任何人"精益求精,力求完美"的精神,都可称工匠精神。

2. 新时代工匠精神内涵

爱岗敬业是从业者基于对职业的崇敬和热爱而产生的一种全身心投入的认认真真、尽职尽责的职业精神状态。爱岗是敬业的基础,而敬业是爱岗的升华。"爱岗"就是干一行爱一行,热爱本职工作,不见异思迁,不被高薪及利益所诱,淡泊名利,坚守初心。"敬业"就是要钻一行,精一行,对待工作勤勤恳恳,兢兢业业,一丝不苟,认真负责。

模块十三 塑造工匠精神

案例讨论 13.1

大国工匠身上体现的"工匠精神"是什么？

	教师布置任务
案例讨论任务描述	1. 学生熟悉相关知识。 2. 教师抽取相关案例问题组织学生进行研讨。 3. 将学生每 7 人分成一个小组。小组选取自己所在小组参加研讨的问题（避免小组间重复），通过内部讨论形成小组观点。 4. 每个小组选出一位代表陈述本组观点，其他小组可以对其进行提问，小组内其他成员也可以回答提出的问题；通过问题交流，将每一个需要研讨的问题都弄清楚。形成以下表格的书面内容。 5. 教师进行归纳分析，引导学生掌握新时代工匠精神的内容、内涵及指导意义，提高学生对大国工匠的理解和对新时代工匠精神的学习兴趣。 6. 根据各组在研讨过程中的表现，教师点评赋分。
案例问题	1.（列举）你所熟知的新时代中国大国工匠有哪些？ 2. 大国工匠身上体现了哪些可贵的工匠品质和优秀素养？ 3. 中国制造业为什么需要新时代的工匠精神？ 4.（讲解）你身边是否有具有工匠精神的实例？
案例分析	1. 解答分析：新时代大国工匠如中国航天科技集团有限公司第一研究院首都航天机械有限公司特种熔融焊接工、高级技师高凤林，中车长春轨道客车股份有限公司电焊工李万君，中国石油集团西部钻探工程有限公司试油公司试油工谭文波，中车唐山公司张雪松，等等（可通过网络、书籍等媒介熟悉、查找）。 2. 解答分析：工匠精神是指不仅要具有高超的技艺和精湛的技能，大国工匠一般都具备类似的工匠精神，即严谨细致、专注执着、精益求精、淡泊名利、敬业守信、勇于创新的工作态度，以及对职业的认同感、责任感、使命感、自豪感等可贵品质。 3. 解答分析：中国制造业处于快速发展和上升的关键时期，新时代工匠精神是提倡从业者既能对本职工作保守初心和职业热爱、对行业技术专注和琢磨，又满足自身个性需求，鼓励他们发挥自身特长，促进他们在生产过程中增品种、提品质、创品牌，实现个人收益和人生价值的双丰收。 4. 解答分析：工匠精神作为一种精益求精、追求卓越的品质和态度，可融于生活、学习中的细微和点滴。例如，学生学习中遇到难题，不耻下问，虚心求教，直到弄懂弄会为止；在实习实训中，任务（工件）虽能完成但品质不高，反复重试达到满意的结果，都是超越自我、工匠精神的体现。学生从小事、从身边点滴做起，假以时日，才能培养成为内在品质和素养。
所需材料	A4 纸、水笔、可上网的笔记本电脑或手机（用于查阅资料）。

· 291 ·

大国工匠身上体现的"新时代工匠精神"是什么？

实施方式	研讨式	
研讨结论		
教师评语：		
班级		第　组　　　　　　组长签字
教师签字		日期

模块十三 塑造工匠精神

单元 13.2 工匠精神的养成途径

案例 13.2

学习领域	《塑造工匠精神》——工匠精神的养成途径		
案例名称	由"高职生"到"金牌工匠"新时代工匠精神的践行者——杨珍明	学时	2 课时

案例内容

由"高职生"到"金牌工匠"新时代工匠精神的践行者——杨珍明

  杨珍明，唐山工业职业技术学院机械工程系教师。2004 年，当时还是唐山工业职业技术学院的一名学生的他，在首届全国数控技能大赛上以河北省第一名的成绩入围全国决赛。在当时只引进硕士研究生的情况下，杨珍明被破格留校成为实习工厂一名普通教师。工作以来，杨珍明先后获得"全国技术能手""全国五一劳动奖章""全国先进工作者""河北省优秀指导教师""河北省技术能手""河北省五一劳动奖章""河北省突出贡献技师"等多项荣誉称号。2017 年起享受国务院特殊津贴。

  作为高职毕业生，杨珍明正确定位，没有因为出身职校而妄自菲薄。工作之初他跟着师傅学习实践经验，管理设备、潜心钻研业务，认真负责地对待每一项工作。

  此后，学院多次派杨珍明去企业进修，使他技术日臻完善，逐渐成长为一名实训指导教师。杨珍明一如既往，平淡踏实、刻苦钻研，课余时间他深入校企合作工厂钻研设备、磨练技术，此后又主动进修了本科和研究生学历。短短几年时间，杨珍明技艺突飞猛进，他大胆创新、勇于实践，先后解决了多项生产和工艺难题。多年来，杨珍明不仅承担了学院 80% 以上设备故障问题的解决，为学院节约维修资金数万元，而且为多家企业解决生产难题，成为行业中的"金牌专家"。

  杨珍明虚心学习、刻苦钻研，在实际生产中不断提升技能水平和创新能力。目前已经取得了加工中心操作工和数控机床装调维修工两个工种高级技师的职业资格，成为行业内公认的拔尖人才。作为青年教师，他多次代表学院参加各级各类技能大赛，并屡获殊荣。"2018 年中国技能大赛——第二届全国智能制造应用技术技能大赛全国总决赛"上，他指导的参赛队获得全国一等奖，成为名副其实的"金牌教练"。杨珍明还是一位身兼高级讲师与高级技师的"双高"教师，他注重实际、悉心钻研、创新实践，他用满腔热情和坚定执着的工匠精神，言传身教、教书育人、传艺带徒，每年要为唐山市高技能人才精英培训班培训学员，其中多人被选入唐山市高技能人才库。

  启示：杨珍明老师多年来用自己勤奋执着、爱岗敬业、无私奉献、坚守初心的行动践行着大国工匠的坚持与追求。在他的带动和引领下，唐山工业职业技术学院优秀毕业生薄向东、常燕臣留校任教并成为高级技能人才、河北省"五一劳动奖章"获得者。他们正在通往技能工匠的道路上砥砺奋进，将新时代工匠精神接续传递。

一、高职教育教学的特点

高职院校教育，是以学生人才培养和就业为导向的高层次职业准备教育，其主要任务是培养生产、服务和管理等一线需要的具备较高职业素养的技术技能型人才。高职教育特有的人才培养方案决定了高职教育教学独有的特色，主要体现在如下四个方面。

1. 目标的导向性

高职教育必须以促进学生的就业为导向，这就需要在平时的教学过程把专业知识、专业技能和职业精神的要求先提炼，再渗透到教学中去，培养高素质的技术技能型人才。

2. 内容的针对性

高职教育的教学内容必须针对最新的职业标准，把职业岗位所需的融入相关的教学中去。

3. 方法的实践性

高职教育教学必须强调实践性，重视学生的专业技能以及职业精神的培养。

4. 评价的多元性

对于高职教育的教学评价体系，不仅要有课程教学中学生知识的掌握程度评价，学生职业道德、职业素养、就业质量的评价都是衡量高职教育的重要指标。此外，除了教师给予学生的校内评价，校外企业指导教师、顶岗实习单位领导的多元评价亦成为学生工匠精神培养的重要组成部分。

因此，高职教育除了应具有普通高等教育的属性，还应具备职业教育的特性。高职教育更应该强调职业素养的养成，注重职业精神的培养。而职业素养包含两个方面：职业技能和职业精神。当前国内的高职院校均注重对学生职业技能的训练，而忽略对职业精神的塑造和培养。另外由于学生在校时间较短，难以在两三年时间内培养成企业所需的能工巧匠，这需要学生培养工匠精神素养和意识，为毕业后的长期发展和良性成长奠定素质基础。

二、高职学生工匠精神养成的影响因素

工匠精神对学生在校学习以及进入企业后个人健康发展具有重要的意义。工匠精神主要体现在从事相关专业技术人员身上一种良好、可贵的职业精神，其主要包括以下几方面。

①工匠精神体现在精湛技能的千锤百炼，是反复练习自身技能；要熟练掌握技能，需要技术人员具备坚韧不拔、不畏艰难的精神。

②在工作过程中，技术人员要具备敬业精神，对待工作一丝不苟，尤其是在产品生产过程中，任何操作都应当要求规范，切实保障操作的精细化，不断超越自身水平，提高工艺、打磨品质，最终达到完美。

③工匠精神要求技术人员不断推陈出新，促使产品实现升级，切实满足市场需求，同时可以切实满足多元化客户需求，进而创造出更多精良的产品。

当前，我国高职院校大多把培养工匠人才纳入学校的质量提升发展规划中，在培养学生的工匠精神过程中，存在着一些高职学生工匠精神养成的影响因素。

(一) 社会因素

当前，一些学生家长认为让孩子读名校、拿高学历文凭，接受普通高等教育才是成才的唯一途径。在传统观念中，对利用辛苦劳动、手工操作的职业工人或手工匠人存有偏见，对技术工人职业认可度较低，没有给予足够的重视。对高职学生而言，他们在高考中因为各种各样的因素导致成绩不甚理想，进入高职后一些同学自暴自弃、失去学习动力和信心，这对以工匠精神为主的职业教育人才培养带来了一定困难和阻力。这需要我们大力弘扬工匠精神，突出高职教育的社会认可度，给予技术工人更多的社会支持和人文关怀，让大家认同职业教育和普通高等教育的地位同等重要，只是培养人才的路径不同而已。

(二) 企业因素

企业作为中、高职学生的直接实践场所和工作单位，往往仅是给毕业生提供一个工作岗位，从事的也是一些工作时间长、生产强度大、过程较重复的工作。虽然部分企业已经意识到员工具备工匠精神的重要性，但由于生产任务重、时间和资金成本高等因素，忽略了对工匠精神的接续培养。甚至有些企业认为，工匠精神的培养主要在学校或者工作之后。其实，工匠精神的培养应该在学校期间就开始着手，并且在教学过程中企业全程参与和评价，促进校企合作，可以起到事半功倍的效果。

(三) 学校因素

高职院校在专业教学设置上，有时会强调专业与职业的完全同步性。虽然这样使人才培养的目标能够满足当地产业发展的需求，但是随着产业的调整与发展，会出现专业过冷或过热的现象，不利于专业的可持续发展。此外，高职院校为满足教学目标，人才培养过程中会产生"重技能、轻素质、淡素养"的局面，忽略了对职业素质的培养，这些都不利于学生工匠精神素养的养成，更不利于学生长远职业规划和可持续发展。

(四) 家庭因素

在传统的家庭观念中，部分家长让孩子选择职业院校只为让孩子有学上。家长对学校无任何要求，孩子只要能在学校读书，能学点技术就行，甚至把学校当成"保姆"，没有为孩子规划和指引人生方向。家长对孩子要求也仅限于能顺利毕业，毕业后能找份工作即可，忽略了学生在校的学习态度；更不会给学生灌输在学习中要勤学苦练、勤奋求实，在工作中对产品要精雕细琢、精益求精的思想，这对学生工匠精神的培养起到了一定的消极作用。

(五) 学生因素

尽管工匠精神有其特有的内涵，但与学生"学习习惯""钻研精神""敬业精神"等专业素质和职业素质存在着很多内在的联系，这些素质对工匠精神的培育有直接影响。通常，部分高职院校学生入学分数较低，自主学习能力较差，缺乏钻研精神和踏实工作的耐心、恒心，不屑职业操守，这些都对工匠精神的培养带来了阻力。因此，高职院校除需要加大力气提升教学质量之外，更要注重对学生职业素养和工匠精神的培育，使工匠精神深入学生心里，融入职业生涯。

三、工匠精神的主要养成途径

高职院校学生在学校通过丰富多彩的校园文化活动来塑造、培育工匠精神，具有参与广泛、寓教于文、寓教于乐的特点，是引导高职学生加强思想道德修养，提高自身素质，促进学生全面成长的载体和平台。学校要基于工匠精神培养的目标，通过教育培养和实践锻炼等行之有效的办法提高学生自身的创新能力、动手能力和团队合作等能力。

高职院校要重视学生理论知识的学习，要对学生参与专升本等继续深造给予鼓励，更要对工作在技能岗位第一线的毕业生、成功的创业者、技能竞赛的获奖者等优秀学生给予鼓励和奖励，以培养勤于实践、勇于创新、认真务实的优良学风。这种优良的学风潜移默化地影响到每位高职学生，从而使学生的思想和行为都会发生改变，对培养学生的工匠精神能起到示范作用。

(一) 充分发挥学校文化精神传承的导向作用

高职院校肩负着培养应用型工匠人才的重任，学校在发展过程中，会形成自己特有的校风校训、治学理念、办学精神、主题文化长廊和特色校园文化等，成为一个学校文化精神的重要组成部分，直接关系到人才培养的质量和效果。

优良的校园文化精神既是一个学校办学理念、治校精神的反映，又传承了学校的发展历史、办学特色和校园文化，是一所学校教风、学风、校风的凝练和总结，体现了学校文化精神的主要内容与核心实质。学校应大力弘扬"追求卓越、精益求精、求实守信、德技并修"的工匠精神,营造"抛弃浮躁功利、崇尚匠人匠心"的良好育人氛围,形成一种无形的教育力量,对广大师生产生潜移默化的影响,这对培养高技能人才尤为重要。

(二) 充分发挥思想政治教育工作的引领作用

习近平总书记指出,思想政治工作从根本上说是做人的工作,必须围绕学生、关照学生、服务学生,不断提高学生的思想水平、政治觉悟、道德品质、文化素养,让学生成为德才兼备、全面发展的人才。

十九大报告提出,要弘扬劳模精神和工匠精神,营造劳动光荣的社会风尚和精益求精的敬业风气,树立崇尚劳动、尊重劳动的价值理念。要坚持把立德树人作为中心环节,把思想政治工作贯穿教育教学的全过程,实现全面育人、全程育人。

1. 工匠精神的培养离不开思想政治教育工作

思想政治教育工作为高职学生的健康成长成才提供思想启发、价值引导、精神动力等作用。高职院校要以立德树人为中心,基于高职学生的智力、身体、心理特征,从高职人才培养目标的高处着眼,从高职学生学习、生活、实践等细微之处入手,将工匠精神全面融入学生思想政治教育工作当中,切实开展好劳动教育,培育劳动情怀、弘扬工匠精神,引导青年大学生践行社会主义核心价值观,加强对学生的职业道德和职业素养的教育引导,促进高职学生自身的成长、成才,全面提升人才培养质量。

2. 思想政治理论课教师要讲授工匠精神

思想政治理论课教师应把工匠精神教育融入教学当中,并以文章、视频、图片等形式为同学讲解工匠精神的相关内容,在"中国梦""大国工匠"教育中启迪学生树立技能报国的伟大理想,在职业道德的教育中强化学生树立敬业奉献、精益求精的职业素养。

此外,高职院校的其他教师和工作人员在教育教学中要掌握工匠精神精髓,领悟工匠精神实质,增强政治责任感和使命感,在各类课程教育中融入思想政治元素和工匠精神内容,作为思想政治理论课教育的有益补充。党政干部、共青团干部、辅导员、专业教师在管理和教育高职学生学习工匠精神方面亦发挥着重要作用,他们拥有与学生接触时间多、关系紧密的优势,能及时关注学生的思想状态和学习情况,引导学生树立正确的三观(世界观、人生观、价值观)和职业观。定期开展技术技能讲座和劳模精神教育,培育工匠情怀,激发广大学生成为技术工匠

的使命感、责任感，充分调动学生参与工匠精神学习的积极性、主动性和创造性，引导广大学生学劳模、练技能，践行"工匠精神"，全面提升人才培养质量和职业素养。

（三）充分发挥"双师型"教师和创新团队的示范作用

工匠精神的培养提倡教师与学生共同参与技能学习和素质养成，教师倾囊传授、技能亲手相传，学生跟师学习、跟师感悟，师生之间达到心理呼应和情感共鸣。

①新时代高职院校的"双师型"教师，既是教师又是工程师，既能讲课又能下车间参与生产。他们不仅要凭借自身的学识去教授学生学习技能、感悟工匠精神，更需要建成专业创新团队，依靠集体的智慧和力量激发学生的学习兴趣、提高学生培养质量。

②专业教师团队要注重实践经验的积累，发挥团队教师各自的优势和特长，每年定期选派教师参加国家级、省市级骨干教师专业的培训，提升专业素质。

③重视教师深入企业跟岗培训和调查研究，学校组织教师分阶段、分批次到合作企业的生产一线，近距离接触新科技、新设备，参与课题研究和产品研发、提供技术革新和技术服务，及时了解企业的真实需求，提升工匠素养，使教学活动更加贴近企业实际。

④创新团队既要紧跟专业发展、站在学科技术发展前沿，又要与行业及企业保持密切联系，时刻关注行业发展动态，不仅要注重学生基本理论知识的传授、专业技能的培养，还要注重学生的个性发展和综合素质的培养。教师团队在教学中要带头践行"工匠精神"，给学生做出榜样，用广博的学识、精湛的技术、人格的魅力、团队的协作、集体的创新达到言传与身教相结合的良好效果，使培育学生过程更具说服力和感染力。

（四）充分发挥专业课程教学的基础育人作用

在高职院校的课程体系中，专业课程作为公共基础课程与学生顶岗实习之间的桥梁，是学生专业学习的基础，因此，专业课程的教学成为培养学生工匠精神的主要渠道。

在专业课程的学习中，教师引导学生在平时的知识学习中认真仔细、专注求实，遇到专业难题时不敷衍、不逃避，善于思考，合理解决问题。在日常技能训练中不仅仅限于完成教师交给的任务，更要精益求精、力求最佳，引导学生在理论学习和实践操作中学习、感悟"工匠习惯"，进而升华为工匠精神。

（五）充分发挥技能大赛对学生培养工匠精神的激励作用

职业院校作为技术技能人才培养的摇篮，肩负着培养具备工匠精神技术技能人

才的重要使命。当前,我国正由制造业大国向制造业强国转变,尤其需要具备工匠精神的企业员工。职业院校应当高度重视在教学过程中融入工匠精神,采取技能大赛等方式提升学生职业素养以及技能水平。

李克强总理在第十届全国职业院校技能大赛中提出:"当前,我国经济正处于转型升级的关键时期,迫切需要培养大批技术技能人才。希望技能大赛贯彻新发展理念,充分发挥引领示范作用,推动职业教育进一步坚持面向市场、服务发展、促进就业的办学方向,坚持工学结合、知行合一、德技并修,坚持培育和弘扬工匠精神,努力造就源源不断的高素质产业大军,投身大众创业万众创新,为更好地发挥我国人力人才资源优势、推动中国品牌走向世界、促进实体经济迈向中高端做出新的更大贡献。"这为新时期职业院校积极探索以技能大赛为引领,弘扬工匠精神、培育大国工匠指出了具体方向。

近年来,高职院校积极响应国家号召,在人才培养的过程中将技能大赛和工匠精神有机融合,积极鼓励学生参加技能大赛,激发了学生比技能、练技能的学习热情,学生的专业知识、技能水平和工匠精神得到全面提高。

(六)创新"赛教融合、赛课融通"的育人模式

高职院校依据职业技能大赛赛项、规程改革教学内容。可以国赛、省赛比赛项目为参考,紧密对接相关专业中的专业课程、理实一体化课程,将大赛项目有机融入教学,将新技术、新工艺、新方法充实到教学内容中,并根据每年技能大赛内容的变化随时充实、调整和更新。

在课程设置中,以工匠精神培育为目标指向,创新线上线下混合式、模块化、个性化学习模式,探索"课前自主预习+课中探究学习+课后线上复习"的混合式教学模式,通过互动论坛、辅导答疑、作业提交与批改,促进自主式、协作式学习。以显性职业素质和隐性职业素质交织融合、协同发展为中心,建立"赛课标准融通→赛课内容融通→赛课技能训练策略融通→赛课训练体系融通"一体化路径,如图13-1所示。

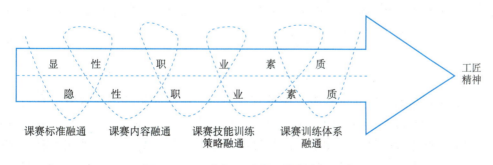

图13-1 "赛课"融合一体化路径设计

通过"赛课"融通，学生可依照工匠精神培养指标（表13-1）进行自评、根据结果诊断和改进。

表13-1 学生工匠精神培养指标

素质层级			指标提取
显性职业素质	知识技能		所学专业或学科的技能知识
	行为习惯		自觉遵守操作规范/踏实肯练，不浮不躁，不投机取巧/精益求精，不打折扣，不急功近利/坚持写好学习和实训日志，及时总结和反思；思维活跃，主动创新/在团队中主动沟通合作
隐性职业素质	价值观		对职业的敬畏与热爱/有责任担当意识和使命感/个人价值与社会价值的一致
	自我认知		自尊/自爱/自信/乐观
	特质	个性品质	遵守规则/守时守约/诚实守信/责任心强/严谨，一丝不苟/求真务实/有毅力、有恒心，坚韧执着/谦恭自省/开放包容/彰显个性/善于沟通合作，具有团队精神
		艺术修养	艺术感受力强、细腻/艺术表达欲望强烈/趣味高雅/有一定的人文底蕴/注重文化传承
		工艺追求	符合技术标准规范/精益求精，追求卓越/善于发现问题、解决问题/有原创意识，富于挑战与创新
	动机		对所学专业领域和技艺表现出兴趣和热情/享受作品、产品不断完善的过程/追求"尽善尽美"的境界/对未来相关领域职业成功和成就的渴求

（七）鼓励"精英带徒""接续培养"的团队传承

每个在技能大赛中获奖的精英学生都有一支专业过硬、精诚团结的团队，学校鼓励获奖学生带动兴趣学生、进而影响全体学生，由点及面，形成"崇尚技能、传承匠心"的荣誉氛围，构建"学长带徒弟，精英传帮带"的梯队式参赛团队。团队成员朝夕相处、互相影响，高届学长将大赛经验、技能技巧和积极的进取精神传递给后届学生，实现工匠精神的接续培养。

（八）充分发挥"劳模榜样"和"工匠讲堂"的宣传作用

高职院校在人才培养过程中，注重育人为本，做工匠精神的研究者、宣传者和践行者。以劳动模范典型实例对学生进行宣讲，把劳模事迹和工匠精神的宣传同深入学习党的十九大精神结合起来，同贯彻落实全国高校思想政治工作会议精神结合起来，把开展劳动教育与进行社会主义核心价值观教育结合起来，引导学生坚定信念、夯实政治素养，努力学习，锤炼品格，精炼技艺。

首先，学校开设工匠精神大讲堂，定期举办劳动模范、技能工匠事迹报告会，并聘请企业金牌"技师"、名牌"工匠"担任校外兼职教师、学生成长导师，与学生近距离接触和互动，推动劳模精神和工匠精神进学校、进课堂、进教材，将工匠精神有机融入课堂教学、社会实践的具体环节中。即让学生在学习中培育劳动情怀，在工作岗位上践行劳动理念，让学生感受到企业对于工匠精神的重视程度，使学生认识到工匠精神是将来就业必备的一项基本职业素质，从而在心理上更易接受并充分感悟工匠精神的内涵。

此外，学校应重视能工巧匠在国家经济建设和发展进程中发挥的巨大作用，可利用互联网、新媒体等手段为学生介绍典型劳模事迹和工匠精神的宣传片，可让学生不受时间和地点限制，让工匠精神教育融入生活。例如，港珠澳大桥建设工程中，用一双手让两个平面严丝合缝，用一把扳手使螺丝的间隙小于1毫米的管延安；中国航天科工集团为导弹铸造"外衣"的毛腊生；在中国大型客机C919研发的领域，这个现代工业体系顶端的产业里仍不可取代的手工技师胡双钱等大国工匠，他们的事迹能给学生更深层次、更加震撼的人生感悟和精神升华。

中车唐山公司首席专家张雪松的成长经历告诉学生们：对待工作要认真负责，做一个"钉子型""自燃型"的员工，主动担当、精炼技艺、洗练铅华才能成为"技能工匠"。

（九）积极发挥科技社团的成才规划作用

高职院校可基于专业特长、兴趣爱好利用课余实践凝聚学生团队，建设学习型、创新型、研究型、大赛型科技社团，学生可根据自身特长和优势，深挖内在潜能和发展潜力，规划自己在学校中成为工匠型技术人才的发展路径，储备大批"有兴趣、有潜质、有动力、有特长"的技能大赛参赛预选手。

科技社团是培养学生工匠精神的重要途径之一。鼓励每一个学生在学校期间加入一个科技社团或创新小组，将技能大赛和科技活动相融合，通过强化机制建设、资源注入、创新驱动、内涵发展、活动提升，满足学生个性化、差异化、层次化的发展需求，最终达到人人成才、人人出彩的育人目标。在科技社团中学生尝试组装设备、制作产品、互相交流心得，这种专注和兴趣推动了学科文化，活跃了校园气氛，凝聚了职业匠心，培养了"精益求精、锲而不舍、追求卓越"的企业意识。

（十）充分发挥公共实训基地的实践育人作用

公共实训基地建设是高职院校办学特色的主要亮点，它不仅是学校和社会培养高素质技术技能型人才培养基地，也是承担社会人员技能提升和培训进修服务的主

要场所。

首先,高职院校要格外重视实训基地建设。实训基地是工匠精神传承的重要载体,它能完成校内实训和校外公共训练(培训)任务,负责学生日常实训的管理和教学,承担设备日常维护和保养。实训基地要组成专业管理教师团队进行管理,学习现代企业管理经验,建立、健全各项管理制度,对照现代企业的生产要求,合理布局,科学设计实训基地的软、硬件配置,将实训基地建设与师资队伍建设、项目建设、基地文化建设、教学模式与课程改革等方面深入融合,综合校企合作、产教结合、赛训一体、服务研发等功能,引进知名企业、大型企业、特色企业,给学生提供一个全真的企业工作环境。教师可在实训课程中,通过模拟企业工作过程、模拟管理制度、模拟文化氛围,培育学生的时间技能和职业素养,充分发挥实训基地作为"工匠精神"培养平台的作用。

其次,公共实训基地要秉承"开放合作、特色创新"理念,根据高职教育的最新精神,紧密围绕行业技术前沿发展趋势、结合本地域企业发展特色,有针对性地推进产教融合、开展校企合作,开发适用、实用的"1+X"培训项目,满足新时代行业、企业的人才需求。

此外,公共实训基地可为各级各类技能大赛承办和参赛选手日常训练提供场地和物质保障。参赛选手以技能比赛为契机,切磋专业技艺、交流大赛心得、提升实践技能、树立职业信仰、坚守初心、凝聚匠心,为学生展示工匠精神。

(十一)充分发挥"双创实践""顶岗实习"和"1+X证书"作用

首先,高职院校学生在夯实学生理论知识基础、加强实训技能之余,应走出课堂,积极参加创新创业社会实践活动。当代大学生在校尝试创立"小""微"企业,借鉴现有的"创客公司""创业苗圃"成功经验,不断锤炼技术、接续创新。将"积极进取、创业行动、创新思维、超越自我"的工匠品质和工作感悟渗透、融入心中,成为内在的工匠品质,以实际行动培养创新意识、践行工匠精神。

其次,高职院校学生需要企业提供真实职场、专业技术和生产环境的锻炼支持。新时代工匠人才需要校企协同培养,工匠精神需要校企共同培育。

学校积极与大型企业、知名企业合作,学生定期入企业实习,可熟悉职场环境、感受职场压力、体验企业文化,按照企业员工7S标准要求和规范自己,感悟工匠精神。

此外,高职院校学生可积极参加"1+X证书"的培训与鉴定考核,学校鼓励学生获得学历证书的同时,积极考取各类职业技能等级证书,夯实职业技能,拓宽就业创业领域,助力学生日后成为技能人才和大国工匠。

案例讨论 13.2

职业院校大学生如何培养工匠精神，你如何践行实施？

教师布置任务	
案例讨论 任务描述	1. 学生熟悉上述案例单。 2. 教师布置任务。 　任务1：集体讨论高职学生"工匠精神"养成的影响因素以及职业院校大学生培养"工匠精神"的途径。 　任务2：请根据案例单信息，为自己设计一个科学合理的工匠精神培养方案，包含职业技能要素、职业素养、具体规划等内容，并与小组同学讨论具体实施的可行性。 3. 将学生每5~7人分成一个小组。小组选取自己所在小组参加研讨的问题（避免小组间重复），通过内部讨论形成小组观点，填写下面的案例结论单。 4. 教师进行归纳分析，引导学生合理认知自我情况，科学制订工匠精神培养方案，评价每位学生给出的具体实施方案，选取典型方案供全体学生参考，提升学生参与度和收获感。 5. 根据各组在研讨过程中的表现，教师集中总结、评价可行方案，并赋分。
案例问题	1. 高职学历的学生能否成为高技能人才和技能工匠？ 2. 工匠精神对高职院校大学生育人成才的指导意义是什么？ 3. 高职院校学生如何科学合理地制订工匠精神培养途径并有效实施？
案例分析	1. 分析解答：实际案例告诉我们，众多大国工匠学历很多都是技校和中高职学历，他们在求学和就业过程中为自己规划了人生发展目标，制订了科学工匠精神培养方案，并有效实施，最终通过技术经验的积累和时间的积淀，成为大国工匠。秉承勤奋求实、精益求精、追求卓越、勇于创新的工匠精神，高职大学生一样能成为高技能人才和技能工匠。 2. 分析解答：高职院校在努力提升教学质量之外，更要加强学生实践技能，注重学生职业素养和工匠精神的培育，使工匠精神深入学生心里，融入职业生涯，形成职业品格和职业素养，使其成为中国制造业的坚实基础和发展力量。 3. 分析解答：参考案例相关知识，学生可根据自身特长和性格特点选取适合自己的工匠精神培养途径，鼓励学生个性化发展，突出优长，科学实施。
所需材料	A4纸、水笔、可上网的笔记本电脑或手机（用于查阅资料）。

案例结论 13.2

职业院校大学生如何培养"工匠精神"，你如何具体践行实施？

实施方式	研讨式
研讨结论	

续表

教师评语：

班级		第　　组		组长签字	
教师签字				日期	

模块小结十三

　　很多高职学生认为，成为大国工匠或高技能人才大多都是出身名校、经历非凡，自己在高职院校求学，仅满足于成绩过关、掌握基本知识、拿一个毕业证书，缺乏勤奋进取、执着求实、精益求精、永不放弃的工匠精神。其实，通过众多实例证明，那些大国工匠、高技能人才很多出身技校和职业院校，而且他们都有着类似的工匠精神信仰——对名利的淡泊、对人生的积极、对知识的渴求、对技能的磨练、对职业的坚守、对品质的追求，他们无一不是在青年阶段为自己制订了成长规划、培养了工匠精神，并为之付出努力和实践。

　　冰冻三尺非一日之寒，优异成绩的取得非朝夕之功，优秀的工匠人才绝非一蹴而就，拒绝懒惰、做好规划，付出行动、收获精彩人生。

　　有付出才有回报，有奋斗才有价值。职业院校大学生要在学习和实践中培养和塑造谦虚谨慎，勤奋务实、锤炼品格、精练技能、追求品质、勇于创新的新时代工匠精神，做好人生发展规划。愿你们在平凡的岗位中展现不平凡的人生价值。

·304·

模块十四　职场竞争和创新意识

导入案例

小林和小李

公司每年元旦都会从部门里挑选一个人作为优秀员工，获得优秀员工的人能够拿到一笔数目不小的奖金。2019 年年部门就小林和小李两个人最有希望，所以两个人也顺理成章地成了竞争对手。

最近不知道为什么，公司开始传出了关于小林的风言风语。有人说，小林到公司是托关系来的，还有人说小林私生活混乱……而且，这话还传到了领导的耳朵里。

现在正是两个人竞争最关键的时候，此时传出小林的绯闻，明眼人都知道是小李搞的鬼，甚至还有人给领导发匿名邮件，指出半年前小林做的一个案子有漏洞。

但是领导又不傻，领导一早就知道了小李背后做的小动作，于是最后的结果是小林被评选上了优秀员工。小李非常不服气，还到处说小林给领导送礼了，这让小李在领导的心中又降低了一层。

学习目标

1. 认知目标：掌握竞争中的基本常识，正确认识竞争，客观且正确地评价自己。了解竞争中的基本规律。能发觉、分析竞争中常见的不良现象并能进行合适的应对。掌握创新的基本常识，了解形成创新的基本原理。

2. 技能目标：能具备竞争中的基本素质、基本技巧。能在竞争中有效地提升竞争能力。能在竞争中具有和保持良好的心态。能运用创新基本理论进行创新活动。正确运用创新方法。

3. 情感目标：认同职场中的良性竞争，认可创新的积极作用。

单元 14.1　提高职场竞争力

案例 14.1

学习领域	《职场竞争和创新意识》——提高职场竞争力		
案例名称	松下公司的部门竞争	学时	2 课时
案例内容			
日本松下公司每季度都要召开一次各部门经理参加的讨论会，以便了解彼此的经营成果。开会以前，把所有部门按照完成任务的情况从高到低分别划分为 A、B、C、D 四级。会上，A 级部门首先报告，然后依次是 B、C、D 部门。这种做法充分利用了人们争强好胜的心理，因为谁也不愿意排在最后。			

一、竞争概述

（一）竞争中的基本常识与规律

1. 认识竞争中的正向动力

竞争是把"双刃剑"，只有科学的、公平的竞争才会产生积极的发展价值，成为助推事业发展的正向动力，否则不仅不会促进发展，还会破坏或影响发展。竞争中的不和谐现象时有发生，如何认识并正确运用好竞争中的正向动力，需要同学们在走向岗位前积极修炼。

2. 培育良好的竞争心态

竞争可以激发人们的工作热情，营造奋发向上的工作氛围，能让人们满怀希望，朝气蓬勃。但是，竞争也容易使人思想波动，产生焦虑，出现心理失衡、情绪紊乱、身心疲劳等问题。尤其对于失利者，由于主观愿望与客观现实之间出现巨大差距而可能因此一蹶不振。如果不及时调整好这种负面心态，对人的一生都将是不利的。因此，在竞争中保持健康的心态是十分重要的，将终身受益。

3. 竞争要学会扬长避短

一个人的兴趣和才能是多方面的，要注意发挥自己的长处，挖掘自己的潜能，审时度势，扬长避短。这样就很可能出现"东方不亮西方亮""柳暗花明又一村"的新局面，增加成功的机会。

4. 要有良好的竞争素养

要不断提高自己的竞争素养，敢于面对竞争，勇于接受客观存在于现实中的各种竞争，在实践中不断锤打和磨炼自己，提高自身化解矛盾和压力的本领，迎接各种挑战。在应对竞争过程中最重要的是要有正确的人生观，有远大的目标和拼搏精神。要想在竞争中获胜，除了主观努力，还取决于社会环境、人际关系等多种因素。成功了固然可喜，但只要我们努力过，失败了也问心无愧，从失败中悟出一番道理或者在竞争中学到知识、增长才能，这又是走向未来成功的开始。

（二）竞争中常见的不良现象

1. 投机

当今，有些人抱着不想凭借自身的学识和能力，想通过捷径或依靠他人走向成功的心理。希望借助各种不正当手段参与竞争的心理，主要是由于大学生们对社会上一些不良风气缺乏判断、盲目模仿的结果。

2. 嫉妒

在竞争中，由于每个人实力有别，很容易产生嫉妒心理。例如，张贴在大学校园里的招聘广告常被人偷偷撕毁。"除了我，谁也不配得到这个职位！即使我做不了，别人也休想得到！"这是撕毁广告的同学的心理。如今隐瞒考试信息、封锁招聘信息，甚至故意传播一些假信息的情况在大学生中日渐增多。嫉妒是在与他人竞争中害怕己不如人而产生的消极心理，有这种心理的人内心非常缺乏安全感，害怕别人超过自己，所以敏感多疑，甚至走极端，常常是害人害己。

3. 攻击

一些大学生尤其是独生子女，表面上自大骄傲，其实是为了掩饰内心的自卑。一旦在竞争中失利，他们往往把过错全推给别人，采取报复的方式对他人进行攻击，有的甚至对他人造成伤害。

（三）提升竞争的有效途径

要想提升职场竞争力，首先我们需要先分析和了解一下"职场环境"，因为只有

清晰地了解环境的需求，我们才能真正做出有针对性的迎合。

1. 首因效应

"第一印象"在心理学上叫"首因效应"，即是由第一印象所引起的一种心理倾向。首次获得的信息往往成为以后认知与理解的重要根据，因此，尽管有时第一印象并不完全准确，但第一印象总会在决策时、在人的情感因素中起着主导作用。在求职、业务洽谈、交友等社交活动中，大大影响着我们的职业前程。

2. 表达沟通能力

在应聘环节中会加重了很多"自我能力表现环节"——如1分钟自我介绍、现场即兴问答等。简短的几分钟时间内，通过个人的充分自我表述及其他形式的能力展现，以对他的个人情况有更多更快捷的了解认知，同时在这个过程中，我们也看到，表达沟通能力强的人无形中所占据的竞争优势。

3. 品德

当代社会的人才竞争越来越活化，尊重人性、遵从需要，所以，《劳动法》进行了大幅度的改革，从过去的合同束缚制变更为双向选择自由制。但是凡事有一利，必有一弊，虽然人才从权利上得到了保护，但却导致了人才流动频繁、团队稳定性越来越弱的现象。特别是一些新时代青年，个性彰显突出，稍有一点不开心，就会跳槽。

4. 团队主义

只有很好地融入团队文化，做好团队合作，养成时刻以团队利益优先的作风，才能在职场中具有绝对的竞争优势。

在此基础上，我们要做的另一件事情就是认真分析和准确定位一下自身。所谓知彼还要知己，以上分析了很多时代人才特征，但其实是一个相对通用篇的概论，在不同的职业领域，其侧重点是会产生一些变化的，如科研型职业领域，会更侧重绩效成果；服务领域会相对侧重形象礼仪包括表达沟通等能力，所以如果每个人没有经过细化理解，盲目将上面的内容全套照搬过来，未必会有好效果。这时就需要我们提前对自我有正确认知，明确自己的性格特点、职业优势，为自己做最恰当的职业方向定位，这样才能真正做到发挥自己的最大的优势，取得最好的成就。

（四）竞争中应保持的心态

1. 以平和的心态查找差距

"目能视百步之外，而不能自视其疵。"这是许多人都存在的一个问题。作为职场竞争的参与者,或因才华横溢,或因人品出众,或因政绩卓著,站在竞争的平台上,常常自我感觉良好,极易忽视自身的弱点和不足,因此,在竞争中"败北"后,却不知"败"在何处。由此可见,职场竞争的失意者要淡出挫折,再扬征帆,必须主动自我反省,理性分析得失。一是重新审视自己的理论功底厚不厚。二是重新审视自己的业务技术精不精。三是重新审视自己的协调能力强不强。四是重新审视自己的人气指数高不高。

2. 以理性的心态善待挫折

职场竞争如同战场较量一样,"胜败乃兵家常事"。职场竞争者对竞争中可能出现的挫折和失意,应该有充分的心理准备,自觉做到"胜不骄、败不馁"。但在实际生活中,有的竞争者在挫折和失意面前,经常做出一些非理性的反应。一是怨天尤人,或是埋怨领导用人不公,或是责怪对手"暗度陈仓",或是叹息自己生不逢时。二是甘拜下风,以一种深度的失落感看待暂时失意,认为"过了这村,没有那店",于是心灰意冷,自甘沉沦,偃旗息鼓,刀枪入库,很难提振重新一搏的信心和勇气。三是破罐破摔,以极端的情绪化对待工作和生活,一改竞争前跃跃欲试的心态和姿态,斗志缺失,暮气抬升,精神萎靡,一蹶不振。

3. 以"阳光"的心态积聚人气

现代职场的竞争既是综合实力的比拼,也是人际关系的博弈。因此,职场竞争的失意者,既要注意反思综合实力的差距,更要注意修补人际关系的缺陷。"亡羊而补牢,未迟也"。然而,在现实生活中,有的失意者对竞争中"得票少""掌声稀"不能进行正确归因,往往迁怒于领导、同事及部属,在人际关系的处理上,表现出一种让人难以接受的"酸气":"脸酸",对人不是和颜悦色、笑脸相待,而是愁眉冷眼、拒人千里;"话酸",言语尖刻、怨气熏人,话中含刺、酸语伤人;"心酸",暗中较劲,以邻为壑,人为封闭,自我"边缘化"。

活动训练 14.1

模拟竞聘学生会部长

活动目的	能够利用所学的理论应用在日常工作上,利用所学知识能较好地完成竞聘活动。
	教师布置任务

续表

活动训练任务描述	1. 学生熟悉相关知识。 2. 将学生每 5 个人分成一个小组。 3. 请同学们结合自身实际，阐述竞选宣言，如何更好地服务学生。 4. 其他学生模拟评委，对其进行提问，小组内其他成员也可以提出问题；通过问题交流，将每一个需要研讨的问题都弄清楚。 5. 根据在研讨过程中的表现，教师给学生点评赋分。
所需材料	笔、A4 纸。

活动结论 14.1

模拟竞聘学生会部长

实施方式	研讨式	
研讨结论		
通过努力想要达成的目标	目前自身存在的问题	按照竞争理论进行自我提升的具体措施

教师评语：

班级		第　　组		组长签字	
教师签字				日期	

· 310 ·

单元 14.2　创新思维训练

案例 14.2

学习领域	《职场竞争和创新意识》——创新思维训练		
案例名称	滴滴巴士——定制公共交通	学时	2 课时
案例内容			

　　继快车、顺风车之后，滴滴旗下巴士业务"滴滴巴士"也正式上线。目前滴滴巴士已经在北京和深圳拥有 700 多辆大巴、1 000 多个班次。滴滴巴士是第一个尝试将巴士进行多场景应用的定制巴士。滴滴巴士是关于定制化出行的城市通勤定制服务，它根据大数据测算并推出城市出行新线路。滴滴巴士还将巴士进行多场景应用，比如旅游线路定制、商务线路定制等扩展了巴士出行的场景。

　　点评：城市通勤定制服务出现的时间并不长，却发展很快。它是关于定制化出行的一种初步尝试。事实上，做定制服务的门槛是极高的，而滴滴巴士母公司滴滴出行的互联网技术和用户基础为其创造了有利条件。

一、创新概述

（一）创新概述

1. 创新的分类

（1）技术创新

技术创新是当今世界一个颇为流行的热门话题：企业界把技术创新作为自身生存和发展的希望所在，政府则把技术创新作为提升国家综合实力和经济竞争能力的重要手段。可以说，技术创新对当代社会经济的发展具有特别重要的意义。构成一个技术创新活动，有三个必须具备的因素，即技术与技术的载体、企业与企业家、市场与适度竞争。

（2）管理创新

管理是指对人、财、物、事等组成的系统的运动、发展和变化，进行有目的、有意识的控制的行为。知识经济时代的管理创新是智慧加智能管理的创新，包括管理机制的创新、管理思想的创新、管理组织的创新、管理方法的创新、管理手段的创新等。

（3）企业创新

企业创新是企业发展的核心。在宏观层面，企业创新包括企业功能创新、企业经营创新、企业机构创新、企业组织创新、企业资产资本运作创新等。在微观层面，企业创新一般包括产品创新、工艺创新、市场创新、流程创新、模式创新等。产品创新是创造某种新产品或对某一原产品的功能进行创新。工艺创新，又称过程创新，是产品生产技术的重大变革，它包括新工艺、新设备及新的组织方法。市场创新是改善或创造与顾客交流和沟通的方式，把握顾客的需求，从而实现销售产品的目的。流程创新是企业规模扩大随之而来的流程增长，因此，需要利用流程创新节约时间成本。例如，以前10天可以完成的事情，经过流程创新变得只需要一天就能完成。模式创新，往往最大的创新胜出都是在模式上，比如某公司，硬件优秀，软件不错，服务也很好，但最重要的是，用创新的方法将三者结合起来构成新的商业模式。

（4）制度创新

制度创新是在人们现有的生产和生活环境条件下，通过创设新的、更能有效激励人们行为的制度来实现社会的持续发展和变革的创新。所有创新活动都有赖于制度创新的积淀和持续激励，创新活动通过制度创新得以固化，并以制度化的方式持续发挥作用。

（5）技能人才岗位创新

当今技能人才，特别是高技能人才，已成为人才强国、人才强企的重要力量，具有不可替代的作用。技能人才是生产一线的主力军，立足岗位创新已经成为企业创新、技术创新的重要突破口与支撑点。

（二）创新的主要素质要求

1. 创新动机

创新动机，其核心因素是强烈的事业心和责任感。对技能人才而言，岗位发展的责任是十分重要的，是激发创造动机产生的思想基础。没有事业心和责任心，就谈不上创新。爱迪生说过："我要揭开大自然的奥秘，并以此为人类造福。我们在世的短暂的一生中，我不知道还有什么比这种服务更好的了。"正是造福人类的这一崇高理想，成就了许多伟大人物。如果我们翻开技能大师的成长史，也会发现他们都把所在的岗位作为自己奉献、成长的平台，并在这一平台上不断创新。

2. 自信的成功信念

培育坚定不移的成功信念就是要培养自信心，自信心是取得成功的基本前提。

有自信心才能促使一个人保持积极的心理状态，才能使其不畏艰险、不怕挫折去战胜困难，从而取得创新的成果。凡是成功的人，都具有很强的自信心。巴尔扎克说过："我唯一能信赖的，是我狮子般的勇气和不可战胜的从事劳动的精力。"正是这种自信支撑他写出了《人间喜剧》等多部传世巨著。

3. 良好的创新意志

创新需要有持久的耐力和坚定的意志。人对某件事或某项工作持有持久的耐力和意志力是难能可贵的。耐力和意志不是天生的，需要日常锻炼、培养。良好的意志品质对即将走向岗位的高职院校学生而言，是赢得竞争、创新发展不可或缺的要素。良好的创新意志品质，包括做人的信念、做事的目标与方法、自我管理能力、强烈的事业心和持之以恒的精神等。

4. 较专注的创新情感

创新需要专注的情感，这是创新的内在要求。专注的情感就是讲员工对其岗位的感情和工作兴趣等问题，如果你不喜欢这个岗位，就不可能真正产生在岗位上创新工作的主动意识，这就失去了创新的基础，所以创新本身就包括感情的投入。

5. 强烈的质疑精神

疑问、矛盾和问题常常是开启思维的钥匙。创新就是鼓励人们疑别人之不疑，想别人之未想。不敢提出问题和缺乏怀疑精神的人，是不会取得创新成果的。质疑精神包括以下几个方面：一是勤思，俗话说"勤思则疑"，尤其是在遇到问题时，要善于自觉地进行独立思考，多问几个为什么，要有寻根究底的习惯；二是理智地坚持己见，不随波逐流；三是在争论问题时，尽量避免从众心理，不屈从于群体压力；四是要敢于提出问题；五是不要满足于现状，要保持追求创新的"饥饿感"；六是要有一点"吹毛求疵"的精神。

（三）与创新相关的几个概念

1. 发现与发明

发现是对客观规律、事物的正确认知。发现的结果原来是客观存在的，只是后来才被人们正确认识。发明属于科技成果在某领域中的新创造，通常指人们做出前所未有的重大成果。两者的区别在于发现是认识世界，发明是改造世界。

2. 创造与创新

创造是人们为了实现前所未有的独创性成果目标，借助于灵感激发的高智能劳

动，产生新的社会价值成果的活动。这个成果是指新概念、新设想、新理论，也可以指新产品，要求新颖、独特、有社会价值。创新是新设想（或新概念）发展到实际和成功应用阶段。创造与创新的区别在于，创造强调新颖性和独创性，着重指"首创"，从无到有，是一个具体结果；创新强调创造的某种社会实现，从有到成，更重经济性、社会性、渗透性。创新过程需要发明，但发明不可预测，也不能计划，而创新可以预测，可以有计划地去做。有人把发明看得很重，而轻视创新。应该说，发明很重要，但发明只是第一步，真正要有作为所还需创新。据有关资料表明，几十年来，全球几百万项的发明专利中，真正有用的东西比例很低。

二、创新的基本方法

1. 延伸式思维

所谓延伸式思维，就是借助已有的知识，沿袭他人、前人的思维逻辑去探求未知的知识，将认识向前推移，从而丰富和完善原有知识体系的思维方式。

2. 扩展式思维

所谓扩展式思维，就是将研究的对象范围拓广，从而获取新知识，使认识扩展的思维方式。

3. 联想式思维

所谓联想式思维，就是将所观察到的某种现象与自己所要研究的对象加以联想思考，从而获得新知识的思维方式。

4. 运用式思维

所谓运用式思维，就是运用普遍性原理研究具体事物的本质和规律，从而获得新的认识的思维方式。

5. 逆向式思维

所谓逆向式思维，就是将原有结论或思维方式予以否定，而运用新的思维方式进行探究，从而获得新的认识的思维方式。

6. 幻想式思维

所谓幻想式思维，是指人们对在现有理论和物质条件下，不可能成立的某些事实或结论进行幻想，从而推动人们获取新的认识的思维方式。

7. 奇异式思维

所谓奇异式思维，就是对事物进行超越常规的思考，从而获得新知识的思维方式。

8. 综合式思维

所谓综合式思维，就是在对事物的认识过程中，将上述几种思维形式中的某几种加以综合运用，从而获取新知识的思维方式。

活动训练 14.2

视觉创意构图

活动目的	认识到创新无处不在，简单改变就能形成奇妙创意。
教师布置任务	
活动训练任务描述	1. 学生熟悉相关知识。 2. 将学生每 5 个人分成一个小组。 3. 结合所学的创新相关知识，以"奇思妙想五花八门"为题，关注自己的周边人物，拿起手机拍摄，并且在班级微信群中展示作品，畅谈自己的构图创新设想。 4. 每个小组选出一组代表介绍本组作品，其他小组可以对其进行提问，小组内其他成员也可以回答提出的问题；通过问题交流，将每一个需要研讨的问题都弄清楚。 5. 根据各组在活动过程中的表现和结论，教师点评赋分。
所需材料	手机、笔、A4 纸。

活动结论 14.2

视觉创意构图

实施方式	实践式、研讨式	
研讨结论		
拍摄的构思作品	体现何种创新点	对作品进行讨论

续表

教师评语：					
班级		第　　组		组长签字	
教师签字				日期	

模块小结十四

　　有职场的地方就有竞争。职场中，同事之间相互竞争是一种常见的现象。但是竞争是残酷的，有竞争就会有输赢，这也会让很多人改变对待竞争对手的态度，如果处理不好与同事间的竞争关系的话也会给自己带来麻烦。不墨守成规、勇于创新是当代职场中的必修功课，能对一个人在职场中快速成长起到推动作用。本模块的重点为以下内容。

　　1. 掌握竞争中的基本常识，正确认识竞争，客观且正确地评价自己。了解竞争中的基本规律。能发觉、分析竞争中常见的不良现象并能进行合适的应对。具备在竞争中的基本素质、基本技巧，能在竞争中有效地提升竞争能力。在竞争中应具有和保持良好的心态。

　　2. 了解创新有三层含义：一是更新，就是对原有的东西予以替换；二是创造新的东西，就是创造出原来没有的东西；三是改变，就是对原有的东西进行发展和改造。明白创新意识即人们在社会活动中，主动开展创新活动的观念和意识，表现为对创新的重视、追求和开展创新活动的兴趣和欲望的重要性。

参 考 文 献

[1] 李建军，谢珊. 大学生职业素质与能力拓展教程［M］. 北京：中国农业出版社，2016.
[2] 魏卫. 职业规划与素质培养教程［M］. 北京：清华大学出版社，2017.
[3] 周思敏. 你的礼仪价值百万［M］. 北京：中国纺织出版社，2015.
[4] 徐飚. 职业素养基础教程［M］. 北京：电子工业出版社，2009.
[5] 刘明新，罗家玲. 职业伦理与职业素养［M］. 北京：机械工业出版社，2014.
[6] 许湘岳，陈留彬. 职业素养教程［M］. 北京：人民出版社，2014.
[7] 刘兰明. 安身立命之本职业基本素养（第二版）［M］. 北京：高等教育出版社，2015.
[8] 张云霞. 职业素养实践教育［M］. 北京：中国人民大学出版社，2018.
[9] 许琼林. 职业素养［M］. 北京：清华大学出版社，2016.
[10] 伍大勇. 大学生职业素养［M］. 北京：北京理工大学出版社，2011.

后 记

在作者、编辑和教材专家的辛勤努力下,"高等职业教育公共基础课创新系列教材"中的《职业素养训练》(以下简称"本教材")一书终于得以面世。

本教材由唐山工业职业技术学院张建军、中国中车集团有限公司刘继斌,中国国际贸易促进委员会商业行业委员会姚歆担任主编。张雪松(中车唐山机车车辆有限公司)、刘亚平(中国国际贸易促进委员会商业行业委员会)、高秀春(唐山工业职业技术学院)担任副主编。

参加本教材编写的有关人员分工如下:张建军(唐山工业职业技术学院,编写模块一、二、三),刘继斌(中国中车集团有限公司,编写模块四、五、六),姚歆(中国国际贸易促进委员会商业行业委员会,编写模块七、八),张雪松(中车唐山机车车辆有限公司,编写模块七、八),刘亚平(中国国际贸易促进委员会商业行业委员会,编写模块七、八),高秀春(唐山工业职业技术学院,编写模块七、八)。此外,唐山工业职业技术学院其他教师也参与了教材编写,其中:刘辉、张慧芳编写模块九,张立荣、劳丽蕊、杜君编写模块十,李建媛、闫军、吴向东编写模块十一,宋晓宁、刘敬、张乙喆编写模块十二,杨东益、马骏、牛杰编写模块十三,靳大伟、陈轶辉、刘金红编写模块十四。苗银凤(《中国培训》杂志编辑部)负责本教材的统稿工作,并提供了许多专业资料、制作了电子课件和教学资源。唐山工业职业技术学院崔发周教授对本教材的编写进行了精心指导,在此一并致谢!

在2023年的最新一次修订工作中,我们对教材做了进一步完善,包括:提出修改建议、重新编写了部分案例、验证了课后活动等。

本教材的编写得到了教育部职业技术教育中心研究所王文槿教授、天津职业技术师范大学张元教授的悉心指导,以及北京理工大学出版社的编辑们为本书的出版做了大量的工作,在此一并感谢。

编 者

2023年7月20日